草地资源及环境质量
监测评价研究

刘桂香　李景平　玉　山　著

科学出版社

北　京

内 容 简 介

本书以内蒙古草原为研究对象，基于遥感技术、地理信息系统及全球定位系统，结合典型样地定位监测、草地历史资料、社会经济数据及气象数据等多种数据源，对内蒙古草原典型区域的景观多样性、植物多样性、牧草产量质量动态、主要群落变化及草地生态环境变迁等多个层面进行综合研究，对内蒙古草原历史变迁进行准确定量评价，全面揭示了内蒙古草原典型区域近 40 年的时空变化。

本书为作者主持的国家科技课题、农业部行业项目及国家社会公益类专项研究成果的系列成果之一，可供草原、生态、畜牧及灾害评估等相关领域的科研、教学及管理人员参考学习。

图书在版编目（CIP）数据

草地资源及环境质量监测评价研究/刘桂香等著. —北京：科学出版社，2016.12
ISBN 978-7-03-050863-8

I. ①草… II. ①刘… III. ①草地资源–环境质量评价 IV. ①S812.6

中国版本图书馆 CIP 数据核字(2016)第 291218 号

责任编辑：闫 群 / 责任校对：刘凤英
责任印制：关山飞 / 封面设计：张 放

科 学 出 版 社 出版
北京东黄城根北街 16 号
邮政编码：100717
http://www.sciencep.com

北京科信印刷有限公司 印刷
科学出版社发行 各地新华书店经销
*

2016 年 12 月第 一 版 开本：B5 (720×1000)
2016 年 12 月第一次印刷 印张：17 3/4
字数：342 000
定价：198.00 元

(如有印装质量问题，我社负责调换)

序

    草地占地球陆地总面积的52.17%,是我国陆地上面积最大的生态系统,蕴藏着巨大的生物量,对全球生态系统的稳定及生态环境的保护具有十分重要的作用,对保护人类生存和发展国民经济也有重要的作用。同时,草地还具有调节气候,涵养水分;防风固沙,保持水土;改良土壤,培肥地力;净化空气,美化环境等作用。天然草地是食草动物的主要食物来源和生长繁育的栖息地,也是当地牧民畜牧业的主要对象和经济收入的重要来源之一。

    荒漠草原是草原向荒漠过渡的一类草原,发育于温带干旱地区,以狭带状呈东北—西南方向分布,东与典型草原相连,往西逐渐过渡到荒漠区。其地理位置在 75°～114°E、37°～47°N 之间,涉及的行政区域有内蒙古自治区中、西部,宁夏回族自治区北部,甘肃省中部以及新疆维吾尔自治区全境山地,总面积 18 921 607 hm^2,占全国草原总面积的4.82%。气候干燥,属于西北干旱区草原气候中的蒙宁温带草原气候,具强烈的大陆性气候特点,常年受蒙古高压气团控制,海洋季风影响很小,干旱少雨、风大、沙多。年均降水量只有150～250 mm,湿润系数为0.13～0.3;日照充足,热量丰富,年平均气温2～5 ℃。土壤为棕钙土,母质质地粗,并含盐类,表土含有粗沙、小砾石;生境条件极为严酷,是生态系统极其脆弱的草原地带。其面积大、分布广,在我国草地畜牧业经济中占有非常重要的地位,经过千百年的自然选择,成为许多性状稳定、品种优良、珍稀、特有动植物品种的家园,同时在北方人民生活及草地生态系统中发挥着重要的作用。

    内蒙古高原是我国荒漠草原的重要组成部分,其东起苏尼特(属于锡林郭勒盟),西至乌拉特(属于巴彦淖尔盟),北与蒙古国的荒漠草原相接,南至阴山北麓的山前地带,隔山与鄂尔多斯高原的暖温型荒漠草原相望,总面积约11.2万 km^2,在内蒙古乃至我国草地畜牧业中占有独特的作用。

    然而,随着全球气候变化和人类活动的加剧,草原资源发生了明显变化,特别是近30年来,草原植被退化、植物多样性下降、草原景观日趋破坏,草原自然灾害频发,这些已严重影响到草地资源可持续利用、畜牧业生产健康发展以及人民生存环境乃至国土资源的生态安全。准确评价我国草地资源定量变迁一直是我国政府及相关决策部门亟待解决的问题。本研究以内蒙古荒漠草原为研究目标,从草原景观、植被、草原植物多样性、牧草产量质量及生态环境等不同层面对草原进行定量监测评价，快速准确地为国家提供我国草地资源重点区域完整的、系统的数据，是国家和政府决策的需要、是社会经济发展的需要、是保障人民生活和生态安全的需要，具有非常重要的意义。

作　者

2016 年 5 月

目　　录

第一章　苏尼特荒漠草原景观动态研究

第一节　引　言

一、研究目的和意义

温性荒漠草原主要分布于阴山山脉以北的内蒙古高原中部偏西地区，以及宁夏北部，甘肃中部和新疆全境山地。该类型草原面积大、分布广，在我国草地畜牧业经济中占有非常重要的地位，经过千百年的自然选择，成为许多性状稳定、品种优良、珍稀、特有动植物品种的家园，同时在北方人民生活及草地生态系统中发挥着重要作用。但温性荒漠草原地处干旱、半干旱地带，具强烈的大陆性气候特点，常年受蒙古高压气团控制，海洋季风影响很小，干旱少雨、风大、沙多，生境条件极为严酷，是生态系统极其脆弱的草原地带（中华人民共和国农业部畜牧兽医司，1996）。加之长期以来，人类对本区草原资源的掠夺性利用，对草地生态环境的大肆破坏，使原本脆弱的生态环境更加恶化。特别是近20年来，生态环境的承载能力越来越低，草原荒漠化面积不断扩大，草原退化日趋严重，植被盖度、密度及植物多样性明显下降，沙尘暴猖獗，土壤侵蚀严重，水源分布逐年减少，草原景观已发生了明显变化。这些都是严重制约本区乃至我国畜牧业生产稳定发展的重要因素，同时也对我国北方人民的生存环境构成严重威胁。因此研究荒漠草原景观动态，快速、准确地揭示荒漠草原近20年景观变化对生产部门、管理部门及相关科研单位研究有十分重要的意义。

草地资源的巨大环境意义已引起人们的高度重视，对草地资源环境变化的准确了解是合理保护和利用草地资源的基础，已成为国内外学者的研究重点。传统的草地资源研究方法大多针对植物资源研究，有众多局限性，比如耗时长，效率低，尤其不适宜推广到大范围或难以抵达地区的调查。相比之下，遥感技术具有宏观、快速、经济的特点，提供的信息量大而丰富，便于计算机加工分析，可定量、定性、定时、定位研究某一事物的效应，近几十年来被人们在草地科学中广泛加以应用和研究（贾慎修，1983；查勇等，2003；刘同海，2005）。由此不断探求利用这一先进技术和手段，建立以草原遥感解译技术为基础，以生态学为原理，借助计算机和地理信息系统及数理统计的功能，通过地面资料与航空航天影像的印证，现时和历史的气象、环境、草地等参数的趋势分析，经一系列专门化处理后，对草原资源进行调查、评估、分类、制图、动态监测、大面积估产、灾害预报和科学管理及经营等，是实现草地现代化必不可少的应用技术信息系统，其研究意义和社会经济效益是不言而喻的。因而，自从遥感卫星影像于 20 世纪 60 年代问世以来，各种各样的卫星影像数据被广泛地运用于草地资源研究。时至今日，遥感在草地资源应用上的深度和广度上都有了很大进展（陈全功等，1994；何涛，2006；李建龙等，1996；涂军等，1999），作为景观生态学研究的主要技术手段，遥感及地理信息系统更是有着不可替代的作用。

草地资源的景观动态不但可以反映环境因素和生物因素对草地资源变化的影响，更能体现人为因素对草地资源构成的干扰。本文采用 20 世纪 80 年代和 21 世纪初荒漠草原地面调查资料及两个不同时期遥感图像资料对研究区的草地及其景观变化进行研究，建立不同景观类型遥感信息解译标志，编制景观类型动态图，在此基础上，运用景观生态学的方法对景观格局、景观多样性等方面进行对比和分析，从草地景观的不同尺度分析苏尼特荒漠草原景观近 20 年动态变化，以便为本区草地资源的可持续利用，草地生态环境的有效治理及草地生态工程的科学建设提供依据。

二、国内外研究进展

（一）景观研究兴起及发展

20 世纪 30 年代，德国学者 Carl Troll 首先提出景观生态学（landscape ecology，LE），景观生态学是一门以景观结构、功能和动态特征为主要研究对象的新兴的交叉学科，它将生态学中结构与功能关系的研究与地理学中人地相互作用过程的研究有机融合，形成了以不同时空尺度下格局与过程、人类作用为主导的景观演化等概念为中心的理论框架（田育红和刘鸿雁，2003）。由于景观生态学的对象为地表自然景观，其研究立足于宏观尺度，在资源管理、环境、生态研究中具有重要作用。

任何学科的发展，都在很大程度上取决于其研究方法和技术手段的发展。景观生态学作为景观地理学和宏观层次生态学相结合的边缘学科也不例外。景观生态学不仅给生态学、地理学及环境科学研究带来了新思想、新概念、新理论，而且也在研究方法和技术手段上提出了许多新的挑战。首先，景观是一个宏观系统，其观测尺度要比生态学其他分支（如生态系统生态学）大得多（邱扬和张金屯，1998）。景观生态学研究是一种在较大时间和空间尺度上的研究。其次，景观是一个异质性等级系统（heterogeneous hierarchical system）。许多常用的生态方法和手段是为研究同质性（homogenous）系统而提出和发展的，因此不适于景观生态学研究。此外，不同等级水平上系统的异质性和同质性交错，这也给景观生态学研究带来了很大的困难。再次，景观的空间结构是景观的重要属性，景观生态学的研究可以说是一组生态系统的空间性质及其相互关系的研究，大量空间数据的获取、分析和处理是景观生态研究的重要特征，也是其区别其他学科的标志（李博，2002；特罗尔，1988；王仰麟，1997；肖笃宁，1991；徐化成，1996；Forman，1986；Chapman，2000；Richard，1988；Risser，1984）。

20 世纪 80 年代以后欧洲和北美景观生态学的兴起为景观学带来新的理论突破，加之在广泛应用中的技术发展，21 世纪初，形成景观学的第二个高峰（肖笃宁，1999）。当今已大量运用景观的方法解决诸如城市建设、森林保护、农业区划等方面的问题，也逐渐运用景观的方法解决草原方面的问题（陈玉福和董鸣，2002；丁丽霞等，1999；侯扶江和沈禹硕，1999；刘红，1999；刘少玉，2001；王岩松和沈汲，2001；肖笃宁和冷疏影，2001；辛琨和赵广孺，2002；张炜银等，2001；张自学，2001；Perkins et al.，2000，Ramirez-Sanz et al.，2000）。笔者查阅了国内外相关资料表明，运用景观生态学的方法分析生态问题，已有较多研究，如 Jens Dauber 等（2003）主要讨论景观格局对种群密度的影响；黄锡畴等（1984）发现长白山山地自然景观呈垂直分异，由基带随山体升高，依次出现一系列与纬度相应的自然景观类型，他们根据多年调查研究，就长白山高山苔原景观生态，作了综合分析；谢志霄、肖笃宁（1996）基于渗透理论和马尔柯夫过程理论，采用中性模型方法，建立了 3 个不同的城郊景观动态模型，模型中分别介入不同的自然因子和决策因子，利用模型对研究区景观进行动态变化模拟，并对模拟结果进行了评价。国内外景观生态研究都取得了很好效果。

（二）草地景观研究

在草地研究上，李博（2002）较早地把景观生态的研究引入生态研究中，就景观生态学与草地生态学的结合进行了探讨，认为景观生态学是在区域尺度上解决草地管理的理论基础，之后国内学者相继将景观生态学理论应用于草地生态环境研究中（侯扶江和沈禹硕，1999；刘学录，2000；辛晓平等，2000；Eyre et al.，2005；Shoji et al.，1998；Stohlgren et al.，1998；Toda and Hosokawa，1998）。相关成果如李锋和孙司衡（2001）以青海沙珠玉地区为例，对景观生态学在荒漠化监测与评价中的应用进行了初步研究，分析了多样性、优势度和均匀度以及马尔科夫转移矩阵模型等指标和方法在荒漠化监测与评价中应用的景观生态学意义；雍世鹏和张自学（2000）以景观生态学理论为基础，以 RS、GIS 技术为手段，通过对最新美国陆地资源卫星影像（TM）资料解译制图，编绘内蒙古自治区全区景观生态类型图（1：250 000）。上述文章中景观生态学的方法已经逐渐应用到草地研究中，是对草地景观研究的有益尝试。

乌云娜等（1997，2000）就锡林郭勒草原景观多样性的时间变化和空间变化进行了系统研究，是草地景观比较有代表性的研究；刘桂香（2003）将草地景观变化作为草原不同时空动态研究的主要因素，首次从草地资源地带性时空分布动态，典型群落的不同时空格局，揭示了锡林郭勒草原景观近40年的变化。本次研究及在总结和借鉴以上研究的基础上，针对荒漠草原典型区域的景观动态，以"3S"技术和传统的植被调查方法为技术手段，将新兴的景观研究方法和传统草地生态研究方法结合在一起，从宏观和微观角度分别比较两个时期草地的情况，以期找出其中的联系，得出相关结论。

（三）"3S" 技术在草地景观研究中的运用

在草原遥感研究中，现在主要是借助地面调查资料、植被图结合遥感图像分析，进行草地景观动态、景观要素在时间序列上变化的研究，这往往需要借助以前的图像、地图、航空相片、植被图等信息源。

地理信息系统（GIS）技术是新兴的一种空间分析技术，它以其强大的空间分析功能逐渐在景观生态学中发挥不可取代的作用，并广泛地运用到草地景观分析的各个领域。GIS 不仅可以将景观格局数字化、分析并输出分析图，而且可以对图形进行叠加、网络分析和邻区比较等处理，工作效率高。从目前国内外所开展的工作来看，GIS 在草地资源和草地景观中的应用主要有以下几个方面：①草地景观和草地资源制图；②草地景观和草地资源动态监测；③草场建设，特别是利用遥感等技术指导飞播、围栏和沙漠化治理等；④草场管理，如建立专门的畜牧业或区域土地利用信息系统；⑤辅助分析草地景观中有害动植物的动态；⑥评价土地开发利用的适宜性（田育红和刘鸿雁，2003）。

GIS 在草地生态系统的应用主要是与遥感结合，有时要用到全球定位系统（GPS），三者集成即通常所说的"3S"技术，再加上传统的植被分析方法，构成现代草地景观研究强大的技术支持体系。它能在人员少、任务量大、涉及地域范围广的情况下，得到可信度好的结果，因此越来越多地运用到草地景观研究中（王兮之等，2001；卫亚星，2002；Sasaki and Shoji，1999）。

本研究拟用 20 世纪 80 年代和 21 世纪初生长季的 TM\ETM 遥感图像，在结合 20 世纪 80 年代地面调查资料和 21 世纪初地面点实测调查资料情况下，运用遥感软件对影像进行校正、分类；然后以景观生态学数量分析的方法为基本理论，运用 GIS 软件和 SAS、SPSS 等统计分析软件对斑块进行数量分析。

（四）景观格局研究

在景观格局研究方面，一向以美国流派最为活跃与成熟。美国流派把景观生态学研究建立在现代科学和系统生态学基础上，形成了从景观空间格局分析、景观生态功能研究、景观动态变化分析、一直到景观控制和管理的一整套方法，从而成为当今景观研究的重心与主流。近年来，在以 GIS 和 RS 为代表的新技术支撑下，对景观格局动态变化进行大、中尺度生态监测和建模研究成为景观生态学的又一发展方向（Thenail and Baudry，2004；Feehan et al.，2005；Chapman and Reiss，2000；Juan and Ana，2002；Monica，1990；O'Neill et al.，1988；Gao and Yang，1997；Sugihara and May，1998）。我国景观生态学研究从 1989 年召开的第一届全国景观生态学讨论会之后已有长足进展，从所发表的研究工作来看，我国目前景观生态研究受北美学派的影响很大，研究主要集中于对景观的格局、功能和动态研究上。我国学者运用北美学派的研究方法开展了内容涉及城市与城郊景观、农业景观、森林景观、湿地景观、沙漠景观、流域景观和干旱区绿洲景观等的格局与动态变化研究，不少论文应用了 GIS、RS 与统计分析模型等先进方法和手段（卢玲，2000），但我国学者对景观结构动态的研究还处于起步阶段，相关的研究论文也较少（陈建军等，2005；郭程轩和甄坚伟，2003；李团胜，2004；祁元等，2002；王仰麟等，1999；肖笃宁等，1990）。

本研究拟用 20 世纪 80 年代和 21 世纪初生长季的 TM\ETM 遥感图像，在结合 20 世纪 80 年代地面调查资料和 21 世纪初地面点实测调查资料情况下，运用遥感软件对影像进行校正、分类；然后以景观生态学数量分析的方法为基本理论，运用 GIS 软件和 SAS、SPSS 等统计分析软件对斑块进行数量分析。

（五）苏尼特草原研究进展

20 世纪 50 年代初期，我国著名草业科学家王栋先生对苏尼特草原进行了区域性实地考察，首次对苏尼特草原资源的基本情况进行了研究，并对该区域主要牧草的营养状况进行了分析，为后人的进一步研究奠定了基础（王栋，1953）。20 世纪 60 年代初期，中国科学院蒙宁考察队，对内蒙古及比邻地区的草地植被、土壤及其利用状况进行了全面调查，获得了苏尼特草原部分相关资料，对苏尼特草原的基本类型、特点及分布规律、草原资源属性等进行了综合性的考察研究，并提出了对草原资源利用、保护及改良的具体措施（中国科学院内蒙古宁夏考察队，1980）。同时，对苏尼特草原资源的土壤、水分及与畜牧业相关的气象状况等进行了分析，宏观上为国家和地方的畜牧业发展及草地资源的保护利用提供了宝贵的科学依据，也为后人的研究工作打下坚实的基础。但由于当时科技发展水平及交通、通信及人力等因素所限，野外调查路线太少，样方数量不足，致使所获得的数据的准确度受到影响，同时由于调查时间太长，使数据的客观性和实效性降低，大大影响了这些数据的利用价值。

到了 20 世纪 80 年代，随着全国重点牧区草地资源普查项目的大规模进行，有关部门有组织地对苏尼特草原资源开始了历时 6 年的全面考察。此次考察的野外调查路线细密、定点样方布控丰富，获得了比较完整的数据资料，出版了相关著作和图件，是人们在苏尼特草原草地类型尺度上对草地景观第一次最详细最全面的认识。

从 21 世纪初开始，第二次全国草地资源遥感普查项目正式启动，2001 年对苏尼特草原遥感调查全面展开。本次普查全面采用了先进的"3S"技术，即 GPS 定位、RS 的草地资源判读解译、基于 GIS 软件的专业图件编绘、草地资源面积及图斑数目的计算机自动测定等技术手段。这些技术手段的广泛应用不仅节约了大量的人力、物力及财力，而且极大地缩短了调查时间，提高了调查的精度和准确度。在很短的时间内对草地资源类型、面积、分布规律及草地资源的退化状况进行了全面的调查，并为该地区提供一套较全面的数据、图件及分析报告，推动该地区草地资源的保护利用、生态工程建设及畜牧业生产等工作更加科学地进行（刘桂香，2003）。

第二节 研究区概况及研究方法

一、研究区概况

本研究以苏尼特荒漠草原为主。为了便于研究，我们以行政边界为界限，包括锡林浩特市所辖的苏尼特左旗、苏尼特右旗和二连浩特市，行政区域总面积 6 061 900.00 hm²（内蒙古自治区统计局，2001），2000 年荒漠草原面积 3 438 347.17 hm²，约占总面积的 56.72%。本区的荒漠草原是平原、丘陵荒漠草原的典型区域，伴有少量沙地荒漠草原和极少量山地荒漠草原。

（一）地形地貌

苏尼特荒漠草原地处内蒙古自治区中部，以苏尼特层状高平原为主体，大地貌上隶属于乌兰察布高原的一部分，包括苏尼特左旗和苏尼特右旗朱日和以北广大地区，大部分地形平坦开阔，局部地区有石质低山丘陵、台地、沙地和沟谷等多种类型地貌单元，其中二连浩特市地处二连盆地，地形平坦。境内地势由南向北倾斜，呈阶状下降，其间有 2～3 级平坦面，海拔 900～1300 m，以二连浩特一带最低，仅有 903 m。在强大风力与微弱流水共同作用下，苏尼特层状高平原被一系列宽展的常低于高原面 20~40 m 侵蚀洼地、河谷和古湖盆所分割。在贝勒庙到达来苏木一带尚有起伏的石质丘陵，相对高度 25~50 m，地表细土多被吹蚀，残留在原地的多为粗沙、砾石（内蒙古锡林郭勒盟草原工作站，1988；伍光和等，2000）。

（二）气候特点

苏尼特荒漠草原属中温带半干旱大陆性气候，光资源丰富，年日照时数大多在 2800 h 以上；冬季寒冷，夏季炎热，年平均气温在 0~4 ℃之间，最冷月平均气温大多在–21~–17 ℃，年极端最低气温可达–40 ℃，最热月气温一般在 18~21 ℃，大于 10 ℃的积温一般在 2000 ℃以上，积温分布的总趋势是自西南向东北方向递减，无霜期一般在 100~120 日，是我国华北最寒冷的地区之一；大部分地区的年降雨量在 200~350 mm，雨量分布自西向东递增，且降雨月份分布不均，70%的年降雨量集中在 6~8 月份；风大沙多，多为西北风，全年大风日数可以达到 50~80 日；苏尼特草原的气象灾害较严重，特别是旱灾、白灾及黑灾频繁发生，在近 40 年的统计中，干旱记录为十年九旱，发生白灾二十余次，黑灾十几次（刘桂香，2003）。频繁的自然灾害给该地区的畜牧业生产造成巨大损失，严重制约了苏尼特草原畜牧业的稳定发展。

（三）土壤状况

"土壤是一个独立的由各种成因综合作用而产生的历史自然体"，一定的草地类型总是与相应的土壤类型紧密相连，不同的植被类型同样对土壤的形成起到重要作用。苏尼特荒漠草原地带性土壤有棕钙土、栗钙土，局部地区分布有风沙土；隐域性土壤主要有草甸土、沼泽土及盐碱土。棕钙土是苏尼特荒漠草原的主要土壤类型，分布在苏尼特荒漠草原中、西部的广大区域；栗钙土主要分布在苏尼特荒漠草原东部和东南部，分布较少；风沙土和盐碱土主要分布在南部接近浑沙达克沙地部分，大多为沙地荒漠草原；隐域性土壤草甸土、沼泽土，随机分布在水、草条件比较好的区域和一些低洼地带；盐碱土零星分布在研究区的退化地带（内蒙古锡林郭勒盟草原工作站，1988）。

（四）植被状况

苏尼特荒漠草原是欧亚大陆草原区亚洲中部亚区的一个古老的植物地理区域，位于蒙古高原东部，以波状起伏的高平原为主，该地区东与锡林郭勒典型草原接壤，南与燕山北部山区毗邻，西与乌兰察布高原相连，北与蒙古国相邻。因而其植物区系受多方渗透和影响，植被种类成分非常丰富。该区的植被主要以针茅属（*Stipa* L.）：克氏针茅 [*Stipa tianschanica* Roshev. var. *klemenzii*（Roshev.）Norl.]、戈壁针茅（*Stipa gobica* Roshev.）、石生针茅（*Stipa klemenzii* Roshev.）等旱生型禾草居多；禾本科的糙隐子草 [*Cleistogenes squarrsa*（Trin.）Keng]、无芒隐子草 [*Cleistogenes songorica*（Roshev.）Ohwi]、沙生冰草 [*Agropyron desertorum*（Fisch.）Schult.]，及落草 [*Koeleria cristata*（L.）Pers.] 等是该地区的恒有种；杂类草则以线叶菊属（*Filifolium* kitam.）、狗娃花属（*Heteropappus* Less.）、蒿属（*Artemisia* L.）、麻花头属（*Serratula* L.）、黄耆属（*Astragalus* L.）、委陵菜属（*Potentilla* L.）、葱属（*Allium* L.）、防风属（*Saposhnikovia* Schischk.）、柴胡属（*Bupleurum* L.）、鸦葱属（*Scorzonera* L.）等种类丰富的旱生和中旱生杂类草为主；半灌木及小半灌木主要有冷蒿（*Artemisia frigida* Willd.）和茵陈蒿（*Artemisia Capillaris* Thunb.）等；灌木中，小叶锦鸡儿（*Caragana microphylla* Lam.）和狭叶锦鸡儿（*Caragana stenophylla* Pojark.）分布最为广泛，形成该地区中西布广泛分布的灌丛化草地景观；在山地则常分布有柄扁桃 [*Prunus pedunculata*（Pall.）Maxim.]和三裂绣线菊（*Spiraea trilobata* L.）等灌木；一年生植物以猪毛菜（*Salsola collina* Pall.）、画眉草 [*Eragrostis pilosa*（L.）Beauv.]、冠芒草 [*Enneapogon borealis*（Griseb.）Honda]、狗尾草 [*Setaria viridis*（L.）Beauv.]、锋芒草 [*Tragus racemosus*（L.）AU.] 及多种蒿类为主；该地区乔木分布非常罕见（刘桂香，2003；中华人民共和国农业部畜牧兽医司，1996）。

（五）草地类型

该地区草地类型的分布主要是以小针茅建群的荒漠草原，其中石生针茅、冷蒿、无芒隐子草，石生针茅、薹草、隐子草（*Cleistogenes* keng），石生针茅、沙生冰草、冷蒿，石生针茅、多根葱（*Allium polyrhizum* Turcz. ex Regel）、红砂 [*Reaumuria songarica*（Pall.）Maxim.] 几种草地型面积较大，主要分布于中部及北部的平坦地段以及低缓的丘陵地区，有的区域具少量浮沙；锦鸡儿灌丛则广布于中西部及南部沙质、石砾地段，其中小叶锦鸡儿、石生针茅、沙生冰草，中间锦鸡儿（*Caragana intermedia* kuang et H. C. Fu）、沙生针茅（*S. glareosa* P. Smirn.）、冷蒿，狭叶锦鸡儿、石生针茅、无芒隐子草，狭叶锦鸡儿、戈壁针茅、多根葱几种草地型具有较大的面积；以多根葱为主的草地类型则分布于荒漠草原与沙地交错地段，草地型以多根葱、沙生针茅草地型面积较大；在沟谷洼地、河流两岸及湖泊周围草甸草原与荒漠草原的交界处，常分布有以冷蒿、女蒿 [*Hippolytia trifida*（Turcz.）Poljak.] 等旱生半灌木为优势的草地型，面积以冷蒿、短花针茅（*Stipa breviflora* Griseb.）、石生针茅，冷蒿、薹草（*Carex* L.）、隐子草，女蒿、石生针茅、冷蒿等具有盐化特征的草地型较高（刘桂香，2003；内蒙古锡林郭勒盟草原工作站，1988）。

二、研究方法

地面数据以 2002 年野外实地考察数据为主，并整理和提取 20 世纪 80 年代和 21 世纪初野外考察数据。遥感影像为覆盖荒漠草原区 20 世纪 80 年代和 21 世纪初美国陆地资源卫星 TM/ETM 影像，覆盖苏尼特影像共 12 景，季相以植物生长旺季（7～9 月）为主。TM 卫星数据空间分辨率为 30 m，覆盖地面面积 185 km×185 km；ETM 数据空间分辨率为 15 m，覆盖地面面积 185 km×185 km。具体的遥感影像编号（WRS-2 分幅体系）及日期见下。

1. p125r030　1989 年 08 月 28 日　　7. p125r030　2002 年 07 月 07 日
2. p126r029　1987 年 06 月 27 日　　8. p126r029　2002 年 08 月 15 日
3. p126r030　1987 年 06 月 27 日　　9. p126r030　2002 年 08 月 15 日
4. p126r031　1987 年 09 月 15 日　　10. p126r031　2002 年 08 月 15 日
5. p127r029　1989 年 08 月 26 日　　11. p127r029　2002 年 07 月 05 日
6. p127r030　1989 年 08 月 26 日　　12. p127r030　2002 年 07 月 05 日

（一）地面调查

盛草季节（8 月份），采取路线考察和典型样地样方野外实地测定的方法对主要植物种群及主要群落草群的高度、盖度、植物多度及产量进行实地测定，测定样方为，草本 2 m×2 m，灌木 10 m×10 m，3 次重复，选择样地尽可能在研究区均匀分布，且同一时期每一种草地类型布设 1～3 个样地。并采用 GPS 对调查点进行准确定位，用数码相机对样地景观拍照，同时对草地利用状况，土壤，水源进行宏观综合了解，为遥感影像解译提供数据（许鹏，1992）。

（二）遥感影像前期处理

由于遥感影像成像过程的复杂性，影像的失真对影像的使用和理解造成影响，从而导致草地景观信息解译误差，因此必须对遥感信息进行前期处理，校正和消除影像误差。本研究在 ERDAS、ENVI 遥感信息处理软件的支持下，对覆盖苏尼特草原的 TM/ETM 数据进行几何校正、大气校正及增强处理，以 4、3、2 波段的 RGB 合成，并进行影像之间的匀色处理，使影像色调尽可能统一。在此基础上，以行政区划为单位，进行影像数据单元的切割，形成统一的 Geo Tiff 格式的影像数据文件，并用作本次苏尼特荒漠草原类型判读的主要依据（卫亚星等，1994）。

几何校正：采用等积割圆锥投影方式，即 Albers Equal Area 投影，各参数如下：

第一标准纬线：25°00′00″N

第二标准纬线：47°00′00″N

中央经线：105°00′00″E

坐标原点：00°00′00″

纬向偏移：00°00′00″

经向偏移：00°00′00″

以明显地物点为校正点，对影像进行精校正，以使两个年代的影像重合，具有可比性。

大气校正：多时像的分析，去除大气影响，进行大气校正是必不可少的。本研究基于影像自身的大气校正模块 FLAASH（ENVI）所涉及的算法，对两个时像的影像进行处理。

波段合成：TM/ETM 的 4 波段（近红外波段）能够有效的反应植被状况，长期以来是研究地面植被有效且经典的遥感数据类型，本次研究将对 TM/ETM 的 4、3、2 波段合成假彩色影像进行解译。

（三）遥感影像解译及草地景观图编制

1. 景观分类系统的制定

草地景观制图是用景观生态学原理对草地进行分类和制图，本文首先以草地类型和土地类型为基础，将苏尼特草原划分为 9 种景观类型（以下简称一级景观），详见表 1.1；然后分别以群系（建群种和共建种植物）为分级单元，把荒漠草原划分为 7 种景观类型（以下称二级景观）；最后以草地型为基础将苏尼特荒漠草原从宏观上划分为 57 种斑块类型，在斑块类型的基础上，作为草地景观图的成图依据和草地景观的分类系统（胡自治，1996；靳瑰丽等，2004；刘富渊，1986；刘起，1996；王岩松和沈波，2001；周华荣，1999）。

2. 遥感影像解译

利用 GIS 及 GPS 为信息提取平台，依据遥感卫星影像结合野外抽样调查资料，综合分析提取荒漠草原类型分布信息。通过野外抽样调查数据与遥感影像叠加，建立研究区景观类型地面数据与遥感影像对应的解译标志。采用人机交互式判读方法，在 ARC/INFO、ARCVIEW 等地理信息系统图形处理软件中，依据 ETM\TM 卫星影像特征和野外调查样点资料，以及地形图要素，20 世纪 80 年代草原类型矢量化电子图、道路图、水系图等资料综合分析，对研究区不同景观信息的遥感影像进行准确判读解译，利用遥感软件矢量化工具勾绘斑块，给出斑块类型属性（卫亚星等，1994；张自学，2001）。

表 1.1　苏尼特草原景观分类系统

编号	一级景观	编号	二级景观	编号	斑块类型
1	荒漠草原	A	锦鸡儿景观	A1	狭叶锦鸡儿、石生针茅、无芒隐子草
				A2	狭叶锦鸡儿、戈壁针茅、多根葱
				A3	狭叶锦鸡儿、短花针茅、冷蒿
				A4	狭叶锦鸡儿、沙生冰草、无芒隐子草
				A5	小叶锦鸡儿、石生针茅、冰草
				A6	小叶锦鸡儿、中间锦鸡儿、戈壁针茅
				A7	小叶锦鸡儿、羊草、冰草
				A8	小叶锦鸡儿、短花针茅、冷蒿
				A9	小叶锦鸡儿、无芒隐子草、冷蒿
				A10	中间锦鸡儿、短花针茅、糙隐子草
				A11	中间锦鸡儿、沙生针茅、冷蒿
				A12	小叶锦鸡儿、沙生针茅、冷蒿
				A13	中间锦鸡儿、短花针茅、冷蒿
				A14	中间锦鸡儿、无芒隐子草、冷蒿
				A15	中间锦鸡儿、戈壁针茅、无芒隐子草
				A16	中间锦鸡儿、沙生冰草
				A17	小叶锦鸡儿、石生针茅、沙生冰草
				A18	小叶锦鸡儿、沙木蓼、石生针茅
				A19	小叶锦鸡儿、戈壁针茅、女蒿
				A20	狭叶锦鸡儿、黑沙蒿
				A21	中间锦鸡儿、黑沙蒿
				A22	中间锦鸡儿、沙蒿、沙鞭
				A23	中间锦鸡儿、沙鞭
		B	针茅景观	B1	短花针茅、无芒隐子草
				B2	短花针茅、无芒隐子草、狭叶锦鸡儿
				B3	短花针茅、冷蒿
				B4	石生针茅、无芒隐子草
				B5	石生针茅、多根葱、红砂
				B6	石生针茅、多根葱、木地肤
				B7	石生针茅、薹草、隐子草
				B8	石生针茅、冷蒿、无芒隐子草
				B9	沙生针茅、无芒隐子草、多根葱
				B10	短花针茅、冷蒿、无芒隐子草
				B11	戈壁针茅、女蒿、小叶锦鸡儿
				B12	石生针茅、箸状亚菊
				B13	石生针茅、木地肤、画眉草
				B14	石生针茅、刺旋花、多根葱
				B15	石生针茅、沙生冰草、冷蒿
				B16	戈壁针茅、箸状亚菊
				B17	戈壁针茅、刺旋花
				B18	石生针茅、冷蒿、无芒隐子草
		C	多根葱景观	C1	多根葱、沙生针茅
				C2	多根葱、红砂、白刺
				C3	多根葱、珍珠猪毛菜、戈壁针茅
				C4	多根葱、石生针茅、无芒隐子草

编号	一级景观	编号	二级景观	编号	斑块类型
				C5	多根葱、克氏针茅、冷蒿
				C6	多根葱、木地肤、麻黄
		D	沙地景观	D1	黑沙蒿、沙鞭
				D2	沙蒿、沙鞭
				D3	沙蒿、冷蒿、冰草
				D4	沙蒿、杂类草
				D5	沙蒿、中间锦鸡儿
				D6	黑沙蒿、北沙柳
				D7	黑沙蒿、蒙古岩黄耆
		E	蒿类景观	E1	冷蒿、短花针茅、石生针茅
				E2	冷蒿、牛枝子
				E3	冷蒿、木地肤
				E4	冷蒿、沙生冰草
				E5	冷蒿、小叶锦鸡儿、薹草
				E6	冷蒿、薹草、隐子草
		F	杂类禾草景观	F1	无芒隐子草、石生针茅
				F2	大苞鸢尾、沙生针茅
				F3	银灰旋花、骆驼蓬、画眉草
				F4	沙鞭、杂类草
		G	杂类（半）灌木景观	G1	柄扁桃、石生针茅、冰草
				G2	女蒿、石生针茅、冷蒿
				G3	驼绒藜、石生针茅
				G4	驼绒藜、红砂、珍珠猪毛菜
				G5	蒙古扁桃、戈壁针茅
2	典型草原		略		
3	草原化荒漠		略		
4	草甸草原		略		
5	水域		略		
6	明沙、盐碱斑		略		
7	耕地		略		
8	城市		略		
9	工厂、矿区		略		

3. 草地景观图编制

在 GIS 软件支持下将上述景观类型解译原图与行政区划进行叠加处理，并对不同景观进行着色处理，编制形成两个时期的景观类型图，成图最小图斑 TM 影像 3×3 像原，ETM 影像 5×5 像原，成图比例尺 1∶250 000。在此基础上分析各景观类型分布及动态变化（图 1.1、图 1.2）（苏大学，1996；Nelley and Vladimir，2002）。

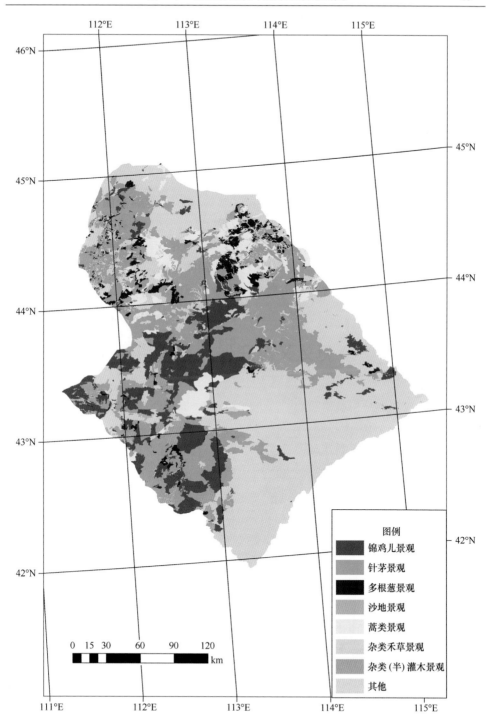

图 1.1　20 世纪 80 年代苏尼特荒漠草原景观类型图

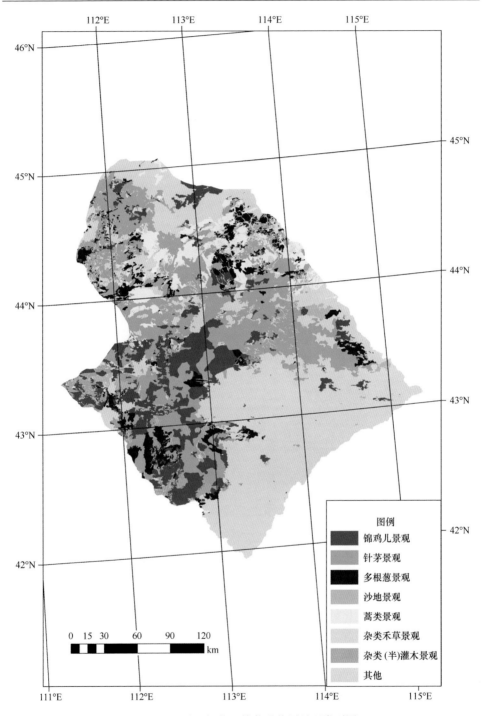

图 1.2　21 世纪初苏尼特荒漠草原景观类型图

4. 解译及成图精度

（1）TM 影像几何纠正的空间位置误差小于 1 个像元。

（2）图斑界线精度在 1∶250 000 空间数据中，地物类明显的地类，其界线漂移小于 30 m，过渡性类型应小于 60 m。

（3）草地景观图基本制图单位是斑块类型，专业内容的判读正确率大于 90%。

（四）斑块和景观指数计算

以上两个时期景观类型图为基础，在 Arcview 和 Arcgis 软件的支持下，自动统计各斑块类型和景观类型的图斑数量，图斑面积，并以此为基础通过以下景观指标分析研究区近 20 年景观格局动态。

目前景观研究中开发了较多的斑块和景观指标，说明不同的生态意义，一些指标存在明显的相关性，使用者可以结合自己的研究特点选择相应的指标作景观分析（卢玲，2000）。本文主要采用了 6 种斑块指标：斑块数量、斑块比例、最大斑块面积、最小斑块面积、平均斑块面积和斑块形状指数，5 种景观指标：景观丰富度指数、景观多样性指数、景观优势度指数、景观均匀度指数和景观破碎度指数。各斑块指数和景观指数的计算公式和意义如下（邬建国，2000；George and Jeff，1997；Milne，1991）。

（1）斑块形状指数（S）

$$S=0.25P/\sqrt{A} \tag{1.1}$$

式中，P 为斑块周长；A 为斑块面积。S 为斑块形状指数，表示斑块与正方形的偏离程度，当斑块为正方形时，S 等于 1，S 越大表示斑块形状越复杂或越扁长。

（2）景观丰富度指数（R）

$$R=m \tag{1.2}$$

式中，m 为景观类型总数。

（3）景观多样性指数（H）

$$H=-\sum_{i=1}^{m} P_i \cdot \ln P_i \tag{1.3}$$

式中，P_i 为第 i 类景观所占比例。景观多样性指数反映景观要素的多少和各景观要素所占比例的变化。景观要素数量一定时，各要素比例越接近其多样性越高，反之则越低。

（4）景观优势度指数（D）

$$D=H_{\max}+\sum_{i=1}^{m} P_i \cdot \ln P_i \tag{1.4}$$

$$H_{max}=\ln m \tag{1.5}$$

式中，H_{max} 为景观多样性指数的最大值；P_i 和 m 定义同前。景观优势度指数表示景观多样性对最大多样性的偏离程度，或描述景观结构中一种或几种景观类型支配景观的程度。优势度越大，表明组成景观各景观类型所占比例差异越大；优势度越小，表明组成景观各景观类型所占比例大致相当；优势度为 0，表明组成景观各景观类型所占比例相等。

（5）景观均匀度指数（E）

$$E = H/H_{max} \tag{1.6}$$

式中，H_{max} 和 H 定义同上，反映景观中各斑块在面积上分布的不均匀程度。当 E 趋于 0 时，景观斑块分布的不均匀程度也趋于最大。

（6）景观破碎度（M）

$$M=n/a \tag{1.7}$$

式中，n 为斑块个数；a 为斑块的总面积。M 值越高，表示景观破碎化越严重。

第三节　结果与分析

一、一级景观动态

（一）面积及分布格局动态

苏尼特荒漠草原是苏尼特草原的一部分，它的变化与其他各类景观类型的变化密切相关，相互联系、相互影响，因此我们首先以一级景观为基础，分析苏尼特草原景观总体变化及与荒漠草原有关的相互转化。

表 1.2 和图 1.3 表明，苏尼特一级景观近 20 年的景观分布及面积变化，20 年间面积增长较大的景观有明沙、盐碱斑、耕地、城市，面积分别增长 173.58%、110.52%、27.41%；面积减少较多的景观有水域、草甸草原及草原化荒漠，其中水域面积减少最多，减少幅度为 44.08%。

（二）斑块及景观格局动态

草地景观格局指组成草地景观的各种大小不一、形状各异的斑块要素在景观空间中的分布规律，景观格局的研究目的是在似乎无序的景观镶嵌上，发现潜在的有意义的规律性，如优势度、均匀度和破碎度等，它和尺度、异质性以及生态过程等组成了景观生态学研究中的核心（Milne，1991）。景观格局是景观异质性的具体表现，同时又是包括干扰在内的各种生态过程在不同尺度上作用的结果。

表 1.2 苏尼特草原总体景观面积变化统计表

景观类型	年代	面积/hm²	变化面积/hm²	变化率/%
典型草原	20 世纪 80 年代	1 940 653.46	−117 471.84	−6.05
	21 世纪初	1 823 181.62		
荒漠草原	20 世纪 80 年代	3 267 640.37	+170 706.80	+5.22
	21 世纪初	3 438 347.17		
草原化荒漠	20 世纪 80 年代	325 215.81	−82 184.40	−25.27
	21 世纪初	243 031.41		
草甸草原	20 世纪 80 年代	462 136.65	−38 228.86	−8.27
	21 世纪初	423 907.78		
水域	20 世纪 80 年代	14 083.09	−6208.47	−44.08
	21 世纪初	7874.62		
明沙、盐碱斑	20 世纪 80 年代	30 484.60	+52 915.93	+173.58
	21 世纪初	83 400.53		
耕地	20 世纪 80 年代	17 838.79	+19 714.76	+110.52
	21 世纪初	37 553.56		
城市	20 世纪 80 年代	2427.93	+665.47	+27.41
	21 世纪初	3093.39		
工厂、矿区	20 世纪 80 年代	1419.30	+90.61	+6.38
	21 世纪初	1509.91		
苏尼特草原	20 世纪 80 年代	6 061 900.00	0.00	0.00
	21 世纪初	6 061 900.00		

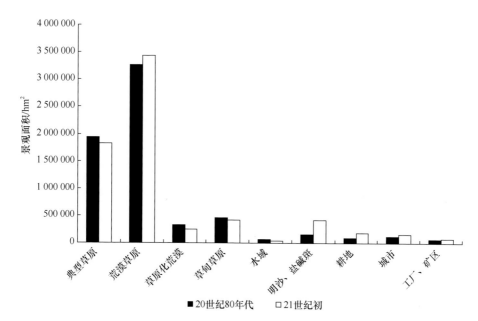

图 1.3 苏尼特草原不同景观类型面积

可以通过景观格局分析，确定产生和控制空间格局的因子和机制，比较不同景观的空间格局及其效应以及不同尺度上的景观格局特点（O'Neill et al., 1988）。本次分析荒漠草原区景观格局及变化的方法主要采用了景观格局指数分析，因为景观指数高度浓缩了景观格局的信息，可以定量反映其结构组成和空间配置某些方面的特征，以便更好地理解景观的时空变化。根据研究区特征将用到的景观特征指数有景观丰富度指数、景观多样性指数、景观优势度指数、景观均匀度指数和景观破碎度指数。

表 1.3 为苏尼特草原各一级景观斑块数量特征、斑块形状指数、景观破碎度变化统计。从表中可以看出，不同景观类型间，无论是从最小斑块面积还是平均斑块面积，大多数类型呈不同程度的下降趋势，与之相对应的斑块个数、斑块形状指数和景观破碎度大都显著增加，而最大斑块面积大多呈增大趋势。苏尼特草原整体景观最小斑块面积从 1.13 hm^2 下降到 0.55 hm^2，最大斑块面积从 90 337.23 hm^2 下降到 53 426.43 hm^2，平均斑块面积从 461.16 hm^2 下降到 424.53 hm^2，斑块形状指数有所增加，从 1.7095 上升到 1.7878，景观破碎度从 0.2168 上升到 1.0169。

表 1.3 苏尼特草原总体景观斑块数量特征和景观指数

景观类型	年代	斑块个数	比例/%	最小斑块面积/hm^2	最大斑块面积/hm^2	平均斑块面积/hm^2	斑块形状指数	景观破碎度/（个/km^2）
典型草原	20 世纪 80 年代	2579	19.62	1.23	38 742.58	752.48	2.1736	0.1329
	21 世纪初	2917	20.42	0.59	46 629.58	625.02	2.2309	0.1600
荒漠草原	20 世纪 80 年代	4076	31.01	1.17	90 337.23	801.68	2.0606	0.1247
	21 世纪初	4551	31.87	0.55	53 426.43	755.51	2.1003	0.1324
草原化荒漠	20 世纪 80 年代	602	4.58	1.56	10 888.35	540.23	1.8834	0.1851
	21 世纪初	585	4.10	0.56	18 466.06	415.44	1.9102	0.2407
草甸草原	20 世纪 80 年代	5203	39.58	1.13	9727.29	88.82	2.3035	1.1259
	21 世纪初	5285	37.02	0.55	15 367.61	80.21	2.3467	1.2467
水域	20 世纪 80 年代	268	2.04	1.13	1324.01	52.55	1.1996	1.9030
	21 世纪初	462	3.24	0.55	809.26	17.04	1.1244	5.8669
明沙、盐碱斑	20 世纪 80 年代	269	2.05	1.34	2160.49	113.33	1.7118	0.8824
	21 世纪初	283	1.98	0.78	10 134.89	294.70	1.8485	0.3393
耕地	20 世纪 80 年代	139	1.06	2.62	2678.80	128.34	1.6267	0.7792
	21 世纪初	180	1.26	1.37	16 384.95	208.63	1.5309	0.4793
城市	20 世纪 80 年代	7	0.05	17.30	922.81	346.85	1.2367	0.2883
	21 世纪初	11	0.08	3.19	992.50	281.22	1.4475	0.3556
工厂、矿区	20 世纪 80 年代	2	0.02	98.22	1321.08	709.65	1.1895	0.1409
	21 世纪初	5	0.04	3.24	1355.97	301.98	1.5511	0.3311
苏尼特草原	20 世纪 80 年代	13 145	100.00	1.13	90 337.23	461.16	1.7095	0.2168
	21 世纪初	14 279	100.00	0.55	53 426.43	424.53	1.7878	1.0169

对于景观研究来说，斑块是景观生态分析中最小的单元，斑块的整体特性能代表景观的很多属性；斑块的数量、最大、最小、平均斑块面积均能反映各种景观在斑块层次上的总体状况，可以客观的说明不同景观或整个研究区的总体斑块水平，从而揭示景观的空间结构及其组成状况，是体现景观环境变化的最直观指标。斑块形状指数反映的是斑块的规则程度，数值越高，斑块越不规则。一般来说，自然斑块越规则，景观情况越好。斑块形状指数对很多生态过程都有较大影响，比如斑块的形状影响动物的迁移、觅食等活动，影响植物的种植与生产效率（卢玲，2000）。

景观破碎度与斑块平均面积互为倒数，但景观破碎度更能直观反映研究区景观的空间结构及异质性状况。景观破碎化是由于人为因素或环境变化而导致景观中面积较大的自然栖息地不断被分隔或生态功能降低而形成的。主要有两方面的表现：①形态上的破碎化；②生态功能上的破碎化（田育红和刘鸿雁，2003）。一般而言，原始的尚未受干扰的和大的斑块物种多样性高，而破碎度大的地区，对物种的多样性是不利的。由于人类活动日益平凡，环境受干扰破坏日趋严重，大部分草原景观的破碎度增大，空间结构复杂，异质性增强。

由此可见，苏尼特草原景观近20年景观发生了明显变化，景观破碎度升高，异质性增加，景观状况呈恶化趋势，其中水域的景观破碎度增长数倍（图1.4），水域面积的急剧减小，使水域干涸，逐渐分割成零碎的小斑块。与以上大多数景观相反，明沙、盐碱斑与耕地的景观破碎度减小。草原上明沙、盐碱斑的形成，一般是先出现较小的斑块，情况进一步恶化，小的斑块就会连为一体，形成大的斑块，逐渐吞噬草原，景观破碎度的减小，说明研究区域在进一步恶化。耕地是

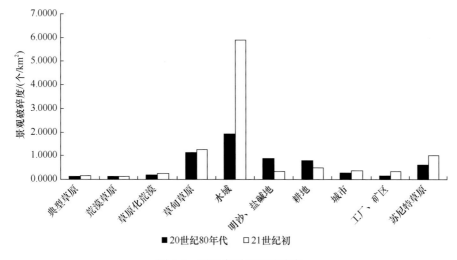

图1.4 不同类型景观破碎度

人工斑块，人类在草原上开垦耕地，一般先是较不规则的小地块，当条件较适合耕种，或者耕种面积扩大时，斑块就会越来越大，并且越来越规则。对比两个年代，耕地的斑块形状指数也减小，说明此区域人类开垦的力度正在增大，结合耕地面积的增大，更从侧面反映了人口数量的增加。

从面积上看荒漠草原近20年总体分布面积增加5.22%（表1.2），增长幅度不大；从斑块指标来看，表1.3列出了苏尼特荒漠草原不同景观斑块的性质，20世纪80年代，苏尼特荒漠草原共有斑块4076块，21世纪初增加到4551个，增长幅度较大；21世纪初最小斑块面积、最大斑块面积和平均斑块面积均呈现下降的趋势，全区的斑块形状指数20年间略有增长；从景观来看（表1.4）20世纪80年代苏尼特荒漠草原景观丰富度，景观多样性较大，景观优势度高，均匀度较低，整体上是某种或几种景观主导的区域；21世纪初的景观丰富度没有改变，景观多样性增大，但景观优势度降低，均匀度升高，说明景观区域平衡化，但这种景观变化是典型草地型的作用减弱引起的，将会引起草地景观格局的稳定性降低，这种变化并不代表草地情况的好转，相反是草地情况恶化的标志，景观破碎度有一定的升高，景观趋于破碎化。

景观丰富度指数为景观类型的数量，是反映景观组分以及空间异质性的关键指标之一，并对许多生态过程产生影响，景观丰度度与物种丰度度之间存在很好的正相关，特别是对于那些生存需要多种生境条件的生物来说，显得尤其重要；景观多样性指数是一种基于信息理论的测量指数，在生态学中应用很广泛。对于景观多样性，主要受两个因素的影响：一是斑块类型的数量，二是不同斑块类型面积分配的均匀程度。该指标能反映景观异质性，特别对景观中各斑块类型非均衡分布状况较为敏感，即强调稀有斑块类型对信息的贡献，这也是与其他多样性指数不同之处。在比较和分析不同景观或同一景观不同时期的多样性与异质性变化时，也是一个敏感指标，景观生态学中的多样性与生态学中的物种多样性有紧密的联系，但并不是简单的正比关系；景观优势度指数和景观均匀度指数一样也是我们比较不同景观或同一景观不同时期多样性变化的一个有力指标，而且它们之间可以相互转换，均匀度值较小时优势度一般较高，可以反映出景观受到一种或少数几种优势斑块类型所支配，均匀度值高时优势度低，说明景观中没有明显的优势类型且各斑块类型在景观中均匀分布（卢玲，2000）。景观多样性、景观优势度和景观均匀度是互相联系的，这三种变化所反映的景观特征是一致的（刘桂香，2003）。

综上所述，近20年来苏尼特荒漠草原景观的总体结构发生了较大变化，斑块数量、斑块形状指数都明显增加，景观多样性升高、优势度明显下降，均匀度增加，景观异质性增加，优势景观的作用明显下降，景观稳定性降低，景观向复杂化、异质化发展。

（三）荒漠草原与其他景观类型的相互转化

1. 转换面积时间动态

转移矩阵为定量研究景观变化的经典方法，主要是通过各种景观类型之间的转换数据，配合转换图来分析研究区景观的变化，表 1.5 是苏尼特草原各种景观类型间的转移矩阵，每一行表示近 20 年此种景观类型区域转化成其他类型的面积占自身的比例，每一列表示其他景观类型转化成此景观类型面积占其他景观类型 20 世纪 80 年代面积的比例（肖笃宁，1990）。

从表 1.5 可以看出，荒漠草原 92.58% 的区域未向其他类型转换。发生转换的区域中，向典型草原类转换最多，达 4.19%；其次向草甸草原转换 1.06%；向草原化荒漠转换 1.00%；向工厂、矿区转换面积极小，转移矩阵无法反映；向其他类型转换均不到 1.00%，作用较小，但趋势明显，即荒漠草原向其他类转换有趋向恶化的趋势；向明沙、盐碱斑和耕地均有一定量的转化，人类活动正在加速荒漠草原的退化。

表 1.4　苏尼特荒漠草原不同景观的景观指数

景观类型	年代	景观丰富度	景观多样性	景观优势度	景观均匀度	景观破碎度 /（个/km²）
锦鸡儿景观	20 世纪 80 年代	23	1.8043	1.3312	0.5754	0.0630
	21 世纪初	23	2.5274	0.6081	0.8061	0.0797
针茅景观	20 世纪 80 年代	17	1.9381	0.8951	0.6841	0.1166
	21 世纪初	16	2.0382	0.7344	0.7351	0.1230
多根葱景观	20 世纪 80 年代	6	1.5089	0.2828	0.8422	0.3774
	21 世纪初	6	1.7212	0.0706	0.9606	0.2538
沙地景观	20 世纪 80 年代	7	1.1368	0.8091	0.5842	0.3514
	21 世纪初	7	1.4577	0.4882	0.7491	0.1454
蒿类景观	20 世纪 80 年代	6	1.4758	0.3159	0.8237	0.1531
	21 世纪初	5	1.1332	0.4763	0.7041	0.1599
杂类禾草景观	20 世纪 80 年代	4	0.7627	0.6236	0.5501	0.0658
	21 世纪初	3	0.6340	0.4646	0.5771	0.0953
杂类（半）灌木景观	20 世纪 80 年代	5	0.9357	0.6738	0.5814	0.0632
	21 世纪初	4	1.0165	0.3698	0.7332	0.0837
苏尼特荒漠草原	20 世纪 80 年代	7	1.2323	0.7136	0.6333	0.1247
	21 世纪初	7	1.3507	0.5952	0.6941	0.1324

表 1.5　苏尼特草原总体景观转移矩阵　　　　　　%

20 世纪 80 年代 ＼ 21 世纪初	典型草原	荒漠草原	草原化荒漠	草甸草原	水域	明沙、盐碱斑	耕地	城市	工厂、矿区	合计
典型草原	81.92	13.30	0.51	2.82	0.02	1.12	0.29	0.02	0.00	100.00
荒漠草原	4.19	92.58	1.00	1.06	0.01	0.80	0.35	0.01	0.00	100.00
草原化荒漠	6.72	27.84	56.42	5.59	0.01	1.19	2.18	0.00	0.03	100.00
草甸草原	14.29	11.92	3.37	66.03	0.59	3.35	0.40	0.05		100.00
水域	5.38	6.34	2.22	36.98	31.21	17.78	0.08			100.00
明沙、盐碱斑	18.15	20.72	2.87	15.24	0.57	42.29	0.15			100.00
耕地	12.98	11.81	0.00	6.21		4.80	63.13	0.96	0.02	100.00
城市	0.00	2.27	6.08	0.30	0.33	0.00	3.31	87.32	0.40	100.00
工厂、矿区	0.00	0.00	0.00	3.84	0.00	0.00	15.45	0.00	80.70	100.00

从其他类型向荒漠草原的转换来看，均有不同程度的转化比例。草原化荒漠最高，达到 27.84%；其次是明沙、盐碱斑，耕地和草甸草原，分别为 20.72%，11.81% 和 11.92%；城市向荒漠草原转换的面积极小，转移矩阵中无法反映；工厂、矿区未向荒漠草原转化。

转移矩阵为自身类型向其他类型转化占自身的比例，不反映各种转化类型对荒漠草原面积变化的影响。在苏尼特草原中荒漠草原与典型草原占绝对优势，它们的面积高出有的土地利用类型数百倍，有必要列出转换面积，以此为依据分析景观转化对荒漠草原面积变化的影响。表 1.6 列出了荒漠草原与各种类型间转换的面积，以及占荒漠草原有关转化面积的比例。荒漠草原转化为其他类型，面积居于前 3 位的是典型草原 136 963.50 hm^2（20.891%），草甸草原 34 728.94 hm^2（5.297%）和草原化荒漠 32 669.05 hm^2（4.983%）；面积居于后 3 位的是城市 432.59 hm^2（0.066%），水域 179.13 hm^2（0.027%）和工厂、矿区 5.55 hm^2（0.0015%）。其他类型转移成荒漠草原，面积居于前 3 位的是典型草原 258 160.41 hm^2（39.377%），草原化荒漠 90 534.78 hm^2（13.809%）和草甸草原 55 094.83 hm^2（8.404%），居于后 3 位的是耕地 2 106.55 hm^2（0.321%），水域 893.14 hm^2（0.136%）和城市 55.08 hm^2（0.008%），工厂、矿区向荒漠草原无转化，呈现单向性。

我们以其他类型向荒漠草原转化为正值，荒漠草原向其他类型转化为负值，将表 1.6 的数据作代数运算后得出：绝对的转化面积，其他类型向荒漠草原的转化典型草原最多，达 121 196.91 hm^2，下来是草原化荒漠 57 865.73 hm^2 和草甸草原 20 365.89 hm^2，水域也有部分转化为了荒漠草原，绝对面积为 714.00 hm^2，与

表 1.6　苏尼特荒漠草原转移面积统计

20 世纪 80 年代	21 世纪初	面积/hm²	变化率/%
荒漠草原	典型草原	136 963.50	20.891
荒漠草原	草原化荒漠	32 669.05	4.983
荒漠草原	草甸草原	34 728.94	5.297
荒漠草原	水域	179.13	0.027
荒漠草原	明沙、盐碱斑	26 126.97	3.985
荒漠草原	耕地	11 348.54	1.731
荒漠草原	城市	432.59	0.066
荒漠草原	工厂、矿区	5.55	0.001
典型草原	荒漠草原	258 160.41	39.377
草原化荒漠	荒漠草原	90 534.78	13.809
草甸草原	荒漠草原	55 094.83	8.404
水域	荒漠草原	893.14	0.136
明沙、盐碱斑	荒漠草原	6316.29	0.963
耕地	荒漠草原	2106.55	0.321
城市	荒漠草原	55.08	0.008
工厂、矿区	荒漠草原	0.00	0.000
总计		655 615.35	100.000

近 20 年来苏尼特草原水源条件恶化，地表水减少（刘桂香，2003）的实际是相符的。荒漠草原向其他类型的转化中，转化为明沙、盐碱斑 19 810.67 hm²，其次是耕地 9242.00 hm² 和城市 377.51 hm²。荒漠草原与其他景观的相互转化基本可以归结为，其他草地类型和水域向荒漠草原转化，荒漠草原又向草地退化的类型，如明沙、盐碱斑和人工景观转化。虽然荒漠草原向这几种草地退化的类型和人工景观转化的面积相对于它的总面积比例不大，但却充分说明较好的草原类型和水域正在退变为荒漠草原，荒漠草原某些区域又退化严重，且人类活动所建立的城市、耕地和工厂、矿区正侵占着荒漠草原。

2. 转换面积空间动态

图 1.5 为荒漠草原景观与其他景观的转化动态图，结合图 1.1，图 1.2 分析草原变化趋势可见：20 世纪 80 年代，荒漠草原中零星分布的典型草原和草原化荒漠斑块在逐渐缩小和消失，荒漠草原面积呈增大趋势，但明沙、盐碱斑却呈增多，也呈增大的趋势，人类利用的土地类型，如耕地、城市面积明显在增大，草原恶化趋势明显。20 世纪 80 年代仅 1 块耕地集中分布于南部，21 世纪初不但南部区域耕地面积增大，荒漠草原中部还出现了 1 块大面积的耕地区域，且在这个斑块

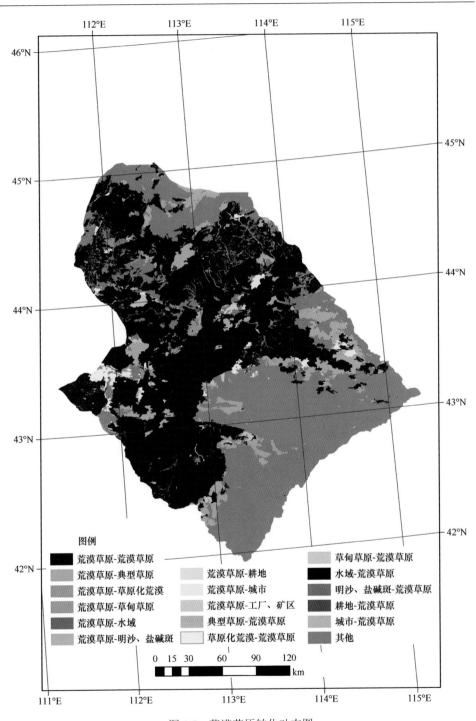

图例

■ 荒漠草原-荒漠草原		□ 草甸草原-荒漠草原
荒漠草原-典型草原	□ 荒漠草原-耕地	■ 水域-荒漠草原
荒漠草原-草原化荒漠	□ 荒漠草原-城市	明沙、盐碱斑-荒漠草原
荒漠草原-草甸草原	荒漠草原-工厂、矿区	耕地-荒漠草原
荒漠草原-水域	典型草原-荒漠草原	城市-荒漠草原
荒漠草原-明沙、盐碱斑	□ 草原化荒漠-荒漠草原	其他

0 15 30 60 90 120 km

图 1.5 荒漠草原转化动态图

附近出现了面积相近的明沙、盐碱斑。同样情况也出现在城市附近，图 1.1、图 1.2 示西南部，有一块城市区域，解译数据与 GPS 点位置数据叠加后，确定为苏尼特右旗旗政府所在地塞罕塔拉镇，20 年间这座草原之上的城市发展较快，城市面积扩大数倍，20 世纪 80 年代，在其周围未发现大面积明沙、盐碱斑，但据 21 世纪初景观类型图上显示，其周围出现数块大面积明沙、盐碱斑区域。图示中部，在荒漠草原与典型草原的交界处，20 世纪 80 年代有一大块草甸草原区域，说明此处水分条件良好，当时在旁边即有一块工厂、矿区，经过 20 年后，工厂、矿区及周围的典型草原无明显变化，但草甸草原面积急剧减小，不及以前的 1/10，其他均退变为荒漠草原。

二、二级景观动态

本次研究中我们把苏尼特荒漠草原分为 7 种景观类型，称之为二级景观，下面我们分别从面积、分布动态和斑块、景观格局动态 2 个不同层面分析 7 种景观类型近 20 年的变化。具体变化数据和分析统计详见表 1.7～表 1.15 和图 1.6～图 1.10，分布格局详见图 1.11～图 1.15。

表 1.7　苏尼特荒漠草原不同景观面积变化统计

荒漠草原景观	年代	面积/hm²	变化面积/hm²	变化率/%
锦鸡儿景观	20 世纪 80 年代	779 745.05	+991.26	+0.13
	21 世纪初	780 736.30		
针茅景观	20 世纪 80 年代	1 807 886.10	−68 168.15	−3.77
	21 世纪初	1 739 717.95		
多根葱景观	20 世纪 80 年代	221 264.36	+190 020.24	+85.88
	21 世纪初	411 284.60		
沙地景观	20 世纪 80 年代	15 934.56	+59 711.02	+374.73
	21 世纪初	75 645.58		
蒿类景观	20 世纪 80 年代	340 353.32	+16 138.72	+4.74
	21 世纪初	356 492.03		
杂类禾草景观	20 世纪 80 年代	10 631.05	+12 452.58	+117.13
	21 世纪初	23 083.64		
杂类（半）灌木景观	20 世纪 80 年代	91 825.93	−40 438.86	−44.04
	21 世纪初	51 387.07		
苏尼特荒漠草原	20 世纪 80 年代	3 267 640.37	+170 706.80	+5.22
	21 世纪初	3 438 347.17		

表 1.8 苏尼特荒漠草原不同景观的斑块数量特征和斑块指数

景观类型	年代	斑块个数	比例/%	最小斑块面积/hm²	最大斑块面积/hm²	平均斑块面积/hm²	斑块形状指数
锦鸡儿景观	20 世纪 80 年代	491	12.05	2.05	50 178.36	1588.08	1.9728
	21 世纪初	622	13.67	0.58	50 318.65	1255.20	2.0529
针茅景观	20 世纪 80 年代	2108	51.72	1.22	90 337.23	857.63	2.0298
	21 世纪初	2140	47.02	0.58	53 426.43	812.95	2.0649
多根葱景观	20 世纪 80 年代	835	20.49	1.53	6795.61	264.99	2.0448
	21 世纪初	1044	22.94	0.55	16 235.78	393.95	2.0693
沙地景观	20 世纪 80 年代	56	1.37	1.78	3050.46	284.55	1.7814
	21 世纪初	110	2.42	0.70	18 194.08	687.69	2.0094
蒿类景观	20 世纪 80 年代	521	12.78	1.17	37 381.94	653.27	2.3466
	21 世纪初	570	12.52	0.69	23 716.16	625.42	2.3639
杂类禾草景观	20 世纪 80 年代	7	0.17	33.24	7798.66	1518.72	1.8413
	21 世纪初	22	0.48	23.95	10 995.86	1049.26	1.8383
杂类（半）灌木景观	20 世纪 80 年代	58	1.42	12.67	18 596.19	1583.21	1.8806
	21 世纪初	43	0.94	1.04	10 667.14	1195.05	2.1761
苏尼特荒漠草原	20 世纪 80 年代	4076	100.00	1.17	90 337.23	801.68	2.0606
	21 世纪初	4551	100.00	0.55	53 426.43	755.51	2.1003

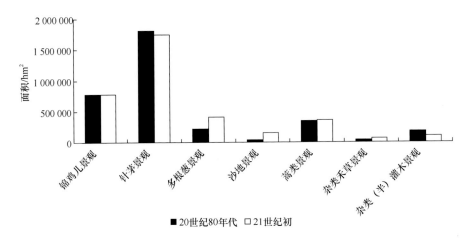

图 1.6 苏尼特荒漠草原不同景观面积

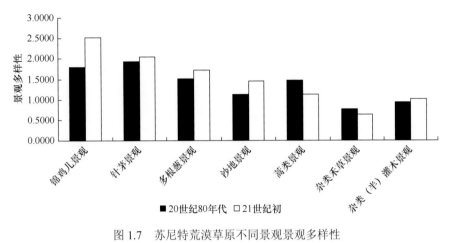

图 1.7 苏尼特荒漠草原不同景观景观多样性

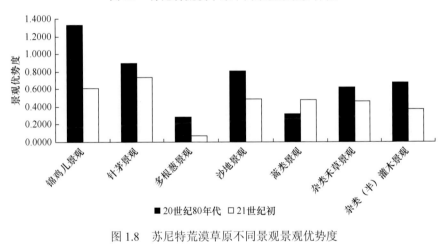

图 1.8 苏尼特荒漠草原不同景观景观优势度

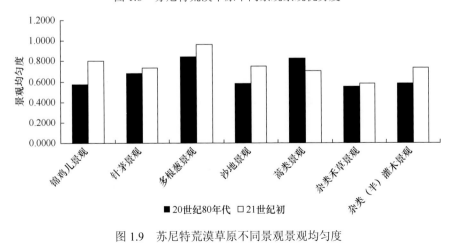

图 1.9 苏尼特荒漠草原不同景观景观均匀度

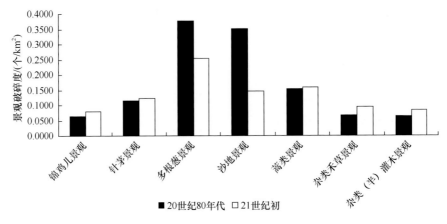

图 1.10　苏尼特荒漠草原不同景观景观破碎度

（一）锦鸡儿景观动态

1. 锦鸡儿景观分布面积及草地类型组成动态

从锦鸡儿景观动态图（图 1.11）可以看出，锦鸡儿景观是苏尼特荒漠草原主要的景观类型，分布在苏尼特草原的东南部，北部和东部也有零星分布，20年间分布范围变化不明显。由表 1.7 可见，20 世纪 80 年代锦鸡儿景观面积为779 745.05 hm²，占苏尼特荒漠草原总面积的 23.86%，21 世纪初面积为780 736.30 hm²，占苏尼特荒漠草原总面积的22.71%，20 年间增长了 991.25 hm²（0.13%），增长面积较小。

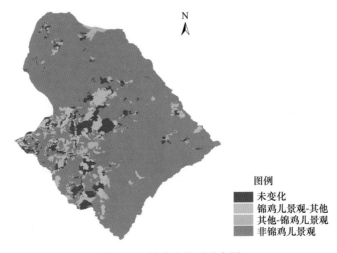

图 1.11　锦鸡儿景观动态图

从组成锦鸡儿景观的草地类型变化来看（表1.9），有19种斑块类型（草地型）呈增长趋势，其中增长比例居于前三位的是中间锦鸡儿、戈壁针茅、无芒隐子草，中间锦鸡儿、无芒隐子草、冷蒿和小叶锦鸡儿、戈壁针茅、女蒿草地型；有4种草地型面积减小，减小比例居前三位的是中间锦鸡儿、短花针茅、冷蒿，中间锦鸡儿、沙生针茅、冷蒿和狭叶锦鸡儿、石生针茅、无芒隐子草草地型。可见锦鸡儿景观不同草地类型20年间面积总体呈增长趋势。

表1.9　锦鸡儿景观中不同斑块类型（草地型）动态

编号	斑块类型（草地型）	年代	面积/hm²	变化面积/hm²	变化率/%
A1	狭叶锦鸡儿、石生针茅、无芒隐子草	20世纪80年代	111 936.04	−77 512.32	−69.25
		21世纪初	34 423.72		
A2	狭叶锦鸡儿、戈壁针茅、多根葱	20世纪80年代	60 425.54	+120 685.85	+199.73
		21世纪初	181 111.39		
A3	狭叶锦鸡儿、短花针茅、冷蒿	20世纪80年代	8317.32	+2570.77	+30.91
		21世纪初	10 888.09		
A4	狭叶锦鸡儿、沙生冰草、无芒隐子草	20世纪80年代	17 204.26	−8341.84	−48.49
		21世纪初	8862.42		
A5	小叶锦鸡儿、石生针茅、冰草	20世纪80年代	32 314.40	+50 372.03	+155.88
		21世纪初	82 686.43		
A6	小叶锦鸡儿、中间锦鸡儿、戈壁针茅	20世纪80年代	4615.72	+6197.96	+134.28
		21世纪初	10 813.67		
A7	小叶锦鸡儿、羊草、冰草	20世纪80年代	409.42	+1151.06	+281.15
		21世纪初	1560.48		
A8	小叶锦鸡儿、短花针茅、冷蒿	20世纪80年代	5074.31	+7433.58	+146.49
		21世纪初	12 507.89		
A9	小叶锦鸡儿、无芒隐子草、冷蒿	20世纪80年代	14 059.45	+67 682.16	+481.40
		21世纪初	81 741.61		
A10	中间锦鸡儿、短花针茅、糙隐子草	20世纪80年代	7268.99	+4881.26	+67.15
		21世纪初	12 150.25		
A11	中间锦鸡儿、沙生针茅、冷蒿	20世纪80年代	405 652.22	−341 514.02	−84.19
		21世纪初	64 138.20		
A12	小叶锦鸡儿、沙生针茅、冷蒿	20世纪80年代	1375.16	+4694.40	+341.37
		21世纪初	6069.56		
A13	中间锦鸡儿、短花针茅、冷蒿	20世纪80年代	27 770.94	−25 645.82	−92.35
		21世纪初	2125.12		
A14	中间锦鸡儿、无芒隐子草、冷蒿	20世纪80年代	909.15	+19 487.56	+2143.49
		21世纪初	20 396.71		

续表

编号	斑块类型（草地型）	年代	面积/hm²	变化面积/hm²	变化率/%
A15	中间锦鸡儿、戈壁针茅、无芒隐子草	20 世纪 80 年代	290.95	+10 353.84	+3558.63
		21 世纪初	10 644.79		
A16	中间锦鸡儿、沙生冰草	20 世纪 80 年代	648.39	+3321.76	+512.31
		21 世纪初	3970.16		
A17	小叶锦鸡儿、石生针茅、沙生冰草	20 世纪 80 年代	37 499.67	+75 615.25	+201.64
		21 世纪初	113 114.92		
A18	小叶锦鸡儿、沙木蓼、石生针茅	20 世纪 80 年代	13 410.47	+8721.29	+65.03
		21 世纪初	22 131.76		
A19	小叶锦鸡儿、戈壁针茅、女蒿	20 世纪 80 年代	1754.06	+28 923.36	+1648.94
		21 世纪初	30 677.42		
A20	狭叶锦鸡儿、黑沙蒿	20 世纪 80 年代	247.55	+895.10	+361.58
		21 世纪初	1142.65		
A21	中间锦鸡儿、黑沙蒿	20 世纪 80 年代	11 182.50	+5800.61	+51.87
		21 世纪初	16 983.10		
A22	中间锦鸡儿、沙蒿、沙鞭	20 世纪 80 年代	8625.56	+28 099.38	+325.77
		21 世纪初	36 724.94		
A23	中间锦鸡儿、沙鞭	20 世纪 80 年代	8752.99	+7118.04	+81.32
		21 世纪初	15 871.02		
A	锦鸡儿景观	20 世纪 80 年代	779 745.05	+991.26	+0.13
		21 世纪初	780 736.30		

2. 锦鸡儿景观斑块和景观格局动态

从斑块上看（表 1.8），20 世纪 80 年代锦鸡儿景观有斑块 491 块，最小斑块、最大斑块面积和平均斑块面积较大，斑块形状指数中等，为 1.9728，形状相对较规则；21 世纪初，斑块个数增加较多，达到 622 块，最小斑块面积、平均斑块面积降低，斑块形状指数有所升高，但还是维持中等水平。

从景观上看（表 1.4），20 世纪 80 年代，锦鸡儿景观的景观丰富度为 23，多样性达到 1.8043，优势度为 1.3312，均匀度很低，值为 0.5754，景观破碎度较低（0.0630 个/km²）；但到 21 世纪初景观指数变化较大，景观多样性升高到 2.5274，但景观优势度降低较多，景观均匀度升高，景观破碎度略有升高。可见 20 世纪80 年代，锦鸡儿景观虽然类型丰富，但是由少数一种或几种草地型支配的，斑块破碎化相对较低，21 世纪初锦鸡儿景观发生了较大的变化，在多样性增加的情况下，整个景观趋于均匀，优势斑块类型的作用降低，稳定性降低，景观破碎化也加剧。

（二）针茅景观动态

1. 针茅景观分布面积及草地类型组成动态

由图 1.12 可以看出针茅景观在苏尼特荒漠草原全境均有分布，在 20 年的时间中，从行政区划上看，苏尼特左旗类型变化较小；苏尼特右旗类型变化较大，有大量针茅景观区域转化为了其他景观类型，同时也有大量的其他景观类型转化成了针茅景观类型。由表 1.7 可见，20 世纪 80 年代针茅景观面积为 1 807 886.10 hm²，占苏尼特荒漠草原总面积的 55.33%，21 世纪初面积为 1 739 717.95 hm²，占苏尼特荒漠草原总面积的 50.60%，虽然 20 年间面积减小了 68 168.15 hm²（3.77%），但一直是荒漠草原 7 景观中面积最大且占绝对地位的景观类型。

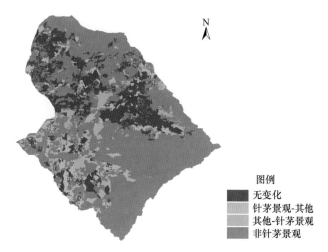

N

图例
无变化
针茅景观-其他
其他-针茅景观
非针茅景观

图 1.12 针茅景观动态图

从组成针茅景观的各草地型动态来看（表 1.10），有两种草地型消失，分别为沙生针茅、无芒隐子草、多根葱和短花针茅、冷蒿、无芒隐子草草地型，另增加一种草地型，为戈壁针茅、蓍状亚菊 [*Ajania achilloides*（Turcz.）Poljak. ex Grubov.] 草地型；从各草地型分布面积变化来看，有 14 种草地型面积增加，增加比例居前 3 位的是：短花针茅、无芒隐子草、狭叶锦鸡儿，石生针茅、木地肤 [*Kochia prostrata*（L.）Schrad.]、画眉草和戈壁针茅、女蒿、小叶锦鸡儿草地型；面积减小的草地型有 2 种，分别是：石生针茅、冷蒿、无芒隐子草和石生针茅、冷蒿、无芒隐子草草地型。总体来说，个别草地型面积下降较多，大部分草地型面积有不同程度增长。

表 1.10 针茅景观中不同斑块类型（草地型）动态

编号	斑块类型（草地型）	年代	面积/hm²	变化面积/hm²	变化率/%
B1	短花针茅、无芒隐子草	20 世纪 80 年代	2825.03	+4774.73	+169.01
		21 世纪初	7599.76		
B2	短花针茅、无芒隐子草、狭叶锦鸡儿	20 世纪 80 年代	174.70	+13 388.15	+7663.30
		21 世纪初	13 562.86		
B3	短花针茅、冷蒿	20 世纪 80 年代	58 464.86	+62 916.86	+107.61
		21 世纪初	121 381.72		
B4	石生针茅、无芒隐子草	20 世纪 80 年代	175 547.25	+15 099.46	+8.60
		21 世纪初	190 646.71		
B5	石生针茅、多根葱、红砂	20 世纪 80 年代	248 988.59	+141 519.84	+56.84
		21 世纪初	390 508.43		
B6	石生针茅、多根葱、木地肤	20 世纪 80 年代	22 746.61	+8519.47	+37.45
		21 世纪初	31 266.08		
B7	石生针茅、薹草、隐子草	20 世纪 80 年代	161 639.05	+149 393.33	+92.42
		21 世纪初	311 032.38		
B8	石生针茅、冷蒿、无芒隐子草	20 世纪 80 年代	617 152.47	−188 625.41	−30.56
		21 世纪初	428 527.05		
B9	沙生针茅、无芒隐子草、多根葱	20 世纪 80 年代	355 478.85	−355 478.85	−100.00
		21 世纪初	0.00		
B10	短花针茅、冷蒿、无芒隐子草	20 世纪 80 年代	9303.27	−9303.27	−100.00
		21 世纪初	0.00		
B11	戈壁针茅、女蒿、小叶锦鸡儿	20 世纪 80 年代	1388.87	+5075.78	+365.46
		21 世纪初	6464.65		
B12	石生针茅、箸状亚菊	20 世纪 80 年代	33 195.28	+1144.00	+3.45
		21 世纪初	34 339.28		
B13	石生针茅、木地肤、画眉草	20 世纪 80 年代	4584.60	+49 390.90	+1077.32
		21 世纪初	53 975.49		
B14	石生针茅、刺旋花、多根葱	20 世纪 80 年代	14 580.12	+2333.86	+16.01
		21 世纪初	16 913.98		
B15	石生针茅、沙生冰草、冷蒿	20 世纪 80 年代	69 904.52	+40 547.29	+58.00
		21 世纪初	110 451.81		
B16	戈壁针茅、箸状亚菊	20 世纪 80 年代	0.00	+178.93	
		21 世纪初	178.93		
B17	戈壁针茅、刺旋花	20 世纪 80 年代	727.04	+1423.28	+195.76
		21 世纪初	2150.32		
B18	石生针茅、冷蒿、无芒隐子草	20 世纪 80 年代	31 184.97	−10 466.50	−33.56
		21 世纪初	20 718.47		
B	针茅景观	20 世纪 80 年代	1 807 886.10	−68 168.15	−3.77
		21 世纪初	1 739 717.95		

2. 针茅景观斑块和景观格局动态

从斑块上看（表 1.8），20 世纪 80 年代针茅景观有斑块 2108 块，最大、最小和平均斑块面积处于中等，斑块形状指数较高，为 2.0298，形状相对于其他景观杂乱。21 世纪初斑块个数增加很少，数量为 2140 块，最大斑块面积、最小斑块面积和平均斑块面积下降，斑块形状指数略有升高，20 年间斑块各指标有一定变化，但不很显著。

从景观上看（表 1.4），20 世纪 80 年代，针茅景观的景观丰富度为 17，景观多样性达到 1.9381，优势度为 0.8951，均匀度较低，值为 0.6841，景观破碎度中等（0.1166 个/km²），20 世纪 80 年代针茅景观虽然类型丰富，但是优势斑块类型的支配作用较显著。到 21 世纪初丰富度下降到 16，景观多样性升高到 2.0382，但景观优势度（0.7344）有所降低，景观均匀度升高，达 0.7351，景观破碎度略有升高。21 世纪初相对于 20 世纪 80 年代，除少数草地型外大部分 20 年间变化较小，使得整个景观类型的格局变化较小，针茅景观在多样性增加的情况下，整个景观趋于均匀，稳定性有所减弱。总的变化比苏尼特荒漠草原变化小，此种景观又是苏尼特荒漠草原占绝对地位的景观类型，可以说是它在抑制整个苏尼特荒漠草原的恶化。

（三）多根葱景观动态

1. 多根葱景观分布面积及草地类型组成动态

由图 1.13 可以看出多根葱景观分布在苏尼特草原外围，呈零星分布，主要在荒漠草原与典型草原和草原化荒漠的交界处。20 世纪 80 年代，多根葱景观主要分布在苏尼特草原的北部，21 世纪初，南部大片区域其他景观转化为了多根葱景观，多根葱景观转化为其他景观极少。由表 1.7 可见，20 年间多根葱景观面积呈明显的增加趋势，20 世纪 80 年代多根葱景观面积为 221 264.36 hm²，占苏尼特荒漠草原总面积的 6.77%，居于第 4 位；21 世纪初面积为 411 284.60 hm²，占苏尼特荒漠草原总面积的 11.96%，居于第 3 位，20 年间增长了 190 020.24 hm²（85.88%），虽然总面积在苏尼特荒漠草原区中占的比重较少，但增长迅速，是苏尼特荒漠草原中面积增加最多的景观类型。

从组成多根葱景观的各草地型动态来看（表 1.11），随着景观面积的迅速增长，此种景观的 6 种草地型面积均有不同比例的增长，其中增长比例居于前 3 位的是：多根葱、木地肤、草麻黄（*Ephedra sinica* Stapf），多根葱、红砂、白刺（*Nitraria tangutorum* Bobr.）和多根葱、石生针茅、无芒隐子草草地型。

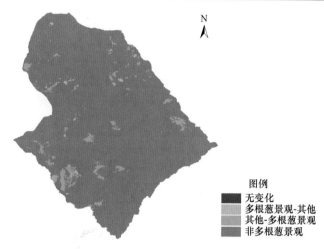

图 1.13　多根葱景观动态图

表 1.11　多根葱景观中不同斑块类型（草地型）动态

编号	斑块类型（草地型）	年代	面积/hm^2	变化面积/hm^2	变化率/%
C1	多根葱、沙生针茅	20 世纪 80 年代	88 451.26	+26 474.91	+29.93
		21 世纪初	11 4926.17		
C2	多根葱、红砂、白刺	20 世纪 80 年代	20 127.54	+48 897.29	+242.94
		21 世纪初	69 024.82		
C3	多根葱、珍珠、戈壁针茅	20 世纪 80 年代	30 777.58	+29 301.83	+95.21
		21 世纪初	60 079.41		
C4	多根葱、石生针茅、无芒隐子草	20 世纪 80 年代	27 205.00	+38 902.88	+143.00
		21 世纪初	66 107.89		
C5	多根葱、克氏针茅、冷蒿	20 世纪 80 年代	52 139.98	+20 801.60	+39.90
		21 世纪初	72 941.57		
C6	多根葱、木地肤、麻黄	20 世纪 80 年代	2563.01	+25 641.73	+1000.45
		21 世纪初	28 204.74		
C	多根葱景观	20 世纪 80 年代	22 1264.36	+190 020.24	+85.88
		21 世纪初	41 1284.60		

2. 多根葱景观斑块和景观格局动态

从斑块上看（表 1.8），20 世纪 80 年代多根葱有斑块 835 块，最小斑块面积略大于苏尼特荒漠草原的最小斑块面积，最大斑块面积远小于苏尼特荒漠草原的最大斑块面积，平均斑块面积较小为 264.99 hm^2，斑块形状指数为 2.0448，斑块面积较小，形状相对于其他景观杂乱；21 世纪初伴随着景观面积的增加，斑块个数也有较大增加，数量为 1044 块，最大斑块面积增加较多、最小斑块面积、平均斑块面积下降，斑块形状指数有所升高，但增长较缓慢，从 20 世纪 80 年代的相对较高值，变化到 21 世纪初的相对较低值。

从景观上看（表 1.4），20 世纪 80 年代，多根葱景观的景观丰富度为 6，景观多样性为 1.5089，景观优势度较低，为 7 种景观类型的最低值 0.2828，均匀度较高，为 0.8422，景观破碎度高（0.3774 个/km^2），可见 20 年前多根葱景观虽然类型不太丰富，但景观优势度低，均匀度高，是非常均匀的景观类型，但斑块破碎化严重；21 世纪初多根葱景观丰富度仍为 6，景观多样性升高到 1.7212，处于中等，景观优势度下降到 0.0706，仍为 7 种景观类型的最低值，景观均匀度升高，景观破碎度略有降低（0.2539 个/km^2），但还是维持较高的值。21 世纪初相对于 20 世纪 80 年代，多根葱景观在多样性增加的情况下，整个景观趋于一致，且一直是荒漠草原区最均匀的景观类型，与整个苏尼特荒漠草原趋于恶化相反，多根葱景观是状况在明显改善的景观类型，景观破碎度降低，斑块形状无明显变化，面积随之迅速增大。但结合各种植物的生境可以看出，多根葱景观状况的改善是沙生、盐生植被面积迅速增加的结果，对整个苏尼特荒漠草原是不利的。

（四）沙地景观动态

1. 沙地景观分布面积及草地类型组成动态

沙地景观面积在苏尼特荒漠草原区中占很少的比例，但此景观是具有重要意义的景观类型，对于分析草原的沙化趋势和草原的结构有较大价值。由图 1.14 可以看出，沙地景观主要在荒漠草原与典型草原和草原化荒漠的交界处。20 世纪 80 年代，沙地景观只分布在苏尼特草原的左翼，21 世纪初，左翼的沙地景观变化不大，右翼有一大片典型草原区域转化为了沙地景观，但沙地景观转化为其他景观极少。由表 1.7 可见，20 世纪 80 年代沙地景观面积为 15 934.56 hm^2，占苏尼特荒漠草原总面积的 0.49%，21 世纪初面积为 75 645.58 hm^2，占苏尼特荒漠草原总面积的 2.20%。20 年间增长了 59 711.02 hm^2（374.73%），增长迅速，是荒漠草原增长比例最大的景观类型。

从组成沙地景观的各草地型动态来看（表 1.12），随着景观面积的迅速增长，此种景观有 6 种草地型面积有不同比例的增长，其中增长比例居于前 3 位的是：沙蒿、中间锦鸡儿，沙蒿（*A. desertorum* Spreng. Syst. Veg. var. *desertorum*）、冷蒿、冰草 [*A. cristatum*（L.）Gaerth.] 和沙蒿、杂类草草地型；面积减小的草地型有 1 种，为黑沙蒿、北沙柳草地型。

2. 沙地景观斑块和景观格局动态

从斑块上看（表 1.8），20 世纪 80 年代，沙地景观有斑块 56 块，最小斑块面

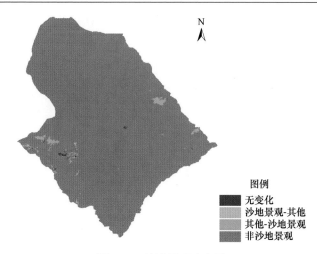

图 1.14 沙地景观动态图

表 1.12 沙地景观中不同斑块类型（草地型）动态

编号	斑块类型（草地型）	年代	面积/hm²	变化面积/hm²	变化率/%
D1	黑沙蒿、沙鞭	20 世纪 80 年代	10 801.12	+3055.30	+28.29
		21 世纪初	13 856.43		
D2	沙蒿、沙鞭	20 世纪 80 年代	405.67	+286.61	+70.65
		21 世纪初	692.28		
D3	沙蒿、冷蒿、冰草	20 世纪 80 年代	1527.35	+31 620.05	+2070.26
		21 世纪初	33 147.39		
D4	沙蒿、杂类草	20 世纪 80 年代	686.96	+8329.90	+1212.58
		21 世纪初	9016.86		
D5	沙蒿、中间锦鸡儿	20 世纪 80 年代	82.80	+15 376.30	+18 570.41
		21 世纪初	15 459.10		
D6	黑沙蒿、北沙柳	20 世纪 80 年代	1128.70	−444.28	−39.36
		21 世纪初	684.42		
D7	黑沙蒿、蒙古岩黄耆	20 世纪 80 年代	1301.96	+1487.15	+114.22
		21 世纪初	2789.11		
D	沙地景观	20 世纪 80 年代	15 934.56	+59 711.02	+374.73
		21 世纪初	75 645.58		

积较高，最大斑块面积、平均斑块面积值均较低，斑块形状指数处于 7 种景观中最低值，为 1.7814，形状相对于其他景观规则；21 世纪初伴随着景观面积的急剧增加，斑块个数也有较大增加，数量为 110 块，最小斑块面积下降较多，处于中等，最大斑块面积和平斑块面积增加较多，斑块形状指数有所升高，高于整个研究区的变化速度，但还维持相对较低的值。

从景观上看（表 1.4），20 世纪 80 年代，沙地景观的景观丰富度为 7，景观多样性为 1.1368，景观优势度高，为 0.8091，均匀度较低，为 0.5842，景观破碎度较高（0.3515 个/km²），沙地景观类型较少，景观丰富度低，景观优势度高，均匀度低，少数斑块类型占绝对优势地位，斑块破碎化严重。21 世纪初沙地景观丰富度仍为 7，景观多样性升高到 1.4577，处于中等，景观优势度下降到 0.4882，景观均匀度升高，达 0.7491，景观破碎度降低较多。21 世纪初相对于 20 世纪 80 年代，沙地景观在多样性增加的情况下，原有占优势地位的草地型作用减弱，整个景观趋于均匀，稳定性降低，且景观破碎化趋势减弱，原有分隔的沙地斑块逐渐连成一体，总面积迅速增大，但从苏尼特荒漠草原整体结合沙地景观的特点来看，它面积的增大和情况的好转，正好是苏尼特荒漠草原沙化、退化日趋严重的标志。

（五）蒿类景观动态

1. 蒿类景观分布面积及草地类型组成动态

　　由图 1.15 可以看出蒿类景观主要分布在荒漠草原与典型草原的交界处。20 世纪 80 年代，蒿类景观在苏尼特草原的北部和中部均有分布。21 世纪初，中部的蒿类景观区域转化为了其他景观类型，而北部只有很少的区域转化成了其他景观，大部分为其他景观转化成了蒿类景观，整个景观类型向北部集中，位置发生了较大变化。由表 1.7 可见，20 世纪 80 年代蒿类景观面积为 340 353.32 hm²，占苏尼特荒漠草原总面积的 10.42%，居于第 3 位；21 世纪初面积为 356 492.03 hm²，占苏尼特荒漠草原总面积的 10.37%，居于第 4 位，增加 16 138.72 hm²（4.74%），20 年间蒿类景观面积变化不大。

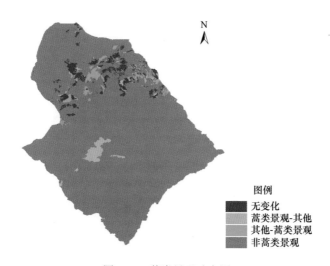

图 1.15　蒿类景观动态图

从组成蒿类景观的各草地型动态来看（表 1.13），有 1 种草地型消失，为冷蒿、牛枝子草地型；有 5 种草地型面积增加，增加比例居前 3 位的是：冷蒿、薹草、隐子草，冷蒿、短花针茅、石生针茅和冷蒿、沙生冰草草地型。

表 1.13　蒿类景观中不同斑块类型（草地型）动态

编号	斑块类型（草地型）	年代	面积/hm²	变化面积/hm²	变化率/%
E1	冷蒿、短花针茅、石生针茅	20 世纪 80 年代	84 138.10	+31 394.27	+37.31
		21 世纪初	115 532.37		
E2	冷蒿、牛枝子	20 世纪 80 年代	81 316.03	−81 316.03	−100.00
		21 世纪初	0.00		
E3	冷蒿、木地肤	20 世纪 80 年代	39 735.09	+2022.39	+5.09
		21 世纪初	41 757.48		
E4	冷蒿、沙生冰草	20 世纪 80 年代	7140.74	+697.70	+9.77
		21 世纪初	7838.44		
E5	冷蒿、小叶锦鸡儿、薹草	20 世纪 80 年代	8096.75	+563.72	+6.96
		21 世纪初	8660.46		
E6	冷蒿、薹草、隐子草	20 世纪 80 年代	119 926.61	+62 776.67	+52.35
		21 世纪初	182 703.28		
E	蒿类景观	20 世纪 80 年代	340 353.32	+16 138.72	+4.74
		21 世纪初	356 492.03		

2. 蒿类景观斑块和景观格局动态

从斑块上看（表 1.8），20 世纪 80 年代，蒿类景观有斑块 521 块，最小斑块面积很小，为苏尼特荒漠草原的最小斑块面积，最大斑块面积较大，平均斑块面积中等，斑块形状指数较高，为苏尼特荒漠草原 7 种景观类型中最高的，形状很不规则。21 世纪初相对于 20 世纪 80 年代，斑块数量增加不多，为 570 块，最大斑块面积、最小斑块面积下降较多，平斑块面积略有下降，斑块形状指数有所升高，仍然是苏尼特草原景观中斑块形状指数最高的。

从景观上看（表 1.4），20 世纪 80 年代，蒿类景观的景观丰富度为 6，景观类型较少，景观丰富度和景观优势度低，均匀度高，景观破碎度较高，斑块破碎化严重；21 世纪初蒿类景观丰富度降低，值为 5，景观多样性、景观均匀度降低，景观优势度升高，景观破碎度变化不大，一直保持较高的值，21 世纪初相对于 20 世纪 80 年代，蒿类景观在多样性降低的情况下，整个景观优势度升高，均匀度下降，冷蒿、短花针茅、石生针茅和冷蒿、薹草、隐子草、羊草 [*Leyums chinensis* (Trin.) Tzvel.] 草地型的面积增长较快，使蒿类景观的优势度显著升高，由均匀分布的景观类型，向某些斑块占优势的景观类型变化，稳定性增强。可以说蒿类景观在面积变化较小的情况下，内部结构发生了较大变化，与整个苏尼特荒漠草原区变化趋势相反。

（六）杂类禾草景观动态

1. 杂类禾草景观分布面积及草地类型组成动态

由图 1.16 可以看出杂类禾草景观主要在荒漠草原与草原化荒漠的交界处，20 世纪 80 年代，杂类禾草景观分布在苏尼特草原的北部，中部有零星分布，21 世纪初，北部的杂类禾草景观区域全部转化为了其他景观类型，中部区域未转化成其他景观，而是大部分其他景观转化成了杂类禾草景观，位置发生了较大变化。由表 1.7 可见，20 世纪 80 年代杂类禾草景观面积为 10 631.05 hm^2，占苏尼特荒漠草原总面积的 0.33%，21 世纪初面积为 23 083.64 hm^2，占苏尼特荒漠草原总面积的 0.67%，20 年间杂类禾草景观面积变化很大，增加了 12 452.58 hm^2（117.13%），是仅次于沙地景观的面积增长较快的区域。

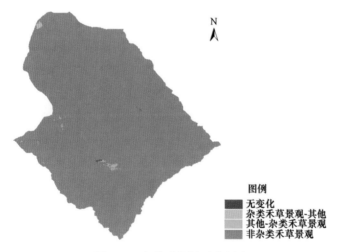

图 1.16　杂类禾草景观动态图

从组成杂类禾草景观的各草地型动态来看（表 1.14），有 1 种草地型消失，为大苞鸢尾、沙生针茅草地型；有 2 种草地型面积增加，分别为银灰旋花（*Convolvulus ammannii* Desr.）、骆驼蓬（*Peganum harmala* L.）、画眉草和无芒隐子草、石生针茅草地型。有 1 种草地型面积减少，为大苞鸢尾（*Iris bungei* Maxim.）、沙生针茅草地型，各草地型面积变化较大。

2. 杂类禾草景观斑块和景观格局动态

从斑块上看（表 1.8），20 世纪 80 年代杂类禾草景观有斑块 7 块，最小斑块面积和平均斑块面积值较高，斑块形状指数值较低，形状较规则。21 世纪初相对于 20 世纪 80 年代，斑块个数增加数倍，数量为 22 块，最大斑块面积升高，最小

表 1.14 杂类禾草景观中不同斑块类型（草地型）动态

编号	斑块类型（草地型）	年代	面积/hm²	变化面积/hm²	变化率/%
F1	无芒隐子草、石生针茅	20 世纪 80 年代	253.51	+5333.38	+2103.84
		21 世纪初	5586.89		
F2	大苞鸢尾、沙生针茅	20 世纪 80 年代	7798.66	−7798.66	−100.00
		21 世纪初	0.00		
F3	阿氏旋花、骆驼蓬、画眉草	20 世纪 80 年代	2191.08	+14 917.86	+680.84
		21 世纪初	17 108.95		
F4	沙鞭、杂类草	20 世纪 80 年代	387.80	0.00	0.00
		21 世纪初	387.80		
F	杂类禾草景观	20 世纪 80 年代	10 631.05	+12 452.58	+117.13
		21 世纪初	23 083.64		

斑块面积、平均斑块面积降低，斑块形状指数有所降低，处于更低的值，斑块更加趋于规则。

从景观上看（表 1.4），20 世纪 80 年代杂类禾草景观的草地类型少，景观丰富度、景观优势度、均匀度、破碎度值均较低，景观丰富性、均匀性都较差，景观结构呈现整体性；21 世纪初相对于 20 世纪 80 年代，杂类禾草景观多样性降低，优势度降低，均匀度略有升高，景观破碎度升高，但仍处于较低的值。杂类禾草景观在面积急剧增加的情况下，内部结构更趋集中化和均匀化。

（七）杂类（半）灌木景观动态

1. 杂类（半）灌木景观分布面积及草地类型组成动态

由图 1.17 可以看出杂类（半）灌木景观主要分布在苏尼特草原左翼。20 世纪 80 年代杂类（半）灌木景观分布区域较大，21 世纪初大部分转化为了其他景观类型，分布区域也向南退缩，位置变化较大。由表 1.7 可见，20 世纪 80 年代杂类（半）灌木景观面积为 91 825.93 hm²，占苏尼特荒漠草原总面积的 2.81%，21 世纪初面积为 51 387.07 hm²，占苏尼特荒漠草原总面积的 1.49%，20 年间面积减小了 40 438.86 hm²（44.04%），是面积减少最快的景观类型。

从组成杂类（半）灌木景观的各草地型动态来看（表 1.15），有 1 种草地型消失，为蒙古扁桃、戈壁针茅草地型；有 3 种草地型面积增加，依次为驼绒藜、红砂、珍珠，柄扁桃、石生针茅，冰草和驼绒藜、石生针茅草地型；有 1 种草地型面积减少，为女蒿、石生针茅、冷蒿草地型，各草地型面积变化较大。

2. 杂类（半）灌木景观斑块和景观格局动态

从斑块上看（表 1.8），21 世纪初相对于 20 世纪 80 年代，杂类（半）灌木景观斑块数量降低，最小斑块面积、最大斑块面积、平斑块面积下降，变化趋势与苏尼特荒漠草原相同，斑块形状指数升高较多，形状变的不太规则。

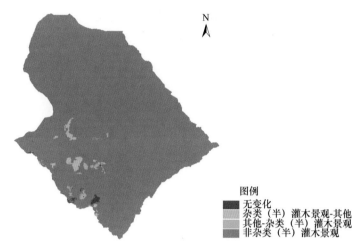

图 1.17　杂类（半）灌木景观动态图

表 1.15　杂类（半）灌木景观中不同斑块类型（草地型）动态

编号	斑块类型（草地型）	年代	面积/hm²	变化面积/hm²	变化率/%
G1	柄扁桃、石生针茅、冰草	20 世纪 80 年代	5285.19	+8271.95	+156.51
		21 世纪初	13 557.15		
G2	女蒿、石生针茅、冷蒿	20 世纪 80 年代	61 093.18	−30 461.83	−49.86
		21 世纪初	30 631.34		
G3	驼绒藜、石生针茅	20 世纪 80 年代	1894.50	+23.70	+1.25
		21 世纪初	1918.20		
G4	驼绒藜、红砂、珍珠	20 世纪 80 年代	1871.85	+3408.53	+182.09
		21 世纪初	5280.38		
G5	蒙古扁桃、戈壁针茅	20 世纪 80 年代	21 681.21	−21 681.21	−100.00
		21 世纪初	0.00		
G	杂类（半）灌木景观	20 世纪 80 年代	91 825.93	−40 438.86	−44.04
		21 世纪初	51 387.07		

　　从景观上看（表 1.4），20 世纪 80 年代杂类（半）灌木景观的景观丰富度为 5，景观丰富度、优势度和均匀度处于中等，景观破碎度值较低。21 世纪初相对于 20 世纪 80 年代，杂类（半）灌木景观景观丰富度下降，多样性和均匀度升高，优势度降低，景观破碎度有所升高，但值仍然较低，随着杂类（半）灌木景观面积和斑块数量的急剧减小，占优势地位的草地型作用减弱。但景观更加丰富，景观结构更加均匀化，稳定性减弱，却是向面积减少的趋势发展。

第四节　结论与讨论

一、结　论

（1）苏尼特草原 20 年间占优势地位的草地类型一直为荒漠草原，占苏尼特草原总面积的 50%以上；荒漠草原面积增加最多；明沙、盐碱斑和耕地面积增长迅速，且明沙、盐碱斑集中出现在饮水点、居住地附近；耕地，城市，工厂、矿区绝对面积虽变化较小，但面积增加幅度较大，说明人工建筑正迅速吞噬着苏尼特草原；水域面积减小较多。苏尼特草原总体景观近 20 年发生了明显变化，景观破碎度升高，异质性增加，景观状况呈恶化趋势。与大多数类型的景观破碎度增加相反，明沙、盐碱斑与耕地的景观破碎度减小，说明沙化、盐渍化区域由零星分布向连续分布转化。

（2）苏尼特草原主要类型变化是荒漠草原与典型草原之间的相互转换。其他类型向荒漠草原的转化以典型草原最多，接下来是草原化荒漠和草甸草原，水域也有部分转化为了荒漠草原；荒漠草原向其他类型的转化中，转化为明沙、盐碱斑最多，其次是耕地和城市。荒漠草原与其他景观的相互转化基本可以归结为，其他草地类型和水域向荒漠草原转化，荒漠草原又向草地退化的类型和人工景观转化，即较好的草原类型和水域正在退变为荒漠草原，荒漠草原某些区域又退化严重，且人类活动所建立的城市、耕地和工厂、矿区正侵占着苏尼特荒漠草原。

（3）苏尼特荒漠草原 20 年间增长了 170 706.80 hm^2（5.22%）；最小斑块面积、最大斑块面积和平均斑块面积均呈减小趋势，斑块数量、斑块形状指数和景观破碎度都明显增加，景观趋于破碎化，景观向复杂化、异质化发展；景观丰富度没有改变，景观多样性和均匀度升高，景观优势度降低，景观区域平衡化，但这种变化是优势景观作用减弱引起的，将会导致景观的稳定性严重下降，这种变化并不代表草地情况的好转，相反是草地情况恶化的标志。

（4）苏尼特荒漠草原 7 种景观中，面积增加幅度前 3 位的依次是：沙地景观、杂类禾草景观、多根葱景观，面积减小的依次为杂类（半）灌木景观、针茅景观；锦鸡儿景观和针茅景观占荒漠草原总面积的 70%以上，20 年间增长较缓慢。不同景观斑块数量和斑块形状指数大都有不同程度的增加，斑块所占面积的比例变化不大，平均斑块面积大都有不同程度的减小，最小斑块面积和最大斑块面积的变化，不呈现规律性。

（5）近 20 年间苏尼特荒漠草原有 5 种斑块类型（草地型）消失，分别为沙生针茅、无芒隐子草、多根葱，短花针茅、冷蒿、无芒隐子草，冷蒿、牛枝子，大苞鸢尾、沙生针茅和蒙古扁桃、戈壁针茅；增加 1 种斑块类型，为戈壁针茅、薴状亚菊。

（6）苏尼特荒漠草原不同景观的景观丰富度变化不大，大多数景观的景观多样性、均匀度和景观破碎度升高，优势度减小，优势斑块类型（草地型）的作用减弱，景观区域平衡化，景观稳定性减弱，景观更加趋于破碎，与整个苏尼特荒漠草原的景观格局变化趋势相同。

（7）与大多数荒漠草原景观不同，多根葱景观和沙地景观的景观破碎度降低，总面积迅速增大，从苏尼特荒漠草原整体结合两类景观的特点来看，它面积的增大和情况的好转，正好是苏尼特荒漠草原沙化、退化的原因。

（8）蒿类景观在多样性降低的情况下，整个景观优势度升高，均匀度下降，由均匀分布的景观类型，向某些斑块占优势的景观类型变化，在面积变化较小的情况下，内部结构发生了较大变化，稳定性增强，与整个苏尼特荒漠草原区变化趋势相反。

二、讨　　论

（1）本文首次以原有的草地分类系统为基础，结合景观分类方法，对研究区进行景观分类。并首次综合运用景观指数格局分析方法，结合景观类型转移矩阵分析、景观面积转移分析、景观斑块特征、景观类型图和景观动态图分析，系统的逐级分析研究区的景观动态，全面阐述研究区景观面积、斑块特征、景观格局的变化原因和趋势。

（2）景观分类系统的建立，是景观生态学应用的基础。由于研究区域和目的不同，有针对性地制定分类系统显得尤为重要，如何根据草地研究的特点结合景观研究方法的需要有针对性地制定研究区域的草地景观分类系统，将是今后草地景观研究的一个重要方面。

（3）通过以上对苏尼特荒漠草原的分析可以看出，景观分析能很好地反映研究区草地的整体特点，给我们提供了从区域尺度解读草地状况的方法，我们可以根据分析的结果有针对性地制定草地保护政策和发展草地畜牧业的方向。

（4）景观生态学在草地领域的运用是以牢固掌握草地生态学和草地分类学为基础的。在草地景观研究方面，目前国内外还较多停留在运用简单的景观生态学指数分析草地的大趋势，或作一些研究区斑块的分析和相关指标模型的建立。如何更好地结合几个学科的知识分析景观格局形成和景观变化的机理，将是草原工作者有待突破的难点。

（5）草原化荒漠理论上不应大面积向荒漠草原转化。此文中得出草原化荒漠向荒漠草原转化的绝对面积为 57 865.73 hm^2，原因可能是 20 世纪 80 年代的野外样方相对于 21 世纪初少，而且全区灌木存在减小的趋势，两个时期在草地定型和图斑勾绘中有区别；另外，苏尼特草原位于荒漠草原与草原化荒漠的交界地区，但草原化荒漠比例较少，在解译误差范围内产生此结论。

参 考 文 献

陈建军, 张树文, 郑冬梅. 2005. 景观格局定量分析中的不确定性. 干旱区研究, 22(1): 63–67.

陈全功, 卫亚星, 梁天刚, 等. 1994. 遥感技术在草地资源管理上的应用进展. 国外畜牧学——草原与牧草, (1): 1–12.

陈玉福, 董鸣. 2002. 鄂尔多斯高原沙地草地荒漠化景观现状的定量分析. 环境科学, 23(1): 87–91.

丁丽霞, 李芝喜, 张洪亮. 1999. 西双版纳纳板河自然保护区景观分析. 云南环境科学, 18(2): 39–42.

郭程轩, 甄坚伟. 2003. 基于 TM 图像的城市生态绿地格局分析与评价. 国土资源遥感, 3(57): 33–36.

何涛. 2006. 利用 MODIS 数据对荒漠草原生物量监测的研究. 北京: 中国农业科学院硕士学位论文.

侯扶江, 巩建峰. 2000. 基于草地农业系统的河西景观规划初探. 农业系统科学与综合研究, 16(4): 245–250.

侯扶江, 沈禹颖. 1999. 临泽盐渍化草地景观空间格局的初步分析. 草地学报, 7(4): 263–269.

胡自治. 1996. 草原分类学概论. 北京: 中国农业出版社, 167–246.

黄锡畴, 李崇皓. 1984. 长白山高山苔原的景观生态分析. 地理学报, 39(3): 285–297.

贾慎修, 1983. 遥感技术在草原应用上的初步探讨. 中国草原杂志, (2): 1–6.

靳瑰丽, 安沙舟, 孟林. 2004. 景观生态分类在草地资源分类中的运用. 中国草地, 26(5): 65–68.

李博. 2002. 生态学. 北京: 高等教育出版社.

李锋, 孙司衡. 2001. 景观生态学在荒漠化监测与评价中应用的初步研究——以青海沙珠玉地区为例. 生态学报, 21(3): 481–485.

李建龙, 任继周, 胡自治, 等. 1996. 草地遥感应用动态与研究进展. 草业科学, (2): 55–60.

李团胜. 2004. 基于遥感数据的晋陕蒙交汇区景观格局定量分析. 应用生态学报, 15(3): 540–543.

刘桂香. 2003. 基于 3S 技术的锡林郭勒草原时空动态研究. 呼和浩特: 内蒙古农业大学博士学位论文.

刘红. 1999. 景观多样性及其保护对策. 环境导报, (6): 26–28.

刘起. 1996. 中国天然草地的分类. 四川草原, (2): 1–5.

刘少玉. 2001. 疏勒河中下游盆地景观环境变化分析. 地球学报, 22(4): 355–359.

刘同海. 2005. TM 数据草原沙漠化信息提取研究. 北京: 中国农业科学院硕士学位论文.

刘学录. 2000. 盐化草地景观中的斑块形状指数及其生态学意义. 草业科学, 17(2): 50–56.

卢玲. 2000. 黑河流域景观结构与景观变化研究. 北京: 中国科学院硕士学位论文.

内蒙古锡林郭勒盟草原工作站. 1988. 锡林郭勒草地资源. 呼和浩特: 内蒙古日报青年印刷厂.

内蒙古自治区统计局. 2001. 内蒙古统计年鉴. 北京: 中国统计出版社.

祁元, 王一谋, 王建华. 2002. 农牧交错带西段景观结构和空间异质性分析. 生态学报, 11(22): 2006–2014.

邱扬, 张金屯. 1998. 地理信息系统 GIS 在景观生态研究中的作用. 环境与开发, 13(1): 1–4.

苏大学. 1996. 1∶400 万中国草地资源图的编制. 草地学报, 252–259.

特罗尔著, 龚威平译. 1988. 景观生态学与生物地理群学术语研究. 地理译报, (2).

田育红, 刘鸿雁. 2003. 草地景观生态研究的几个热点问题及其进展. 应用生态学报, 14(3): 427–433.

涂军, 熊燕, 石德军. 1999. 青海高寒草甸草地退化的遥感技术调查分析. 应用与环境生物学报, 5(2): 131–135.

王栋. 1953. 内蒙古锡林郭勒盟草地概况及主要牧草营养分析. 北京: 畜牧兽医出版社.

王兮之, 杜国桢, 梁天刚. 2001. 基于 RS 和 GIS 的甘南草地生产力估测模型构建及其降水量空间分布模式的确立. 草业科学, 10(2): 96–102.

王岩松, 沈波. 2001. 松辽流域景观分类研究. 水土保持科技情报, (6): 36–38.

王仰麟, 赵一斌, 韩荡. 1999. 景观生态系统的空间结构: 概念、指标与案例. 地球科学进展, 14(3): 235–241.

王仰麟. 1997. 景观生态系统及其要素的理论分析. 人文地理, 12(1): 1–5.

卫亚星, 陈全功, 梁天刚. 1994. 关于微机遥感图像处理和 GIS 软件包 ERDAS 的介绍. 遥感技术与应用, 9(2): 57–63.

卫亚星, 陈全功, 王一谋, 等. 2002. 利用 TM 资料调查土地利用状况动态变化以玛曲县为例. 草业科学, 19(3): 6–8.

乌云娜, 李政海. 2000. 锡林郭勒草原景观多样性的时间变化. 植物生态报, 24(1): 58–63.

乌云娜. 1997. 锡林郭勒草原景观多样性的空间变化. 内蒙古大学学报(自然科学版), 28(5): 707–714.

邬建国. 2000. 景观生态学——格局、过程、尺度与等级. 北京: 高等教育出版社.

伍光和, 田连恕, 胡双熙, 等. 2000. 自然地理学. 北京: 高等教育出版社.

肖笃宁, 冷疏影. 2001. 国家自然科学基金与中国的景观生态学. 中国科学基金, 346–349.

肖笃宁, 赵羿, 孙中伟, 等. 1990. 沈阳西郊景观格局变化研究. 应用生态学报, 1(1): 75–84.

肖笃宁. 1991. 景观生态学理论、方法及应用. 北京: 中国林业出版社.

肖笃宁. 1999. 论现代景观科学的形成与发展. 地理科学, 19(4): 379–384.

谢志霄, 肖笃宁. 1996. 城郊景观动态模型研究——以沈阳市东陵区为例. 应用生态学报, 7(1): 77–82.

辛琨, 赵广孺. 2002. 3S 技术在现代景观生态规划中的应用. 海南师范学院学报(自然科学版), 15(3/4): 73–75.

辛晓平, 徐斌, 单保庆, 等. 2000. 恢复演替中草地斑块动态及尺度转换分析. 生态学报, 20(4): 587–593.

徐化成. 1996. 景观生态学. 北京: 中国林业出版社.

许鹏. 1992. 草地调查规划学. 北京: 中国农业出版社.

雍世鹏, 张自学. 2000. 内蒙古草原景观生态环境受损遥感分析. 内蒙古大学学报, 2(4): 57–60.

查勇, 倪绍祥. 2003. 国际草地资源遥感研究新进展. 地理科学进展, 22(6): 608–617.

张炜银, 彭少麟, 王伯荪, 等. 2001. 利用 RS 与 GIS 研究气候变化对植被的影响综述. 热带亚热带植物学报, 9(3): 269–276.

张自学. 2001. 二十世纪末内蒙古生态环境遥感调查研究. 呼和浩特: 内蒙古人民出版社.

中国科学院内蒙古宁夏综合考察队. 1980. 内蒙古自治区及其东西毗邻地区天然草地. 北京: 科学出版社.

中华人民共和国农业部畜牧兽医司. 1996. 中国草地资源. 北京: 中国科学技术出版社. 205–217.

周华荣. 1999. 新疆北疆地区景观生态类型分类初探以新疆沙湾县为例. 生态学杂志, 18(4): 69–72.

Chapman J L, Reiss M J. 2000. Ecology Principles and Application. Cambridge: Cambridge University Press.

Dauber J, Michaela H, Simmering D, et al. 2003. Landscape structure as an indicator of biodiversity: matrix effects on species richness. Agriculture, Ecosystems & Environment, 98(1–3): 321–329.

Eyre M D, Woodward J C, Sanderson R A. 2005. Assessing the relationship between grassland Auchenorrhyncha (Homoptera) and land cover. Agriculture, Ecosystems & Environment, 109(3–4): 187–191.

Feehan J, Desmond, Gillmor A, et al. 2005. Effects of an agri-environment scheme on farmland biodiversity in Ireland. Agriculture, Ecosystems & Environment, 107(2–3): 275–286.

Forman R T T, Godron M. 1986. Landscape Ecology. New York: John Wiley & Sons.

Gao Q, Yang X S. 1997. A relationship between spatial processes and a partial patchiness index in a grassland landscape. Landscape Ecology, 12(5): 321–330.

George. R H, Jeff. M B. 1997. Generation confidence intervals for composition-based landscape indexes. Landscape Ecology, 12(5): 309–320.

Juan A, Ana C. 2002. Identifying habitat types in a disturbed area of the forest-steppe ecotone of Patagonia. Plant Ecology, 158: 97–102.

Milne B T. 1991. Lessons from applying fractal models to landscape patters. In: Turner M.G, Gardner R H. Quantitative Methods in Landscape Ecology. New York: Springer Verlag, 199–235.

Monica G T. 1990. Spatial and temporal analysis of landscape patterns. Landscape Ecology, 4(1): 21–30.

Nelley K, Vladimir P. 2002. Environmental mapping based on spatial variability. Journal of Environmental Quality, 31: 1462–1470.

O' Neill R V, Krummel J R, Gardner R H , et al. 1988. Indices of landscape pattern. Landscape Ecology, (1): 153–162.

Perkins A J, Whittingham M J, Bradbury R B, et al. 2000. Habitat characteristics affecting use of lowland agricultural grassland by birds in winter. Biology Conservations, 95(3): 279–294.

Ramirez-Sanz L, Casado M A, De Miguel J, et al. 2000. Floristic relationship between scrubland and grassland patches in the Mediterranean landscape of the berian peninsula. Plant Ecology, 149(l): 63–70.

Richard E T. 1988. Theory and language in landscape analysis, planning, and evaluation. Landscape Ecology, 1(4): 193–20.

Risser P G, Karr J R, Forman R T T. 1984. Landscape Ecology: Directions and Approaches. A workshop held at Allerton Park, Piatt: Country Illinois.

Rosen E, van der Maarel E. 2000. Restoration of alvar vegetation on Oland, Sweden. Apply Vegetation Science, 3(l): 65–72.

Sasaki H, Shibata S, Yoshida N. 1998. Development of a computer system for landscape evaluation and locating of recreational facilities in pasture: 2. Integration of subsystems with the log-distance view and the walk through images. Journal of Japanese Society of Grassland Science, 44: 148–152.

Sasaki H, Shoji A. 1999. Development of a computer system for landscape evaluation and locating recreational facilities in pasture 3. An advanced system for Windows 95 with added functions for evaluating landscape diversity while using commercial software. Grassland Science, 45(1): 82–87.

Shoji A, Suyama T, Sasaki H. 1998. Valuing economic benefits of semi-natural grassland landscape by contingent valuation method. Grassland Science, 44(2): 153–157.

Stohlgren T J, Bull K A, Otsuki Y, et al. 1998. Riparian zones as havens for exotic plant species in the central grassland. Plant Ecology, 138(1): 113–125.

Sugihara G, May R. 1998. Application of fractals in ecology. Trends in Ecology & Evolution, 5: 79–86.

Tallowin J R B, Smith R E N, Goodyear J, et al. 2005. Spatial and structural uniformity of lowland agricultural grassland in England: a context for low biodiversity. Grass and Forage Science, 60(3): 225–236.

Thenail C, Baudry J. 2004. Variation of farm spatial land use pattern according to the structure of the hedgerow network (bocage) landscape: a case study in northeast Brittany. Agriculture, Ecosystems & Environment, 101(1): 53–72.

Toda K, Hosokawa Y. 1998. Evaluation of color on pasture landscape 1 color evaluation of pasture facilities. Grassland Science, 44(3): 234–239.

Waldhardt R, Otte A. 2003. Indicators of plant species and community diversity in grasslands. Agriculture, Ecosystems & Environment, 98(1–3): 339–351.

第二章 杭锦旗草地景观动态研究

第一节 引 言

一、研究目的和意义

随着人口的增长以及全球气候的干燥，全球生态系统面临着前所未有的危机。陆地生态系统中面积最大的草地生态系统随之受到威胁。随着科学技术的发展，及人类文明程度的提高，人们开始认识到环境问题对人类的可持续发展的重要性。

温性荒漠草原是发育于温带干旱地区，由多年生旱生丛生小禾草为主，并有一定数量旱生、强旱生小半灌木、灌木组成的草地类型，是草地植被中最旱生的一种类型。它在温性典型草原和温性草原化荒漠之间呈狭长带状由东北向西南方向分布。在内蒙古以乌兰察布高原和鄂尔多斯高原为主体。该草地类型的植物丰富度、草群高度、盖度及生物产量等指标均明显低于温性典型草原。草本植物在草群中的参与度随着干旱程度由东向西增强而逐渐减少，小灌木和小半灌木的地位明显增强，在局部地区还会出现以锦鸡儿等旱生灌木占优势种形成的灌丛化荒漠草原的独特景观。

近 20 年来，由于气候原因特别是由于超载过牧、乱占和滥用等掠夺性利用，使得草原大面积退化，草地资源质量明显下降，草地植被和景观都发生了明显变化。而荒漠草原由于其生态系统较脆弱，易于破坏，且一旦被破坏就会迅速引起荒漠化而难以恢复。因此，研究温性荒漠草原的景观现状，揭示其在近 20 年里的变化趋势是当前决策部门、管理部门所关心的问题，也是科学研究中的热点问题。

在研究过程中，我们选取了位于鄂尔多斯市的杭锦旗作为研究地，该旗境内具有丰富的草地景观类型以及大面积的温性荒漠草原景观，是研究草地景观的典型区域。随着草地研究几十年的发展，"3S"技术在草地资源调查研究应用的深度和广度上也有了很大的进步。作为景观生态学研究的主要技术手段，遥感、GIS 及 GPS 在草地的宏观研究中更是有着非常重要的作用。利用景观学研究方法对草地资源进行动态分析不仅可以揭示一个时间过程中气候变化对草地环境的影响，更能够反映人类活动对草地景观的干扰程度。本文在"3S"技术的支持下，利用 20 世纪 80 年代和 21 世纪初地面调查资料及遥感卫星影像，建立不同景观类型的遥感解译标志，编制景观类型图，并以此为基础运用景观生态学的方法对杭锦旗境内景观的景观多样性、景观格局、景观破碎度等动态进行研究，从而揭示杭锦旗草地景观尤其是其主要景观——温性荒漠草原景观近 20 年的变化趋势，为本区草地资源的合理利用、草地生态环境的有效治理以及草地畜牧业的可持续发展提供理论依据。

二、国内外研究进展

（一）景观研究在国外的兴起及其研究

景观生态学（landscape ecology）是宏观生态学研究中的一个新的领域，它起源于中欧和东欧，由德国区域地理学家 Troll A C 于 1939 年首次提出并应用，20世纪 60 年代末至 70 年代初期发展为一门独立的生态学分支学科，是研究与景观结构、功能以及变化有关的生态学原理及其应用的科学。景观生态学的研究从一开始就十分注重人类活动对景观格局及其过程的影响，人类与自然生物共控理论是景观生态学重要指导思想；这与可持续发展的思想是一致的。

1968 年在德国举行了"第一次景观生态学国际学术会议"，同时在一些大学设立了景观生态学及相邻领域讲座。最早的景观生态学专著是 1981 年北美的Burgess T M 和 Sharped D M 撰写的《人类主导的景观中的森林岛动态》，1982 年国际景观生态协会（IALE）在前捷克斯洛伐克成立，1984 年 Naveh Z 和 Lieberman D 所著第一部景观生态学教科书 Landscape Ecology 出版，1987 年国际性杂志《景观生态学》创刊，1991 年在加拿大渥太华召开了第二次世界景观生态大会（刘惠明，2004）。景观生态学研究逐步成熟起来。

在景观生态学研究中，加拿大等一些国家的学者利用遥感数据对生物量进行监测和预报，还利用遥感技术对草地生产力下降及草地退化进行监测和分析。新西兰学者在利用遥感技术对草地资源进行研究的过程中也都取得了成功。澳大利亚学者应用遥感技术监测分析草地荒漠化和土壤干旱状况及草地动态并取得良好效果（刘桂香，2003）。还有一些国家和国际组织在全球范围内针对一系列环境变化问题开展了专项研究。这些研究均为"3S"技术在草地资源的动态研究提供了经验与理论。

（二）我国景观研究进展

我国在景观生态学方面的研究比国外同类研究迟了近十年，但发展速度较快。1989 年中国首届景观生态学学术讨论会在沈阳召开，1998 年环太平洋及东北亚地区国际景观生态学大会在沈阳召开，2000 年景观生态学大会在北京召开，给我国景观生态学的研究带来了重要的影响。

1989 年景观生态学学术讨论会会议论文集《景观生态学——理论、方法及应用》的出版，1990 年 Forman R 和 Godron M 合著的《景观生态学》译著的问世，1993 年教材《城市景观生态》的发行，为我国景观生态研究提供了较为系统的理论和技术指导（刘惠明，2004）。

同时在景观研究的发展过程中，国内涌现出了大量优秀的人才，傅伯杰、陈昌笃、李哈滨、肖笃宁等都是我国景观生态学的先行之人。经过几年的发展，大量关于城市景观、农业景观、森林景观及景观格局分析和模型等方面的研究开始陆续出现。对于区域性景观动态变化的研究也逐渐增多，如：吕辉红等（2001）对晋陕蒙接壤区典型生态过渡带景观变化进行了遥感研究；王辉等（2003）对河西走廊荒漠化地区，王晓燕等（2004）对黄土高原小流域，李聪（2005）对乌鲁木齐地区的景观进行分析；李正国等（2005）对陕北黄土高原景观破碎化的时空动态进行了研究；卢玲（1999）在其硕士论文中对黑河流域景观结构与景观变化进行了专门研究。在国外，祖国培养的一些华人学者也积极地为中国的景观生态学做出自己的贡献，邬建国等（2007）一些海外学者通过培养学生、在国内进行讲座、出版书籍，为中国景观生态学的发展做出了重要的贡献。然而，从总体上来讲，我国景观生态学尚缺乏系统的、跨尺度和多尺度的理论和实际研究。

作为景观研究内容中重要的一个方向，草地资源的景观动态研究不仅可以反映环境因素、生物因素对草地资源变化的影响，更能体现人为因素对草地资源构成的干扰。目前我国草地景观生态领域的研究处于刚起步阶段，20 世纪 90 年代后期才有少数学者开始对草原进行景观学的研究。随着草地景观研究的逐步深入，草地景观的研究手段也不断发展，GIS、遥感技术的应用以及模型的建立与评价等分析方法都在很大程度上推动了我国草地景观研究的发展。在大尺度的景观动态研究中，"3S" 技术是一个必需的工具。近年来，有关 "3S" 技术在景观生态学中的应用越来越多。李博较早地把景观生态的研究引入生态研究中，认为景观生态学是在区域尺度上解决草地管理的理论基础。随后草地景观格局的研究、草地景观与生物多样性的研究、草地景观在草地退化恢复中的研究，甚至连草地景观的美学价值也列为草地景观的研究范围。其间有不少科学家做了大量的工作。李树楷（1992）的全球环境与资源遥感分析等一系列文献使草地遥感技术及地理信息系统应用研究掀起了高潮。李博等（1993）对中国北方草地畜牧业动态进行了监测研究。高琼等（1996）等通过对碱化草地景观的景观动态过程和空间格局关系的分析，探讨利用景观的多样性指数和空间格局指数来解释和预测景观发展动态及其对气候变化的响应的可能性，运用空间仿真的方法，对东北松嫩平原碱化草地景观动态进行了模拟。全志杰等（1997）利用 3 个时期航空遥感图像作为基本信息源在 ARC/INFO 系统的支持下，建立空间信息库，选取嵌块大小、分维数、优势度、多样性指数、均匀性指数等指标，对黄土高原沟壑区泥河沟土地景观空间格局的动态演变进行了分析。陈全功等（1998）在大范围的草地上使用 NOAA/AVHRR 资料，进行草地的分级、制图和估产，并准确地标识出它们的位置和分布规律，进行季节牧场载畜量的平均分析。朱进忠（1995）通过对两个时期的遥感资料分析，分别编制出不同时期的草地资源图，以对比分析的方法，说明在近十几年内，草地发生的演变的情况及原因。内蒙古大学乌云娜（1997）、内蒙古自治区环境保护厅张自学等（2000）少数学者先后以景观生态理论为基础，对内蒙古部分地区的景观结构进行了研究。刘红玉等（2002）利用遥感和 GIS 技术，对近 20 年来该流域湿地景观变化过程进行时空定量分析，并结合流域土地利用/土地覆盖类型的动态变化，探讨流域在经济快速发展中土地利用与湿地之间的演化规律及其对湿地的影像机制。在进行草地景观的研究中，很多学者都以内蒙古的锡林郭勒草原作为研究区域，其中刘钟龄、王中华、仝川以及中国科学院的许多科学家等都做了很多工作。另外，刘桂香（2003）利用 3S 技术，以陆地资源卫星的 TM、ETM 影像、MSS 影像及部分 SPOT 影像为遥感数据源，结合地面调查，翔实分析了近 40 年来锡林郭勒草原的时空动态。虽然他们的研究缺乏系统的方法和理论研究，也未能达到多时相、多尺度及大面积的研究深度，但仍取得了一定研究进展。近年来，随着高分辨率影像数据的使用及其他新技术（如摄像遥感，GPS 和 GIS）的引入，使得草地遥感研究变得更深入、更精确。GIS 在相关遥感及实测数据、监测草地变化中扮演一个重要角色。GIS 的应用使得草地资源遥感研究向数理模拟和预测的方向发展。

（三）景观格局研究

景观生态学中的格局，往往是指空间格局，即缀块和其他组成单元的类型、数目以及空间分布与配置等。广义地讲，它包括景观组成单元的类型、数目以及空间分布与配置。空间格局的成因可分为以下 3 种：非生物因素（物理因素）、生物因素和人为因素。非生物因素和人为因素在一系列尺度上均起作用，而生物因素通常只在较小的尺度上成为格局的成因。大尺度上的非生物因素（如气候、地形、地貌）为景观格局提供了物理模板，生物因素和人为因素过程通常在此基础上相互作用而产生空间格局。现实中，景观格局往往是许多因素和过程共同作用的结果，故具有多层异质结构。景观格局形成的原因和机制在不同尺度上往往是不一样的。反过来说，不同因素在景观格局形成过程中的重要性随尺度而异。

景观格局与变化是人类与自然界长期相互作用的结果；一切自然作用力及人

类活动都将引起景观格局的变化。研究景观格局与变化就是研究景观动态，景观动态是指景观在结构和功能方面随时间的变化，它是一个复杂的多尺度过程，对绝大多数生物体具有重要意义，景观可看作是干扰的产物。研究景观动态就一定要研究组成景观的各斑块的动态，斑块动态是指斑块个体本身的状态变化和斑块镶嵌体水平上的结构和功能的变化。因此，它至少同时涉及两个尺度。斑块动态是与传统生态学理论具有根本性区别的新观点，它强调空间异质性及其生态学成因、机制和作用，不但突出了生态学系统的斑块组分的动态特征，而且意味着作为斑块镶嵌体的系统整体也必然要经历变化。这显然和生态学中根深蒂固的"自然均衡"思想背道而驰（Wu，1992；Piekett et al，1985，1990）。

关于空间斑块性形成的原因、机制和特征在种群生态学、群落生态学和植被生态学中有很多研究（Kõrner K 和 Jeltsch F，2008；Pausas J G，2006；Southworth J et al.，2002；Thielen D R et al.，2008）。Wu J 和 Loucks O L（1995）对有关斑块类型及其成因和机制作了一个总结。斑块性与其形成因子和过程表现在多重时空尺度上，形成了具有等级特征的体系。邬建国在其所著书籍中指出，认为干扰（如森林砍伐、农垦、城市化等）常常造成高度的景观（和生境）破碎化，其生态学效应和自然景观斑块性是截然不同的。自然斑块性有利于生境多样性，因此，它也是生物多样性的重要决定因素之一。张学俭和冯锐（2006）以 Landsat TM/ ETM 卫星数据为基本信息源，运用景观生态学原理和 GIS 技术，通过对景观斑块面积、分离度、破碎度、分形维数、多样性指数、均匀度指数的计算，对我国典型农牧交错生态脆弱区宁夏盐池县 1991～2000 年生态景观格局的动态变化进行了研究。马安青等（2002）结合遥感对陇东黄土高原进行了研究，将所获得数据进行景观格局分析、格局演化分析；并利用马尔可夫链对该地区景观格局未来的发展趋势进行预测。李春晖等（2003）根据水利水电工程对景观格局的影响特征，从拼块类型尺度和景观尺度选出优势度、多样性、均匀度、分离度等 8 个能全面反映景观格局变化的数量化指数，完善了水利水电工程环境影响评价内容。谢高地等（2005）以泾河流域为例研究景观格局的变化。

在草地景观格局的研究方面，也有一些科学家作了一些工作。侯扶江和沈禹颖（1999）采用景观多样性指数、优势度指数分维数和修改分维数等指标，分析和比较了临泽盐渍化草地轻盐区和高盐区的景观空间格局。靳瑰丽（2005）依据景观生态学的理论和研究方法，运用遥感和 GIS 技术，在草地资源分类的基础上，对昭苏县草地资源景观格局的斑块水平指数、斑块类型水平指数以及景观水平指数进行数量分析及评价，明确其草地资源类型空间分布特性。

进行跨时空景观动态的研究可以借助宏观观测手段对研究区域进行监测，可以克服实地检测的不足，同时也为是实地监测的一个有利补充，对于一个地区的草地保护是十分必要的。

（四）杭锦旗草地景观的研究进展

在杭锦旗已经进行的研究主要集中在土地类型、土地利用、土地退化以及杭锦旗生态环境建设，而对于杭锦旗的景观研究则是一个空白点。杭锦旗是鄂尔多斯市拥有优良草场的旗县之一，在鄂尔多斯市的畜牧业中占有重要的地位。然而随着人口的迅速增加，杭锦旗的天然草地遭到了严重破坏，为了能够使当地的畜牧业生产可持续发展，人们急需有一个工作的理论依据做指导。我们利用 20 世纪 80 年代及 21 世纪初遥感影像从宏观上对该地区的景观进行动态分析，从而得出近 20 年当地草地景观的变化趋势，以期对当地的畜牧业起到指导作用，同时也为景观动态的研究提供一些可参考的实践经验。

第二节　研究区概况及研究方法

一、研究区概况

本文以位于鄂尔多斯市的杭锦旗作为研究对象，该旗境内分布着大面积的温性荒漠草原，是我国北方草原区草地类型较为丰富和内蒙古温性荒漠草原特别是沙地荒漠草原的典型分布区，而且从水分条件好的草甸草原到水分条件较差的草原化荒漠以及荒漠，在其境内都有分布，在草地景观研究中具有典型性和代表性。本研究区属于蒙宁甘草原区，从地理位置上看，杭锦旗东与达拉特旗、东胜区毗邻，西与鄂托克旗接壤，南与乌审旗、伊金霍洛旗交界，北与巴彦淖尔市隔河相望。本区行政面积为面积 1.89 万 km²，东西长 197 km，南北宽 161 km，其中，草场面积有 1.33 万 km²，占总土地面积的 56.7%。

（一）地形地貌

杭锦旗位于内蒙古自治区鄂尔多斯市西北部，坐落于黄河上中游跨段的"几"字形湾内，地跨鄂尔多斯高原与河套平原。海拔为 1000～1619 m；土地平缓开阔，地形西高东低，南高北低；境内主要有黄河、摩林河两大水系，黄河自西向东流经全旗 242 km；库布其沙漠横亘东西，将全旗自然划分为北部沿河区和南部梁外区。梁外区以草地和天然林保护区为主，草地辽阔，草质优良，是内蒙古自治区重要的畜牧业基地，特别是优质山羊的主要生产基地；沿河区属于黄河冲积平原，主要由黄河泥沙冲击而成，这里水源充沛，土壤肥沃，是内蒙古自治区高效农牧业基地。

（二）气候特点

杭锦旗地处北半球中纬度盛行西风带，受西伯利亚及蒙古高原季风影响强烈，属于北温带大陆性气候，具有降水量小、蒸发量大、湿度小、日照充足、光热资源丰富、温差大、风大等特点。春季风大干旱少雨，夏季温和短促，年降雨量为 300 mm 左右，降雨多集中在 7、8 月份，降水量自北向南逐渐减少，但差别不是很大。光热资源丰富，年日照 3192.5 h，年太阳辐射能为 139.4~143.3 kcal[①]/cm²；年平均气温 5~7 ℃，最低气温–32.1 ℃，最高气温 40 ℃，无霜期 122~144 天，是西北地区较为寒冷的地区之一；年平均风速 4.1 m/s，年最大风速 29 m/s，大于等于 11 m/s 风数的日数 77 天。从总体上来看，杭锦旗的气候较为干燥，环境比较恶劣，生态链比较脆弱，所以加大对该地区的生态恢复以及生态建设是十分必要的。

（三）土壤状况

在草地的形成过程中，除了地质和气候的变迁因素外，土壤的影响也是一个重要的因素。土壤是植物生长的场所，也是植物的营养基质，所以它对草地植被的形成影响很大。各种草地植被的不同群落，都是在一定的土壤类型基础上形成的。从土体结构看，杭锦旗大部分地区为第四纪黄土覆盖，由于多年的流失破坏，母质和基岩裸露，而且多为壤土或砒砂岩，遇风雨极易风化和崩解，抗蚀性能差。杭锦旗境内栗钙土主要分布于锡尼镇；棕钙土主要分布在汤贵井，其中库布其沙漠主要为淡栗钙土；灰漠土主要分布在巴拉贡镇以南地区；风沙土主要分布在库布其沙漠。粗骨土、沼泽土、潮土以及盐土在杭锦旗境内也有零星分布。丰富的土壤类型也为多样的草地类型的形成奠定了基础。

（四）植被状况

由于其土壤类型较多所以杭锦旗的植物资源也十分丰富。野生植物 374 种，其中饲用植物 309 种，其中还有包括霸王 [*Zygophyllum xanthoxylom*（Bunge）Maxim.]、沙冬青 [*Ammopiptanthus mongolicus*（Maxim.）Cheng f.]、四合木（*Tetraena mongolica* Maxim.）、蒙古扁桃（*Prunus mongolica* Maxim.）等珍稀植物；药材资源有甘草（*Glycyrrhiza uralensis* Fisch.）、草麻黄、枸杞（*Lycium chinensis* Mill.）等 139 种药用植物，以甘草、枸杞储量最大。在黄河沿岸冲积平原生长着羊草 [*Leymus chinensis*（Trin.）Tzvel.]、芦苇 [*Phragmites australis*（Cav.）Trin. ex Steudel]、拂子茅 [*Calamagrostis epigejos*（L.）Roth]、寸草苔（*Carex duriuscula*

---

① 1 kcal = 4185.6 J

C. A. Mey.)、碱蓬（*Suaeda glauca*（Bunge）Bunge）、红柳（*Tamarix ramosissima* Ledeb.)、盐爪爪［*Kalidium foliatum*（Pall.）Moq.］等低地草甸植物和盐生植物。在库布其沙漠生长着黑沙蒿（*Artemisia ordosica* Krasch.)、中间锦鸡儿、沙鞭［*Psammochloa villosa*（Trin.）Bor］等沙生植物。在高平原区生长着戈壁针茅、无芒隐子草、狭叶锦鸡儿（*Caragana stenophylla* Pojark.)、白刺、柠条锦鸡儿（*Caragana korshinskii* Kom.)、苦豆子（*Sophora alopecuroides* L.）等温性草原化荒漠、温性荒漠草原及温性荒漠植被。

（五）草地类型

杭锦旗境内所包含的草地类有低地草甸草原、温性典型草原、温性荒漠草原、温性草原化荒漠和温性荒漠，包括了大部分草地类，其中以温性荒漠草原和温性草原化荒漠所占面积较大。在各草地型中以针茅、锦鸡儿、蒿类植物为优势植物的草地型居多，锦鸡儿和蒿类植物的分布面积较大，它们是本区典型的植被类型。除此之外，以其他草本和（半）灌木为优势植物的草地型也有很多，它们共同组成了杭锦旗丰富的草地资源。

二、研　究　方　法

本文在"3S"技术的支持下，综合运用地面调查、遥感信息监测、历史资料对比、数字模型等分析手段进行杭锦旗草地景观研究。研究中采用 20 世纪 80 年代和 21 世纪初杭锦旗草地的地面调查资料及两个时期遥感影像资料和 1∶100 000 的草地类型电子地图空间数据库，在此基础上建立不同景观类型遥感信息解译标志，并编制景观类型图。基于景观类型图，运用景观生态学分析的分析方法，计算景观面积、景观指数，进而分析景观动态。

研究中使用的遥感影像为 20 世纪 80 年代和 21 世纪初美国陆地资源卫星分辨率为 30 m 的 TM 影像、分辨率为 15 m 的 ETM 影像。其中覆盖杭锦旗的影像共 3 景，季相为植物生长季（7～9 月）。覆盖研究区的影像编号（WRS-2 分幅体系）为

p128r032	1986 年 08 月 09 日	p128r032	2002 年 08 月 29 日
p128r033	1988 年 09 月 15 日	p128r033	2002 年 08 月 29 日
p129r032	1989 年 08 月 24 日	p129r032	2002 年 08 月 20 日

（一）地面调查

采用路线考察和典型样地样方野外实地测定的方法，对不同景观的群落组成、生物量、植株高度、盖度、频度、多度以及土壤、水源等进行调查。草本样地取 2 m×2 m，灌木、半灌木样地取 10 m×10 m，每个草地型做三个样方即三个重复，

并采用 GPS 对样地进行定位，同时对样地景观进行实地拍照。

（二）遥感图像预处理

由于遥感影像在成像过程中会出现失真等现象，所以在使用遥感图像时需要对遥感影像进行前期处理，使影像内容更加符合地面实际情况。在 Erdas、ENVI 软件中对影像进行几何校正、大气校正等处理。然后利用同一投影的行政边界将研究区域——杭锦旗切割出来。

在几何校正过程中，采用的地理坐标投影方式为等积割圆锥投影，即 Albers Equal Area 投影，投影参数为：

第一标准纬线：25°00′00″N

第二标准纬线：47°00′00″N

中央经线：105°00′00″E

坐标原点：00°00′00″

纬向偏移：00°00′00″

经向偏移：00°00′00″

在精校正中，ETM 几何精校正是在 DEM 校正偏差的基面上，用地面控制点（GCP）36 个点以上进行几何精校正；TM 采用以 ETM 为基准进行配准的方法，进行精校正。同时进行增强处理及 4、3、2 波段的 RGB 合成，并完成影像之间的颜色调整，使影像色调可尽量统一。TM 和 ETM 是进行草原类型目视判读的主要参考遥感信息源，其校正误差应小于 0.5 个像元，格式为 Erdas 的 Image 数据，空间比例尺为 1：250 000。

（三）遥感解译

遥感解译中，解译的信息源和工作软件环境是把 GIS 及 GPS 作为解译的信息平台，以 TM、ETM 卫星数据为主要遥感信息源，叠加具有投影坐标转换的野外样地资料，行政界线，地理要素等为前景，共同形成解译景观的分析依据。利用 Arcview GIS、Erdas、ENVI 等相关软件在新建层中，参考 20 世纪 80 年代草原类型图、土地利用现状图、地貌图、其他环境资料以及各类统计资料等综合判断，确定景观类型的界线，建立遥感解译标志，进行人机交互式判读。

在人机交互式判读中，由于影像的时相及不同空间区域的气候、地貌、土壤等方面的差异，相同的草地特征其影像特征却不相同，所以，要对每一景影像建立一个适合本幅影像特征的草地类型解译标识，解决"同谱异物或同物异谱"的现象。专业人员对当地草地分布、植被、地貌、土壤、气候、草地利用状况、生态环境等的综合把握程度是提高遥感影像解译准确度的关键。

（四）景观制图

根据全国 20 世纪 80 年代统一草原调查的草原类型划分标准，参考 20 世纪 80 年代内蒙古自治区的全区草原类型图、草原资源统计资料，以及内蒙古 21 世纪初（2001～2003 年）草原遥感调查的野外样地资料，并综合考虑草地类型和土地利用类型，将杭锦旗草地划分为 9 种景观类型（表 3.1）。在 GIS 软件支持下将上述景观类型解译原图与行政区划进行叠加处理，并对不同景观进行着色处理，编制两个时期的景观类型图，成图比例尺 1∶250 000（图 2.1、图 2.2）（傅伯杰，1995；苏大学，1996）。本次草地与非草地、草原亚类解译精度在 95% 以上。草地类型的边界判读精度在 85% 以上。最小图像 ≥6×6 个像元（面积在 12～20 亩[①]以上），狭长图斑短边长度 ≥2～3 个像元。

根据解译所得的矢量图以及所研究的分类体系，利用 Arcview GIS 软件对矢量图进行必要的处理、合并，将所得到的景观类型图用于直观的景观分布分析，数据表用于数据分析，从而对研究区域两个时期的景观类型进行分析。

（五）景观指数分析

研究中，以两个时期景观类型图为基础，在 GIS 软件的支持下，自动统计各景观类型的图斑数量，图斑面积，并以此为基础，通过斑块形状指数和景观破碎度指数（傅伯杰等，2000；邬建国，2000）等，分析研究区近 20 年的景观格局动态。本研究中，使用到的景观指数有：

1. 平均斑块面积（average patch acreage）

$$MPS = \frac{A}{N} 10^{-6} \qquad (2.1)$$

式中，A 为景观中所有斑块的总面积（m^2）除以斑块总数，再乘以 10^{-6}（转化成 km^2）。取值范围：MPS>0，无上限。

MPS 代表一种平均状况，在景观结构分析中反映两方面的意义：景观中 MPS 值的分布区间对图像或地图的范围以及对景观中最小斑块粒径的选取有制约作用；另一方面，MPS 可以指征景观的破碎程度，如我们认为在景观级别上一个具有较小 MPS 值的景观比一个具有较大 MPS 值的景观更破碎，同样在斑块级别上，一个具有较小 MPS 值的斑块类型比一个具有较大 MPS 值的斑块类型更破碎。研究发现 MPS 值的变化能反馈更丰富的景观生态信息，它是反映景观异质性的关键（卢玲，1999）。

---

① 1 亩≈666.67 m^2

2. 景观形状指数（landscape shape index）

$$\text{LSI} = \frac{0.25E}{\sqrt{A}} \tag{2.2}$$

式中，E 为景观中所有斑块边界的总长度；A 为景观总面积；LSI 为斑块形状指数，表示斑块与正方形的偏离程度。当景观中斑块形状不规则或偏离正方形时，LSI 增大。

景观形状指数反映的是景观中斑块的规则程度，数值越高，斑块越不规则。一般来说，自然斑块越规则，景观情况越好。景观形状指数对很多生态过程都有较大影响，比如斑块的形状影响动物的迁移、觅食等活动，影响植物的种植与生产效率。

3. 景观破碎度指数（landscape fragmentation index）

$$M = \frac{n}{a} \tag{2.3}$$

式中，n 为斑块个数；a 为斑块的总面积。M 值越高，表示景观破碎化越严重。

景观破碎度与平均斑块面积互为倒数，但景观破碎度更能直观反映研究区景观的空间结构及异质性状况。景观破碎化是由于人为因素或环境变化而导致景观中面积较大的自然栖息地不断被分隔或生态功能降低而形成的。主要有两方面的表现：①形态上的破碎化；②生态功能上的破碎化。一般而言，原始的尚未受干扰的和大的斑块物种多样性高，而破碎度大的地区，对物种的多样性是不利的。由于人类活动日益频繁，环境受干扰破坏日趋严重，大部分草地景观的破碎度增大，空间结构复杂，异质性增强（田育红和刘鸿雁，2003）。

4. Shannon-Weaver 多样性指数（Shannon-Weaver landscape diversity index）

$$H = -\sum_{k=1}^{n} P_k \ln(P_k) \tag{2.4}$$

式中，P_k 是斑块类型 k 在景观中出现的概率（通常以该类型占有的栅格细胞数或像元数占景观栅格细胞总数的比例来估算）；n 是景观中斑块类型的总数。

H 是一种基于信息理论的测量指数，在生态学中应用很广泛。该指标能反映景观异质性，特别对景观中各斑块类型非均衡分布状况较为敏感，即强调稀有斑块类型对信息的贡献，这也是与其他多样性指数的不同之处。在比较和分析不同景观或同一景观不同时期的多样性与异质性变化时，H 也是一个敏感指标。如在一个景观系统中，土地利用越丰富，破碎化程度越高，其不定性的信息含量也越大，计算出的 H 值也就越高。景观生态学中的多样性与生态学中物种多样性有紧密的联系，但并不是简单的正比关系，研究发现在一景观中二者的关系一般呈正态分布（卢玲，1999）。

5. 景观优势度指数（landscape dominance index）

优势度指数 D 是多样性指数的最大值与实际计算值之差。

$$D = H_{\max} + \sum_{k=1}^{m} P_k \ln\left(P_k\right) \tag{2.5}$$

式中，$H_{\max}$ 是多样性指数的最大值；P_k 是斑块类型 k 在景观中出现的概率；m 是景观中斑块类型的总数。通常，较大的 D 值对应于一个或少数几个斑块类型占主导地位的景观。

优势度越大，表明组成景观各景观类型所占比例差异越大；优势度越小，表明组成景观各景观类型所占比例大致相当；优势度为 0，表明组成景观各景观类型所占比例相等（李景平，2007）。

6. 景观均匀度指数（landscape evenness index）

均匀度指数 E 反映景观中各斑块在面积上分布的不均匀程度，通常以多样性指数和其最大值的比来表示。以 Shannon 多样性指数为例，均匀度可表达为：

$$E = \frac{H}{H_{\max}} = \frac{-\sum_{k=1}^{n} P_k \ln\left(P_k\right)}{\ln\left(n\right)} \tag{2.6}$$

式中，H 是 Shannon 多样性指数；$H_{\max}$ 是其最大值。显然，当 E 趋于 1 时，景观斑块分布的均匀程度亦趋于最大。

E 与 H 一样也是比较不同景观或同一景观不同时期多样性变化的一个有力手段。而且，E 与优势度指标之间可以转换，即 E 值较小时优势度一般较高，可以反映出景观受到一种或少数几种优势斑块类型所支配；E 趋近 1 时优势度低，说明景观中没有明显的优势类型且各斑块类型在景观中均匀分布（卢玲，1999）。

第三节　结果与分析

一、一级景观动态分析

依据草地分类和土地利用类型将杭锦旗的一级景观分为草地、城市、农村居民地、明沙或盐碱斑、耕地林地等以及水域，共 6 个景观类型，其中农村居民地为 21 世纪初新增加的景观类型。为了对草地景观深入研究，在草地景观中又分为低地草甸、温性典型草原、温性荒漠草原、温性草原化荒漠和温性荒漠，共 5 种景观类型（图 2.1、图 2.2）。

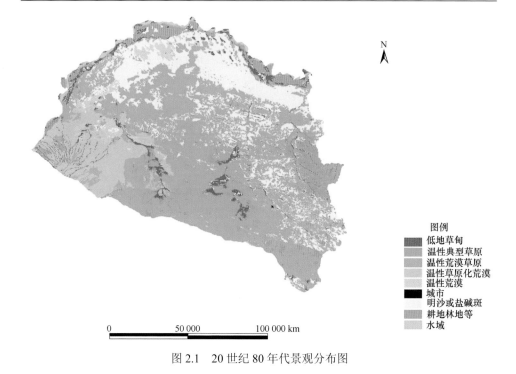

图例
低地草甸
温性典型草原
温性荒漠草原
温性草原化荒漠
温性荒漠
城市
明沙或盐碱斑
耕地林地等
水域

N

0   50 000   100 000 km

图 2.1   20 世纪 80 年代景观分布图

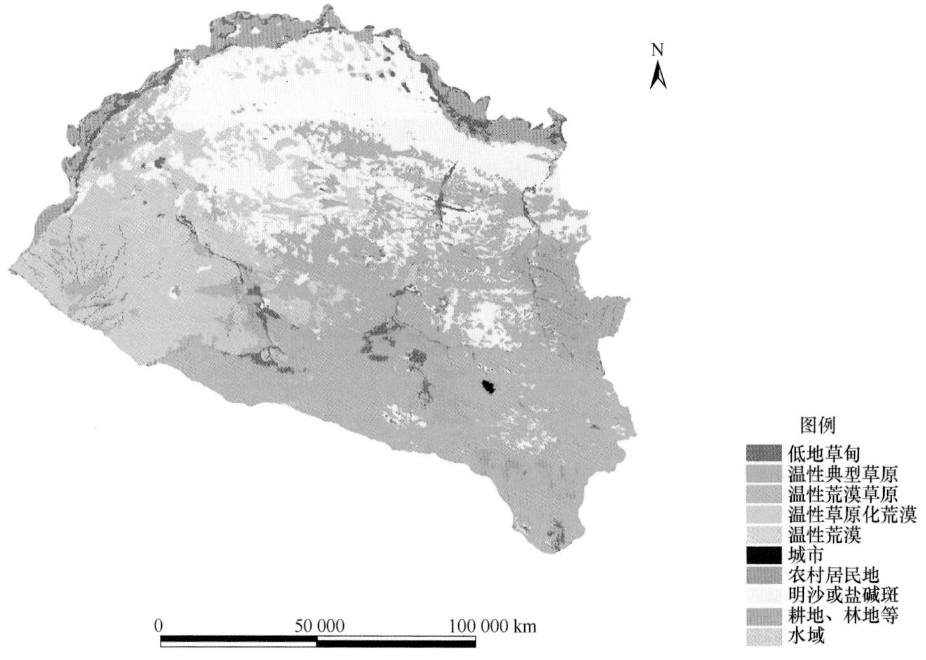

图例
低地草甸
温性典型草原
温性荒漠草原
温性草原化荒漠
温性荒漠
城市
农村居民地
明沙或盐碱斑
耕地、林地等
水域

N

0   50 000   100 000 km

图 2.2   21 世纪初景观分布图

（一）景观面积及分布格局变化

草地景观是杭锦旗境内主要的景观类型，在草地景观中又包含了五种草地类型，其中温性荒漠草原占有较大面积。近年杭锦旗的草地不断遭到不同程度的破坏，为此当地已经实施了一些措施对草原进行恢复和保护。本研究把草地景观作为一个整体与其他非草地景观类型进行比较，这样的分类方法将有效地体现出近20年杭锦旗的草地建设工作是否起到了保护当地草地资源的作用。

在表2.1中可以看出，杭锦旗的一级景观在近20年里，农村居民地景观由原来在遥感影像上不能识别出到大面积出现，表明该景观在侵占天然草地的面积。而作为人类的居住地的城市景观面积由原来的152.1438 hm^2，增加到1070.6510 hm^2，其变化比例为603.7099%，是一级景观中面积增加比例最大的景观类型。而面积减小比例最大的是水域景观，其面积由原来的23 626.490 1 hm^2，减小到12 607.936 8 hm^2，变化比例为46.6364%。

表 2.1 杭锦旗一级景观面积变化

景观类型	年代	面积/hm^2	变化面积/hm^2	变化率/%
草地	20世纪80年代	1 248 015.252 2	−61 417.712 8	−4.9212
	21世纪初	1 186 597.539 4		
城市	20世纪80年代	152.1438	+918.5072	+603.7099
	21世纪初	1070.6510		
农村居民地	20世纪80年代	—	+119.8895	—
	21世纪初	119.8895		
明沙或盐碱斑	20世纪80年代	483 639.121 1	+57 206.791 0	+11.8284
	21世纪初	540 845.912 1		
耕地、林地等	20世纪80年代	128 500.764 2	+14 561.399 9	+11.3318
	21世纪初	143 062.164 1		
水域	20世纪80年代	23 626.490 1	−11 018.553 4	−46.6364
	21世纪初	12 607.936 8		

在表2.2中的草地景观中，增加比例最大的是温性草原化荒漠，其面积由原来的196 820.563 0 hm^2，增加到295 824.821 1 hm^2，增加了原来面积的50.3018%，其次为温性荒漠景观类型。而在减小比例的景观类型中，温性荒漠草原的面积由原来的842 417.390 0 hm^2，减小到641 407.782 8 hm^2，减小比例为23.8610%。

从图2.1和图2.2可以看出，城市和农村居民地主要分布在中心偏南地区，其分布面积也是增加的。在杭锦旗的北部明沙分布地区，20年里分布在这里的草地景观在减少，明沙的面积在扩大，从整体来看，明沙在东南方向上的零星分布在减小，但是北部沙区在扩张，而且有向南推进的趋势。耕地则主要分布在沿黄河地区和杭锦旗南部水分条件较好的地区，其分布面积在近年也是增加的。水域主要分布在沿黄河一带，在杭锦旗中部有一些水域分布，其面积是增大的，在明沙区也一些水域分布，但在西南部分布的水域有一些已经消失。在一级景观的水平上，各景观的分布区都比较集中，且变化比较明显。

表 2.2　杭锦旗草地景观面积变化

景观类型	年代	面积/hm²	变化面积/hm²	变化率/%
低地草甸	20 世纪 80 年代	88 702.494 2	−4627.4885	−5.2169
	21 世纪初	84 075.005 7		
温性典型草原	20 世纪 80 年代	58 057.199 4	+19 057.612 8	+32.8256
	21 世纪初	77 114.812 2		
温性荒漠草原	20 世纪 80 年代	842 417.390 0	−201 009.607 2	−23.8610
	21 世纪初	641 407.782 8		
温性草原化荒漠	20 世纪 80 年代	196 820.563 0	+99 004.258 1	+50.3018
	21 世纪初	295 824.821 1		
温性荒漠	20 世纪 80 年代	62 017.605 6	+26 157.512 0	+42.1776
	21 世纪初	88 175.117 6		

对于草地景观，低地草甸主要分布在沿黄河一带和中心偏西南地区，其分布在原来分布区的基础上有所缩小。温性典型草原在东部有大片分布，在南部温性荒漠草原区也有一些分布，面积有扩增的趋势。温性荒漠草原在杭锦旗分布范围最广，主要分布在明沙区以南大部地区，它是变化最为明显的草地景观，尤其是北部靠近明沙的地区有很多在 21 世纪初变成了明沙和温性草原化荒漠。温性草原化荒漠主要分布在杭锦旗的西部，分布面积也比较大，面积有扩增趋势。温性荒漠则主要分布在明沙区和温性草原化荒漠区，在温性荒漠草原也有零星分布，且分布面积在增大。

（二）斑块及景观格局动态

景观变化取决于斑块动态，也就是斑块的出现、持续和消失，而以景观破碎化最为典型。该过程是指景观变化增加了斑块数量，而减少了生物物种内部生境的面积，相应增加了开放边缘的容量，或者说增加了景观中残余斑块的隔离度（肖笃宁，2003）。

通过对表 2.3 及表 2.4 分析，在一级景观中，斑块数增加的景观类型只有城市和农村居民地。农村居民地由无到有，这并不是说 20 世纪 80 年代没有农村居民地，而是由于在本次研究中，其斑块大小没有达到我们规定的最小上图面积。一级景观中，斑块数减少最多的景观类型是草地景观，共减小了 2896 块。其次为明沙或盐碱斑景观，减少了 871 个。在斑块数大幅减少的同时，其最小斑块面积也在减小，而且从影像上看出是在原有位置上缩小。这表明，草地景观的不稳定性的在增加。而最大斑块面积和斑块平均面积都在增大，这表明在草地景观中，有一些草地型是趋于扩大的，整个草地景观中，不稳定的斑块面积减小或消失，存留的为面积较大的斑块类型。而对于明沙或盐碱斑景观而言，虽然该景观的斑块数减少，最小斑块面积减小，最大斑块面积增大，但是其平均斑块面积却增大了 658.8031 hm^2，而且从总面积的变化上看也是增大的。近年该景观出现扩张的趋势，最小斑块就是其向外扩张过程中出现的，最大斑块面积的增加是由于原有分散斑块在扩张过程中逐渐相连成片，以至于明沙或盐碱斑景观的平均斑块面积大幅增加。

表 2.3　杭锦旗一级景观斑块数量特征和景观指数

景观类型	年代	斑块数	最小斑块面积/hm^2	最大斑块面积/hm^2	平均斑块面积/hm^2	景观形状指数	景观破碎度/（个/km^2）
草地	20 世纪 80 年代	6416	1.0279	21 052.886 4	194.5161	—	0.5141
	21 世纪初	3520	0.7268	21 187.974 4	337.1016	—	0.2966
城市	20 世纪 80 年代	1	0.0152	0.015 2	152.1438	1.5548	0.6573
	21 世纪初	2	13.5858	1057.065 1	535.3255	1.8020	0.1868
农村居民地	20 世纪 80 年代	—	—	—	—	—	—
	21 世纪初	1	119.8895	119.8895	119.8895	1.5695	0.8341
明沙或盐碱斑	20 世纪 80 年代	1411	1.3015	75 181.075 2	342.7634	73.0314	0.2917
	21 世纪初	540	0.7732	397 134.438 4	1001.5665	39.2316	0.0998
耕地、林地等	20 世纪 80 年代	866	1.4573	20 438.748 8	148.3843	36.4425	0.6739
	21 世纪初	853	0.6196	23 184.523 2	167.7165	34.6908	0.5962
水域	20 世纪 80 年代	120	1.8863	3173.9590	196.8874	16.2365	0.5079
	21 世纪初	103	0.8691	2130.8426	122.4072	16.2040	0.8169

表 2.4　杭锦旗草地景观斑块数量特征和景观指数

景观类型	年代	斑块数	最小斑块面积/hm^2	最大斑块面积/hm^2	平均斑块面积/hm^2	景观形状指数	景观破碎度/（个/km^2）
低地草甸	20 世纪 80 年代	957	1.3104	2190.3370	92.6881	73.4228	1.0789
	21 世纪初	742	0.7286	2051.1110	113.3086	64.7525	0.8825
温性典型草原	20 世纪 80 年代	325	1.6130	3297.3916	178.6375	36.4154	0.5598
	21 世纪初	247	0.7268	21 187.974 4	312.2057	88.5019	0.3203
温性荒漠草原	20 世纪 80 年代	4459	1.0279	21 052.886 4	188.9252	116.0442	0.5293
	21 世纪初	1942	0.7543	15 322.444 8	330.2821	85.7577	0.3028
温性草原化荒漠	20 世纪 80 年代	554	1.3192	9015.1608	355.2718	51.0759	0.2815
	21 世纪初	399	2.0022	17 108.022 4	741.4156	34.4692	0.1349
温性荒漠	20 世纪 80 年代	121	1.8308	5199.8620	512.5422	22.4569	0.1951
	21 世纪初	190	1.3529	14 627.348 8	464.0796	23.8290	0.2155

在草地景观中，斑块数增加的只有温性荒漠，共增加了 69 块。在斑块数减少的景观中，温性荒漠草原的斑块数减少的最多，减少了 2517 块。温性荒漠草原是杭锦旗主要的景观类型，也是它草原的主要组成部分，所以它的变化对整个景观组成具有很大的影响。在斑块数量减少的同时，温性荒漠草原斑块的最大和最小斑块的面积是缩小的，但是其斑块的平均斑块面积却是增大的，这说明荒漠草原各斑块之间面积的差异减小，主要组成部分的斑块大小趋于集中化。经过近 20 年的变迁，面积小的斑块消失了，面积较大的缩小了，这表明温性荒漠草原在杭锦旗内的主导地位出现动摇。

生态环境恶劣的非草地景观，明沙或盐碱斑面积的增加以及主要景观类型温性荒漠草原的减少充分表明杭锦旗生态环境的恶化。加之对草地存在十分重要的水域不仅斑块数减少，而且其平均斑块面积也在缩小，进一步说明当地的生态环境近年趋于干旱。

景观形状指数反映的是景观中斑块的规则程度，数值越高，斑块越不规则。一般来说，自然斑块越规则，景观情况越好。景观形状指数对很多生态过程都有较大影响，比如斑块的形状影响动物的迁移、觅食等活动，影响植物的种植与生产效率（卢玲，1999）。即形状指数越大，景观的稳定性越差。在一级景观形状指数的变化中，只有城市和农村居民地景观类型的形状指数是增加的，说明这两类景观类型在近 20 年中变迁较大。明沙或盐碱斑的景观形状指数减小最多，减小了33.7998。这表明明沙或盐碱斑不仅面积增大了，而且处于稳定的状态。在草地景观中，温性典型草原和温性荒漠的性状指数是增加的，其中温性典型草原的形状指数增加的最多，增加了52.0865，说明该景观趋于不稳定状态。而其余的自然景观的形状指数都是减小的，其中减小最多的是温性荒漠草原，减少了30.2865。

景观破碎化是描述景观格局的重要参数，是景观生态学研究的热点。景观破碎化是指由于自然或人文因素干扰，导致景观从简单趋向复杂的过程，即景观由单一、均质和连续的整体趋向复杂、异质和不连续的斑块镶嵌体（布仁仓等，1999）。破碎化对景观的结构、功能及生态过程都有不同程度的影响（何念鹏等，2001）。景观破碎化会降低生物多样性（Forman et al.，1986），冲击野生动物栖息地（陈利顶等，1999）及自然景观的范围与结构（Wickham et al.，2000），且与区域社会经济有相当大的因果关系（Entwisle et al.，1998）。分析景观破碎化特征有助于提升对经济因素（Wickham et al.，2000）、人口动态（Entwisle et al.，1998）及土地利用（Southworth et al.，2002，Nagendra et al.，2003）景观影响因子的认识。因此分析景观的破碎化就是必不可少的。从表 2.3 中可以知道，只有农村居民地、水域的景观破碎度是增大的。水域的景观破碎度增大说明水域处在一个更加容易破坏的状态下。破碎度减少最多的是城市景观，减小了 0.4705。其次为草地景观，其变化趋势与其斑块平均面积的变化趋势一致。草地景观中，破碎度增加的只有温性荒漠。而破碎度减少的最多的温性典型草原，减少了 0.2395 个/km²，其次为温性荒漠草原，减少了 0.2265 个/km²。说明经过近 20 年的变化，现存的景观比较单一、均质和连续，一些较小的斑块消失了，使得剩下的斑块趋于一个相对稳定的状态，但如果继续破坏，当突破这个界限，这些景观将会处于极不稳定的状态，到那时再进行恢复则会非常困难。

从表 2.5 中可以看出，Shannon-Weaver 多样性指数能反映景观异质性，特别对景观中各斑块类型非均衡分布状况较为敏感，即强调稀有斑块类型对信息的贡献，这也是与其他多样性指数的不同之处。在比较和分析不同景观或同一景观不同时期的多样性与异质性变化时，H 也是一个敏感指标。如在一个景观系统中，土地利用越丰富，破碎化程度越高，其不定性的信息含量也越大，计算出的 H 值也就越高。景观生态学中的多样性与生态学中物种多样性有紧密的联系（卢玲，1999）。一级景观 20 世纪 80 年代的 Shannon-Weaver 多样性指数为 0.8607，而 21 世纪初的 Shannon-Weaver 多样性指数为 0.8836，比 20 世纪 80 年代的大，这与 21 世纪又多了一个农村居民地景观类型有较大关系，而且与各景观类型的面积差异性减小有关。这也体现出近 20 年杭锦旗一级景观的破碎化程度增大，不稳定性增加。对于草地景观，其 20 世纪 80 年代的 Shannon-Weaver 多样性指数为 1.0364，21 世纪初的 Shannon-Weaver 多样性指数为 1.2372，后者大于前者，说明 21 世纪初期草地景观的破碎化程度增高，其不定性的信息含量增大，草地景观趋于不稳定。

表 2.5　杭锦旗景观两个时期景观指数对比

景观类型	年代	Shannon-Weaver 多样性指数	景观优势度指数	景观均匀度指数
一级景观	20 世纪 80 年代	0.8607	0.7487	0.5348
	21 世纪初	0.8836	0.9082	0.4931
草地景观	20 世纪 80 年代	1.0364	0.5730	0.6440
	21 世纪初	1.2372	0.3722	0.7687

优势度是基于景观要素的景观总体特征指标（肖笃宁，2003）。通常，较大的优势度值对应于一个或少数几个斑块类型占主导地位的景观。优势度越大表明组成景观各景观类型所占比例差异越大，优势度越小表明组成景观各景观类型所占比例大致相当，优势度为 0 表明组成景观各景观类型所占比例相等（李景平，2007）。一级景观在 20 世纪 80 年代的景观优势度为 0.7487，21 世纪初为 0.9082，较前者增大。这说明近 20 年杭锦旗境内的各景观类型所占的比例差异增大，表明几个主要的景观类型的主导地位发生变化，这一现象与明沙或盐碱斑景观面积增

大而草地面积缩小有关。这对面积增大的景观类型来说是有好处的，但对于整个景观而言则处于脆弱的状态，更加容易遭到破坏。草地景观的景观优势度在 20 世纪 80 年代为 0.5730，21 世纪初为 0.3722，说明草地景观中各草地类型所占比例差异减小，这与温性荒漠草原面积缩小有关。

均匀度与多样性指数一样也是比较不同景观或同一景观不同时期多样性变化的一个有力手段。而且均匀度与优势度指标之间可以转换，即均匀度值较小时优势度一般较高，可以反映出景观受到一种或少数几种优势斑块类型所支配；均匀度趋近 1 时优势度低，说明景观中没有明显的优势类型且各斑块类型在景观中均匀分布（卢玲，1999）。一级景观在 20 世纪 80 年代的均匀度为 0.5348，而 21 世纪初为 0.4931，比前者小。这与优势度所体现出的特征是一致的，同样说明了几个主要的景观类型的主导地位发生变化，各景观之间的面积差异增大了。草地景观 20 世纪 80 年代的均匀度为 0.6440，21 世纪初为 0.7687，与一级景观的变化趋势相反。

二、二级景观动态分析

为了进一步研究草地景观的动态，本文依据优势植物及不同草地型的特征将草地分为不同的景观类型作为研究的二级景观。按照该分类方法，杭锦旗二级景观共分为 5 个类型，每个景观又包含不同的草地型，即斑块类型，具体分类见表 2.6。表 2.7～表 2.9 分别从面积、分布格局、斑块和景观指数等不同角度对二级景观进行分析。

表 2.6　杭锦旗二级景观分类系统

编号	二级景观	编号	斑块类型
I	针茅景观	I B1	本氏针茅、百里香、糙隐子草
		I B2	克氏针茅、冷蒿、亚菊
		I C3	短花针茅、冷蒿
		I C4	短花针茅、无芒隐子草
		I C5	短花针茅、无芒隐子草、狭叶锦鸡儿
II	锦鸡儿景观	II B1	中间锦鸡儿、本氏针茅、赖草
		II C2	中间锦鸡儿、短花针茅、糙隐子草
		II C3	中间锦鸡儿、短花针茅、冷蒿
		II C4	中间锦鸡儿、戈壁针茅、无芒隐子草
		II C5	中间锦鸡儿、沙生针茅、冷蒿
		II C6	中间锦鸡儿、沙生冰草
		II C7	中间锦鸡儿、无芒隐子草、冷蒿
		II C8	中间锦鸡儿、牛心朴子
		II C9	中间锦鸡儿、沙鞭
		II C10	中间锦鸡儿、沙蒿、沙鞭
		II C11	中间锦鸡儿、黑沙蒿

续表

编号	二级景观	编号	斑块类型
		ⅡC12	狭叶锦鸡儿、刺叶柄棘豆
		ⅡC13	狭叶锦鸡儿、锐枝木蓼
		ⅡC14	狭叶锦鸡儿、短花针茅、冷蒿
		ⅡC15	狭叶锦鸡儿、沙生冰草、无芒隐子草
		ⅡC16	狭叶锦鸡儿、石生针茅、无芒隐子草
		ⅡC17	狭叶锦鸡儿、黑沙蒿
		ⅡC18	小叶锦鸡儿、短花针茅、冷蒿
		ⅡD19	藏锦鸡儿、驼绒藜
		ⅡD20	藏锦鸡儿、无芒隐子草
		ⅡD21	柠条锦鸡儿、沙冬青
		ⅡD22	柠条锦鸡儿
Ⅲ	蒿类景观	ⅢB1	黑沙蒿
		ⅢB2	黑沙蒿、草木犀状黄耆
		ⅢC3	黑沙蒿
		ⅢC4	黑沙蒿、蒙古岩黄耆
		ⅢC5	黑沙蒿、沙鞭
		ⅢC6	沙蒿、中间锦鸡儿
		ⅢC7	沙蒿、北沙柳
		ⅢC8	沙蒿、甘草
		ⅢC9	沙蒿、冷蒿、冰草、糙隐子草、小叶锦鸡儿
		ⅢC10	沙蒿、杂类草
		ⅢE11	黑沙蒿
		ⅢE12	黑沙蒿、沙冬青
Ⅳ	其他草本景观	ⅣA1	拂子茅
		ⅣA2	寸草苔
		ⅣA3	马蔺
		ⅣA4	芦苇
		ⅣA5	薹草
		ⅣA6	碱蒿
		ⅣC7	甘草、杂类草
		ⅣC8	沙鞭、杂类草
Ⅴ	其他（半）灌木景观	ⅤA1	白刺
		ⅤA2	细枝盐爪爪、白刺、红砂
		ⅤA3	盐爪爪、碱蓬、白刺
		ⅤC4	麻黄、黑沙蒿
		ⅤD5	霸王、沙冬青、黑沙蒿
		ⅤD6	红砂、黄蒿
		ⅤD7	红砂、珍珠猪毛菜、长叶红砂
		ⅤD8	四合木、红砂
		ⅤD9	四合木、绵刺
		ⅤD10	沙冬青、白刺
		ⅤE11	白刺、霸王

表 2.7　杭锦旗二级景观面积变化

景观类型	年代	面积/hm²	变化面积/hm²	变化率/%
针茅景观	20 世纪 80 年代	45 056.319 5	−9733.867 9	−21.603 8
	21 世纪初	35 322.451 6		
锦鸡儿景观	20 世纪 80 年代	389 791.991 2	+94 068.508 1	+24.133 0
	21 世纪初	483 860.499 3		
蒿类景观	20 世纪 80 年代	445 981.243 2	−52 779.224 2	−11.834 4
	21 世纪初	393 202.019 0		
其他草本景观	20 世纪 80 年代	204 074.570 5	−100 597.074 6	−49.294 3
	21 世纪初	103 477.495 9		
其他（半）灌木景观	20 世纪 80 年代	163 111.127 8	+7623.945 7	+4.674 1
	21 世纪初	170 735.073 5		

表 2.8　杭锦旗二级景观斑块数量特征和景观指数

景观类型	年代	斑块个数	最小斑块面积/hm²	最大斑块面积/hm²	平均斑块面积/hm²	斑块形状指数
针茅景观	20 世纪 80 年代	198	1.6130	3230.3430	227.5572	26.2593
	21 世纪初	148	2.9365	3384.6196	238.6652	19.9889
锦鸡儿景观	20 世纪 80 年代	1281	1.2413	17 558.387 2	304.2873	66.7351
	21 世纪初	902	0.7268	21 187.974 4	536.4307	52.1607
蒿类景观	20 世纪 80 年代	3102	1.0279	12 639.072 0	143.7722	98.5150
	21 世纪初	1218	0.7543	15 322.444 8	322.8260	94.2937
其他草本景观	20 世纪 80 年代	1022	1.8250	21 052.886 4	199.6816	62.8940
	21 世纪初	715	0.7286	9933.3440	144.7238	66.8421
其他（半）灌木景观	20 世纪 80 年代	813	1.3104	9015.1608	200.6287	59.3308
	21 世纪初	537	0.7428	13 512.902 4	317.9424	41.5972

表 2.9　杭锦旗二级景观的景观指数

景观类型	时代	Shannon-Weaver多样性指数	景观优势度	景观均匀度	景观破碎度/（个/km²）
针茅景观	20 世纪 80 年代	1.2033	0.4061	0.7477	0.4395
	21 世纪初	0.9056	0.7039	0.5627	0.4190
锦鸡儿景观	20 世纪 80 年代	2.3475	0.5970	0.7973	0.3286
	21 世纪初	2.4186	0.6260	0.7944	0.1864
蒿类景观	20 世纪 80 年代	1.9227	0.5622	0.7737	0.6955
	21 世纪初	2.1195	0.2784	0.8839	0.3098
其他草本景观	20 世纪 80 年代	0.9216	1.0243	0.4736	0.5008
	21 世纪初	1.6196	0.4598	0.7789	0.6910
其他（半）灌木景观	20 世纪 80 年代	1.7989	0.3983	0.8187	0.4984
	21 世纪初	2.0376	0.3603	0.8498	0.3145

（一）针茅景观动态

近 20 年，针茅景观面积是二级景观中面积变化减小的，减小了 9733.8679 hm^2；减小的比例为 21.6038%，在二级景观面积减小比例中处于第二位（表 2.10）。针茅景观面积的减小与本氏针茅、百里香、糙隐子草草地型面积的大幅减少有关。该景观中所包含的植物主要分布在温性典型草原和温性荒漠草原中水分条件比较好的地域，总体来说，针茅景观分布区域的生态环境比较好。变化中，针茅景观的斑块数减少了 50 个，是二级景观中斑块数减少最少的景观类型。针茅景观是二级景观中唯一一个最小斑块面积增大的景观类型，其最大斑块面积在最大斑块面积增加的景观中位于最后一位。针茅景观的平均斑块面积增加了 11.108 hm^2，是增加值最小的景观类型。

表 2.10　杭锦旗针茅景观面积变化

编号	斑块（草地型）	年代	面积/hm^2	变化面积/hm^2	变化率/%
ⅠB1	本氏针茅、百里香、糙隐子草	20 世纪 80 年代	23 135.664 0	−21 471.882 1	−92.8086
		21 世纪初	1663.7819		
ⅠB2	克氏针茅、冷蒿、亚菊	20 世纪 80 年代	700.1822	+2051.3061	+292.9675
		21 世纪初	2751.4883		
ⅠC3	短花针茅、冷蒿	20 世纪 80 年代	5191.9386	−1351.4576	−26.0299
		21 世纪初	3840.4810		
ⅠC4	短花针茅、无芒隐子草	20 世纪 80 年代	3259.8919	−2298.3835	−70.5049
		21 世纪初	961.5084		
ⅠC5	短花针茅、无芒隐子草、狭叶锦鸡儿	20 世纪 80 年代	12 768.642 8	+13 336.549 2	+104.4477
		21 世纪初	26 105.192 0		
Ⅰ	针茅景观	20 世纪 80 年代	45 056.319 5	−9733.8679	−21.6038
		21 世纪初	35 322.451 6		

从图 2.3 和图 2.4 中可以看出，针茅景观主要分布在杭锦旗的南部。针茅景观位于东部地区的草地面积是减小的；而在位于西南和南部地区的针茅景观则在原来分布区域有所扩增；在杭锦旗东南部新出现针茅景观的分布区。从总体上来看，针茅景观变得较以往更加分散。

在针茅景观中，共包括 5 个草地型，属于温性典型草原的草地型本氏针茅、百里香、糙隐子草和克氏针茅、冷蒿、亚菊，前者的面积增加，后者的面积减小。从变化的绝对值来看，前者较大，但从变化率来看，后者变化较大。组成后者的植物大多分布在较为干旱的沙质地区，该草地型面积的增加与当地沙化严重有关。另外三个草地型属于温性荒漠草原的草地型，无论从变化的绝对值还是比例，都是短花针茅、无芒隐子草、狭叶锦鸡儿草地型变化的最大，而且只有该草地型的面积是增大的。与另外两者相比该草地型多了狭叶锦鸡儿这种小灌木，而这一

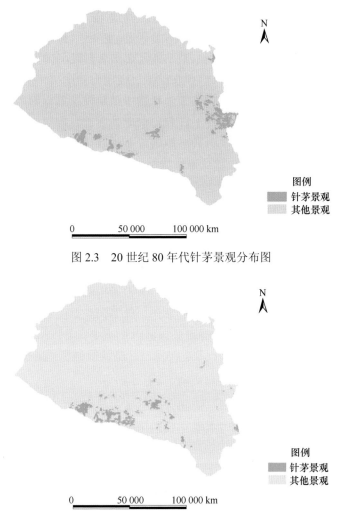

图 2.3　20 世纪 80 年代针茅景观分布图

图 2.4　21 世纪初针茅景观分布图

植物大多喜分布于环境比较干旱退化的地区。在针茅景观中，克氏针茅、冷蒿、亚菊草地型面积增加比例最大，为 292.9675%；面积减小比例最大的是本氏针茅、百里香、糙隐子草草地型，为 92.8086%，这两种草地型均属于温性典型草原，说明在温性典型草原中针茅景观的草地型组成变化比较大。

　　近 20 年针茅景观的斑块形状指数呈减小趋势，其减小值位于第三位。在景观指数的变化中，只有针茅景观的 Shannon-Weaver 多样性指数是减小的，减小值为 0.2977，这与其组成的各景观斑块之间的面积差异增大有关。均匀度与优势度指标之间可以转换，即均匀度值较小时优势度一般较高（卢玲，1999），在表 2.9 中也可以看出两个指数的变化是相反的。针茅景观的景观优势度增大的最多，对应的其景观均匀度减小也最多；景观破碎度减少值是二级景观中最小的。从总体上来看，针茅景观虽然面积有所减小，但是比较稳定。

（二）锦鸡儿景观动态

从各二级景观的分布图可以看出，锦鸡儿景观是杭锦旗分布范围较广而且分布面积较大的景观类型之一。近 20 年锦鸡儿景观的面积增加了 94 068.508 1 hm²，比例增加了 24.1330%，是增加值及增加比例最大的景观类型（表 2.11）。本研究中的锦鸡儿景观大多是分布在温性荒漠草原和温性草原化荒漠中，其生境大多比较干旱。由于温性荒漠草原的面积减小，锦鸡儿景观中包括的占景观大多数类型的温性荒漠草原中的锦鸡儿草地型的总体面积也是减小的。因此，锦鸡儿景观面积的增加与温性草原化荒漠中的锦鸡儿草地型面积的增加有关。锦鸡儿景观的斑块数是减少的，减少了 379 块，位于第二位。对于锦鸡儿景观而言，虽然其斑块数是减少的，但是由于该景观的总面积在近 20 年里是增加的，所以，组成该景观的斑块之间有相连成片的趋势，这对于锦鸡儿景观的发展是有利的。针茅景观的最小斑块面积在近 20 年里是减小的；其最大斑块面积和平均斑块面积都是增加的，最大斑块面积增加值位于第二位，平均斑块面积的增加值是二级景观中增加最多的。

表 2.11　杭锦旗锦鸡儿景观面积变化

编号	斑块（草地型）	年代	面积/hm²	变化面积/hm²	变化率/%
ⅡB1	中间锦鸡儿、本氏针茅、赖草	20 世纪 80 年代	28 240.303 7	+20 950.023 1	+74.1848
		21 世纪初	49 190.326 8		
ⅡC2	中间锦鸡儿、短花针茅、糙隐子草	20 世纪 80 年代	3088.1442	+6423.5338	+208.0063
		21 世纪初	9511.6780		
ⅡC3	中间锦鸡儿、短花针茅、冷蒿	20 世纪 80 年代	11 732.338 1	−7359.5089	−62.7284
		21 世纪初	4372.8292		
ⅡC4	中间锦鸡儿、戈壁针茅、无芒隐子草	20 世纪 80 年代	4321.7870	−4321.7870	—
		21 世纪初	—		
ⅡC5	中间锦鸡儿、沙生针茅、冷蒿	20 世纪 80 年代	12 950.750 7	+1468.4638	+11.3388
		21 世纪初	14 419.214 5		
ⅡC6	中间锦鸡儿、沙生冰草	20 世纪 80 年代	—	+2243.2676	—
		21 世纪初	2243.2676		
ⅡC7	中间锦鸡儿、无芒隐子草、冷蒿	20 世纪 80 年代	—	+4879.3358	—
		21 世纪初	4879.3358		

续表

编号	斑块（草地型）	年代	面积/hm²	变化面积/hm²	变化率/%
II C8	中间锦鸡儿、牛心朴子	20 世纪 80 年代	7103.2414	+9950.3442	+140.0817
		21 世纪初	17 053.585 6		
II C9	中间锦鸡儿、沙鞭	20 世纪 80 年代	22 352.649 7	−15 213.933 4	−68.0632
		21 世纪初	7138.7163		
II C10	中间锦鸡儿、沙蒿、沙鞭	20 世纪 80 年代	1601.2434	+3371.4522	+210.5521
		21 世纪初	4972.6956		
II C11	中间锦鸡儿、黑沙蒿	20 世纪 80 年代	61 324.369 3	+17 223.634 3	+28.0861
		21 世纪初	78 548.003 6		
II C12	狭叶锦鸡儿、刺叶柄棘豆	20 世纪 80 年代	8979.3160	−8877.8743	−98.8703
		21 世纪初	101.4417		
II C13	狭叶锦鸡儿、刺针枝蓼	20 世纪 80 年代	950.1600	+1250.6374	+131.6239
		21 世纪初	2200.7974		
II C14	狭叶锦鸡儿、短花针茅、冷蒿	20 世纪 80 年代	108 796.946 2	−17 782.266 6	−16.3445
		21 世纪初	91 014.679 6		
II C15	狭叶锦鸡儿、沙生冰草、无芒隐子草	20 世纪 80 年代	6505.6986	−4097.7646	−62.9873
		21 世纪初	2407.9340		
II C16	狭叶锦鸡儿、石生针茅、无芒隐子草	20 世纪 80 年代	17 664.988 3	−3331.1568	−18.8574
		21 世纪初	14 333.831 5		
II C17	狭叶锦鸡儿、黑沙蒿	20 世纪 80 年代	1039.9936	+3739.4912	+359.5687
		21 世纪初	4779.4848		
II C18	小叶锦鸡儿、短花针茅、冷蒿	20 世纪 80 年代	—	+443.0995	—
		21 世纪初	443.0995		
II D19	藏锦鸡儿、驼绒藜	20 世纪 80 年代	31 273.831 4	+31 697.221 7	+101.3538
		21 世纪初	62 971.053 1		
II D20	藏锦鸡儿、无芒隐子草	20 世纪 80 年代	44 612.202 2	+10 928.799 2	+24.4973
		21 世纪初	55 541.001 4		
II D21	柠条锦鸡儿、沙冬青	20 世纪 80 年代	6628.9556	+30 840.958 4	+465.2461
		21 世纪初	37 469.914 0		
II D22	柠条锦鸡儿	20 世纪 80 年代	10 625.071 8	+9642.5375	+90.7527
		21 世纪初	20 267.609 3		
II	锦鸡儿景观	20 世纪 80 年代	389 791.991 2	+94 068.508 1	+24.1330
		21 世纪初	483 860.499 3		

　　在图 2.5 和图 2.6 的对比中可以看出，锦鸡儿景观在 21 世纪初的分布区域更广泛，而且分布面积也有明显的扩增。在杭锦旗北部地区，锦鸡儿景观出现了新的分布区，在中部地区锦鸡儿景观也有大范围的新分布区出现；东部的锦鸡儿景观的分布区也有扩大；西部和南部的分布区都有向中心扩张的趋势。总体上，锦鸡儿景观几乎遍布整个杭锦旗，是几个景观中分布面积最大和分布范围最广的景观类型之一。

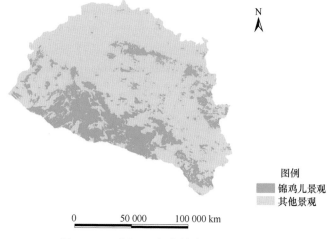

图 2.5 20 世纪 80 年代锦鸡儿景观分布图

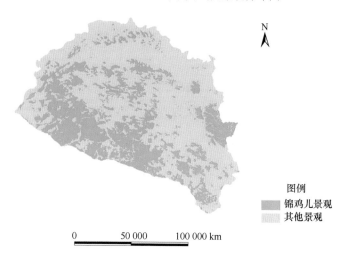

图 2.6 21 世纪初锦鸡儿景观分布图

由表 2.11 可见，锦鸡儿景观中包括温性典型草原的 1 个草地型、温性荒漠草原的 17 个草地型和温性草原化荒漠的 4 个草地型，共 22 个草地型。属于温性典型草原的只有中间锦鸡儿、本氏针茅、赖草草地型，该草地型面积增加了 20 950.023 1 hm²，增加比例达到 74.1848%。属于温性荒漠草原的 17 个草地型中以中间锦鸡儿为优势植物的草地型有 10 个，其中面积增加最多的是中间锦鸡儿、黑沙蒿草地型，增加了 17 223.634 3 hm²。而增加比例最大的是中间锦鸡儿、沙蒿、沙鞭草地型，增加了 210.5521%，面积减小最大的是中间锦鸡儿、沙鞭草地型，减少了 15 213.933 4 hm²，其减小的比例也是最大的。在这些草地型中，中间锦鸡儿、戈壁针茅、无芒隐子草草地型消失，而中间锦鸡儿、沙生冰草和中间锦鸡儿、无芒隐子草、冷蒿草地型是新增加的草地型。以狭叶锦鸡儿为优势植物的草地型有 6 个，面积增加最多的是狭叶锦鸡儿、黑沙蒿草地型，增加了 3739.4912 hm^2，其增加比例也是最大的，增加了 359.5687%；面积减小最多的是狭叶锦鸡儿、短花针茅、冷蒿草地型，减少了 17 782.266 6 hm^2，而减少比例最大的是狭叶锦鸡儿、刺叶柄棘豆（*Oxytropis aciphylla* Ledeb.）草地型减小了 98.8703%。小叶锦鸡儿、短花针茅、冷蒿草地型是新增的草地型。属于温性草原化荒漠的 4 个草地型，其面积都是增大的，其中面积绝对值增加最多的是毛刺锦鸡儿（*C. tibetica* Kom.）、驼绒藜［*Ceratoides latens*（J. F. Gmel.）Reveal et Holmgren］草地型，增加了 31 697.221 7 hm^2，而增加比例最多的是柠条锦鸡儿、沙冬青草地型，增加了 465.2461%。

锦鸡儿景观的斑块形状指数在这 20 年也是减小的，其减小的数值位于二级景观中的第二位；在景观指数的变化中，锦鸡儿景观的 Shannon-Weaver 多样性指数和景观优势度是增加的，但变化不是很大；而其景观均匀度和景观破碎度是减小的，其中景观均匀度减小的值小于针茅景观；说明锦鸡儿景观整体上是不稳定的。由于锦鸡儿景观在杭锦旗占有重要的地位，所以它的不稳定性的增加，会影响到整个杭锦旗景观的稳定性。

（三）蒿类景观动态

杭锦旗境内另外一个占有重要地位的景观类型就是蒿类景观。近 20 年蒿类景观的面积共减少了 52 779.224 2 hm^2，在二级景观面积减小的景观类型中居于第二位，减小的比例为 11.8344%，是减少比例最小的景观类型（表 2.12）。在蒿类景观中，大多数草地型属于温性荒漠草原，蒿类景观面积的减小与组成温性荒漠草原的蒿类草地型面积的减小密切相关。蒿类景观的斑块数减少了 1884 个，其变化值比现存的斑块数还多。近 20 年蒿类景观的最小斑块面积的减小值是二级景观中最小的；其最大斑块面积和平均斑块面积都是增大的，其中，平均斑块面积的增加值仅次于锦鸡儿景观平均斑块面积的增加值。

在杭锦旗境内，蒿类景观也是分布较广的一种景观类型，该景观主要分布在从西北到东南方向的地区。北部的蒿类景观有减小的趋势；西南部的分布面积很少；中心及东南部地区的分布区，景观有集中的趋势，但是分布范围是在减小的。总体来看，蒿类景观的分布范围变化不是很大，但是分布面积在减小（图 2.7、图 2.8）。

组成蒿类景观的草地型包括 12 个草地型，其中属于温性典型草原的有 2 个草地型，属于温性荒漠草原的有 8 个草地型，属于温性荒漠的草地型有 2 个。属于温性典型草原和温性荒漠的蒿类草地型的面积都是增加的，增加面积最大的是温性荒漠草原里的黑沙蒿、沙冬青草地型，增加了 20 362.402 1 hm^2；其次为温性典型草原的黑沙蒿草地型，增加了 10 549.746 2 hm²。比例增加最大的是温性典型草原里黑沙蒿草地型，增加的比例为 666.8057%，其次为温性荒漠里的黑沙蒿草地型。占多数温性荒漠草原里的草地型中，面积增加最多的是沙蒿、北沙柳草地型，增加了 20 339.647 3 hm²，增加比例最多的是黑沙蒿、蒙古岩黄耆草地型，增加的比例为 156.7388%。有 5 个草地型的面积是减小的，黑沙蒿、沙鞭草地型减小的最多，减小了 72 154.552 3 hm²，其次为沙蒿、中间锦鸡儿草地型。减小的比例最大的是黑沙蒿、沙鞭草地型，减小了 72.4159%，其次为沙蒿、中间锦鸡儿草地型，其中，沙蒿、杂类草草地型是新增加的草地型，蒿类植物是温性荒

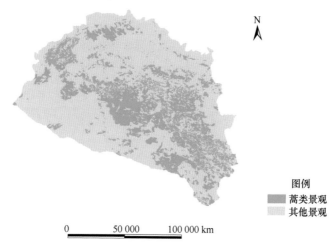

图 2.7　20 世纪 80 年代蒿类景观分布图

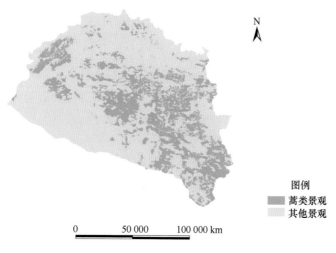

图 2.8　21 世纪初蒿类景观分布图

表 2.12 杭锦旗蒿类景观面积变化

编号	斑块（草地型）	年代	面积/hm²	变化面积/hm²	变化率/%
ⅢB1	黑沙蒿	20 世纪 80 年代	1582.1319	+10 549.746 2	+666.8057
		21 世纪初	12 131.878 1		
ⅢB2	黑沙蒿、草木犀状黄耆	20 世纪 80 年代	4398.9175	+6978.4196	+158.6395
		21 世纪初	11 377.337 1		
ⅢC3	黑沙蒿	20 世纪 80 年代	100 089.814 1	−7515.0514	−7.5083
		21 世纪初	92 574.762 7		
ⅢC4	黑沙蒿、蒙古岩黄耆	20 世纪 80 年代	9011.3798	+14 124.329 8	+156.7388
		21 世纪初	23 135.709 6		
ⅢC5	黑沙蒿、沙鞭	20 世纪 80 年代	99 639.052 3	−72 154.552 3	−72.4159
		21 世纪初	27 484.500 0		
ⅢC6	沙蒿、中间锦鸡儿	20 世纪 80 年代	87 285.060 3	−51 572.935 2	−59.0856
		21 世纪初	35 712.125 1		
ⅢC7	沙蒿、北沙柳	20 世纪 80 年代	47 852.263 2	+20 339.647 3	+42.5051
		21 世纪初	68 191.910 5		
ⅢC8	沙蒿、甘草	20 世纪 80 年代	47 348.749 2	−3032.1494	−6.4039
		21 世纪初	44 316.599 8		
ⅢC9	沙蒿、冷蒿、冰草、糙隐子草、小叶锦鸡儿	20 世纪 80 年代	2087.8166	+1333.3301	+63.8624
		21 世纪初	3421.1467		
ⅢC10	沙蒿、杂类草	20 世纪 80 年代	2179.0282	−2179.0282	—
		21 世纪初	—		
ⅢE11	黑沙蒿	20 世纪 80 年代	3995.2975	+9986.6173	+249.9593
		21 世纪初	13 981.914 8		
ⅢE12	黑沙蒿、沙冬青	20 世纪 80 年代	40 511.732 6	+20 362.402 1	+145.6339
		21 世纪初	60 874.134 7		
Ⅲ	蒿类景观	20 世纪 80 年代	445 981.243 2	−52 779.224 2	−11.8344
		21 世纪初	393 202.019 0		

漠草原的重要植物组成类型，而属于该草地类型的蒿类草地型大面积减小，作为杭锦旗的主要景观——温性荒漠草原的地位发生了变化。

在蒿类景观斑块形状指数的变化中，它的减小值是二级景观中最小的。该景观类型的 Shannon-Weaver 多样性指数在近 20 年呈增加趋势；其景观优势度呈减小趋势，减小的数值位于第二位；景观均匀度呈增加趋势，增加值位于二级景观中的第二位；在景观破碎度的变化中，蒿类景观的减小值是最大的。从以上分析可以看出，蒿类景观中的草地型斑块较小的斑块消失，存留的斑块的面积较大，且较稳定。

（四）其他草本景观动态

其他草本景观的面积在近 20 年共减小了 100 597.074 6 hm²，是二级景观中各景观变化面积最大的；其面积减小的比例为 49.2943%，在减少比例中也居于首位（表 2.13）。该景观的斑块数、最小斑块面积、最大斑块面积以及平均斑块面积都是减小的。其中，最小斑块面积的减小值在二级景观中最大，共减小了 1.0964 hm²；最大斑块面积的减小值也是最大，为 11 119.542 4 hm²；该景观是二级景观中平均斑块面积减小的唯一景观类型。在该景观中，大多数草地型属于生态环境比较好的低地草甸草地中的草地类型。而该景观不仅总体面积在减小，其斑块数等也在同时减小，这与当地气候干燥以及人为破坏有关，说明这一生态景观在退化。

表 2.13　杭锦旗其他草本景观面积变化

编号	斑块（草地型）	年代	面积/hm²	变化面积/hm²	变化率/%
IV A1	拂子茅	20 世纪 80 年代	28 678.434 7	−22 254.6003	−77.6005
		21 世纪初	6423.8344		
IV A2	寸草苔	20 世纪 80 年代	4469.9183	+12 994.0969	+290.7010
		21 世纪初	17 464.015 2		
IV A3	马蔺	20 世纪 80 年代	6637.5347	+1762.333	+26.5510
		21 世纪初	8399.8677		
IV A4	芦苇	20 世纪 80 年代	6052.1117	+5334.0559	+88.1355
		21 世纪初	11 386.167 6		
IV A5	薹草	20 世纪 80 年代	944.4446	+940.0778	+99.5376
		21 世纪初	1884.5224		
IV A6	碱蒿	20 世纪 80 年代	—	+2663.8169	—
		21 世纪初	2663.8169		
IV C7	甘草、杂类草	20 世纪 80 年代	5745.6497	+990.6256	+17.2413
		21 世纪初	6736.2753		
IV C8	沙鞭、杂类草	20 世纪 80 年代	151 546.476 8	−103 027.480 4	−67.9841
		21 世纪初	48 518.996 4		
IV	其他草本景观	20 世纪 80 年代	204 074.570 5	−100 597.074 6	−49.2943
		21 世纪初	103 477.495 9		

其他草本景观的分布范围在 20 世纪 80 年代是遍布整个杭锦旗，而到了 21 世纪初则主要分布在沿黄河一带和东南部。位于杭锦旗西部和沿黄河一带的原有分布区的面积有所减小，最明显的变化是中部偏西北地区在明沙或盐碱斑的包围之下的分布区大面积的消失，而在西南部有一些新的分布区出现。所以，总体上其他草本景观无论是分布范围还是分布面积都是减小的，南部的分布区变化不是

很大，北部的分布区变化最大（图 2.9、图 2.10）。

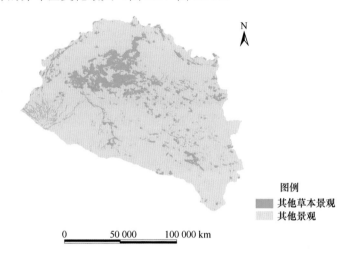

图 2.9　20 世纪 80 年代其他草本景观分布图

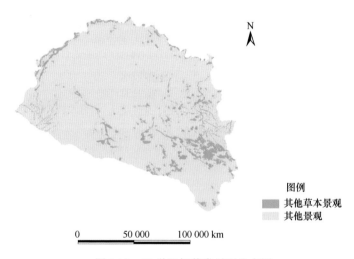

图 2.10　21 世纪初蒿类景观分布图

在其他草本景观中共包括 8 个草地型，其中属于温性典型草原的草地型有 6 个，属于温性荒漠草原的草地型有 2 个。面积增加最多的是寸草薹草地型，增加了 12 994.096 9 hm²，其次为芦苇草地型。而在变化率中，寸草薹草地型增加的比例最大，其次为薹草草地型。在该景观中占较大面积的两个草地型是属于温性荒漠草原的沙鞭、杂类草草地型和属于温性典型草原的拂子茅草地型，而也只有这两个草地型在近 20 年面积是减小的。沙鞭、杂类草草地型的面积减小的绝对值最大，共减小 103 027.480 4 hm²。拂子茅草地型减少的比例最大，为 77.6005%。在这些草地型中，新增加的草地型是属于温性典型草原的碱蒿草地型。沙鞭、杂类草的在 20 世纪 80 年代面积最大，虽然其减小的面积也是最大，但是现存草地面积仍然是最大的，该草地型属于温性荒漠草原，它的面积的减小对温性荒漠草原的影响也是十分重要的。

在二级景观类型中，只有其他草本景观类型的斑块形状指数是增加的，其增加值为 3.9481。这也更进一步说明，该景观类型现存的草地类型也处于不稳定状态，更加容易遭到破坏。对于该景观的 Shannon-Weaver 多样性指数，其值是增加的，且为最大，共增加 0.698；而其景观优势度则是在减小值中为最大；对应其景观均匀度是增加值为最大；该景观是二级景观中唯一一个景观破碎度增加的景观类型，与斑块性状指数共同说明该景观现存草地型处于不稳定状态。以上现象表明该景观处于缩减和不稳定状态。草本植物本身的稳定性就较差，所以这些草地型的变化对外界影响十分敏感，这一特性可以对生态环境的遭到破坏起到警示作用。

（五）其他（半）灌木景观动态

其他（半）灌木景观总体上面积增加了 7623.9457 hm²，为增加景观类型中增加值最小的景观类型；其面积增加的比例为 4.6741%，也是增加最小的。该景观的斑块数和最小斑块面积在近 20 年都是在减小的，其中最小斑块面积减小值在二级景观中居于第二位；最大斑块面积和平均斑块面积都是增加的，其中最大斑块面积的增加值是二级景观中最大的。这说明该景观的斑块虽然是斑块数减少了，但是各斑块的面积却是增大的，这说明现存的这些草地型较以前稳定。该景观中的草地型大多属于温性草原化荒漠，其生态环境较为恶劣。

如图 2.11 和图 2.12 所示，其他（半）灌木景观的分布范围是在扩大的。北部分布区变得更加集中；西部的分布区有一部分消失，但是有向中心扩张的趋势；中部及东南部地区有一些分布区消失或面积较小，但同时也有一些新的分布区出现。整体上该景观的分布范围有所扩大，分布面积有所增加。

其他（半）灌木景观中包括了 11 个草地型，其中属于温性典型草原的有 3 个草地型，属于温性荒漠草原的有 1 个草地型，属于温性草原化荒漠的有 6 个草地型，属于温性荒漠的有 1 个草地型（表 2.14）。从总体上看，面积增加最多的是四合木、绵刺草地型，共增加了 19 025.395 2 hm²；其次为沙冬青、白刺草地型，共增加了 15 274.315 4 hm²。变化率为正的最大值的草地型是属于温性草原化荒漠的红砂、珍珠、长叶红砂草地型，增加了 10 665.950 9%，其次为属于温性草原化荒漠的四合木、绵刺草地型。面积减小最多的是属于温性典型草原的白刺草地型，共减小了 18 498.360 1 hm²；其次为属于温性草原化荒漠的四合木、红砂草地型，共减小了 18 340.454 3 hm²。在变化率的增减中，属于温性草原化荒漠的红砂、黄

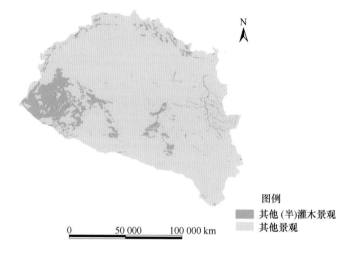

图 2.11　20 世纪 80 年代其他（半）灌木景观分布图

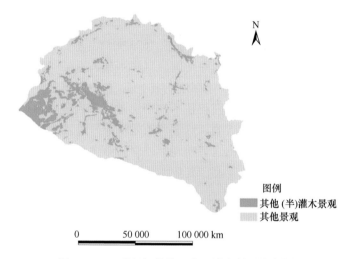

图 2.12　21 世纪初其他（半）灌木景观分布图

蒿草地型减小的比例最多，其次为属于温性典型草原的白刺草地型。在草地型的
变化中，属于温性荒漠草原的麻黄、黑沙蒿草地型和属于温性草原化荒漠的沙冬
青、白刺草地型都是新增加的草地型。

　　在该景观斑块形状指数的变化中出现斑块形状指数减小的现象，且其减小的
值在二级景观中位于首位，增加值为 17.7336，说明其他（半）灌木景观的稳定性
增加了。在其各景观指数的变化中，Shannon-Weaver 多样性指数是增加的，增加
了 0.2387，位于二级景观中的第二位；景观优势度是减小的，其减小的值是最小
的；对应的景观均匀度是增加的，其值也是最小的；景观破碎度是减小的，其减

表 2.14　杭锦旗其他（半）灌木景观面积变化

编号	斑块（草地型）	年代	面积/hm²	变化面积/hm²	变化率/%
ⅤA1	白刺	20 世纪 80 年代	27 704.777 4	−18 498.360 1	−66.7696
		21 世纪初	9206.4173		
ⅤA2	细枝盐爪爪、白刺、红砂	20 世纪 80 年代	5117.2275	−1006.6031	−19.6709
		21 世纪初	4110.6244		
ⅤA3	盐爪爪、碱蓬、白刺	20 世纪 80 年代	9098.0453	+13 437.694 4	+147.6987
		21 世纪初	22 535.739 7		
ⅤC4	麻黄、黑沙蒿	20 世纪 80 年代	—	+1987.9806	
		21 世纪初	1987.9806		
ⅤD5	霸王、沙冬青、黑沙蒿	20 世纪 80 年代	54 274.102 4	+3391.5523	+6.2489
		21 世纪初	57 665.654 7		
ⅤD6	红砂、黄蒿	20 世纪 80 年代	16 586.100 2	−12573.9195	−75.8100
		21 世纪初	4012.1807		
ⅤD7	红砂、珍珠、长叶红砂	20 世纪 80 年代	85.4856	+9117.8521	+10 665.950 9
		21 世纪初	9203.3377		
ⅤD8	四合木、红砂	20 世纪 80 年代	29 567.255 1	−18 340.454 3	−62.0296
		21 世纪初	11 226.800 7		
ⅤD9	四合木、绵刺	20 世纪 80 年代	3167.5589	+19 025.395 2	+600.6327
		21 世纪初	22 192.954 1		
ⅤD10	沙冬青、白刺	20 世纪 80 年代	—	+15 274.315 4	—
		21 世纪初	15 274.315 40		
ⅤE11	白刺、霸王	20 世纪 80 年代	17 510.575 5	−4191.5073	−23.9370
		21 世纪初	13 319.068 2		
Ⅴ	其他（半）灌木景观	20 世纪 80 年代	163 111.127 8	+7623.9457	+4.6741
		21 世纪初	170 735.073 5		

小的值在二级景观中位于第二位。无论从哪个角度分析，该景观的稳定性在近 20 年是增加的，整个景观处于向更稳定方向发展的阶段。

第四节　结论与讨论

一、结　论

（一）一级景观

通过对杭锦旗一级景观近 20 年的动态研究，发现农村居民地景观的面积有了大面积的增加，该景观在近 20 年侵占了大面积的天然草地。而作为人类居住地的城市景观面积也大幅增加，其变化比例为 603.7101%，是一级景观中面积增加比例最大的景观类型；面积减小比例最大的是水域景观。一级景观这样的发展趋势对草地景观的发展是十分不利的。

在草地景观中，增加比例最大的是温性草原化荒漠，增加了原来面积的50.3018%，其次为温性荒漠景观类型。在减小比例的景观类型中，温性荒漠草原的面积减小比例为23.8610%。温性荒漠草原是杭锦旗分布面积较大的草地类型，而且其生态环境也较前两者优越。草地景观内部这样的变化趋势，同样也表明杭锦旗的生态景观在近20年有恶化趋势。

对一级景观的分布动态进行分析，城市和农村居民地主要分布在中心偏南地区，其分布面积也是增加的。在杭锦旗的北部明沙分布地区，近20年分布在这里的草地景观在减少，明沙的面积在扩大，从整体来看，明沙在东南方向上的零星分布在减小，但是北部沙区在扩张，而且有向南推进的趋势。耕地主要分布在沿黄河地区和杭锦旗南部水分条件较好的地区，其分布面积在近年也是增加的。水域主要分布在沿黄河一带。一级景观主要集中在明沙或盐碱斑以及草地景观的变化上。

在草地景观中，低地草甸主要分布在沿黄河一带和中心偏西南地区，其分布在原来分布区的基础上有所缩小。温性典型草原在东部有大片分布，在南部温性荒漠草原区也有一些分布，面积有扩增的趋势。温性荒漠草原在杭锦旗分布范围最广，主要分布在明沙区以南大部地区，它是变化最为明显的草地景观，尤其是北部靠近明沙的地区有很多在21世纪初变成了明沙和温性草原化荒漠。温性草原化荒漠主要分布在杭锦旗的西部，分布面积也比较大，面积有扩增趋势。温性荒漠主要分布在明沙区和温性草原化荒漠区，在温性荒漠草原也有零星分布，分布面积在增大。一级景观在近20年都发生了变化，主要集中在温性荒漠草原和温性草原化荒漠上。

在一级景观中，斑块数增加的景观类型只有城市和农村居民地。一级景观中，斑块数减少最多的景观类型是草地景观，其次为明沙或盐碱斑景观。在斑块数大幅减少的同时，其最小斑块面积也在减小，而且从影像上看出是在原有位置上缩小。这表明草地景观的不稳定性增加了。而最大斑块面积和斑块平均面积都在增大，这表明在草地景观中有些草地型趋于扩大，整个草地景观中不稳定的斑块面积逐步减小或消失，存留的为面积较大的斑块类型。而对于明沙或盐碱斑景观而言，虽然该景观的斑块数减少，最小斑块面积减小，最大斑块面积增大，但是其平均斑块面积却是增大了，而且从总面积的变化上看也是增大的，近年该景观出现扩张的趋势，最小斑块就是其向外扩张过程中出现的，最大斑块面积的增加是由于原有分散斑块在扩张过程中逐渐相连成片，以至于明沙或盐碱斑景观的平均斑块面积大幅增加。

在草地景观中，斑块数增加的只有温性荒漠。在斑块数减少的景观中，温性荒漠草原的斑块数减少的最多。温性荒漠草原是杭锦旗主要的景观类型，也是该草原的主要组成部分，所以它的变化对整个景观组成具有很大的影响。在斑块数量减少的同时，温性荒漠草原斑块的最大和最小斑块的面积在缩小，但其斑块的平均斑块面积却是增大的，这说明荒漠草原各斑块之间面积的差异减小了，主要组成部分的斑块大小趋于集中化。经过近20年的变迁，面积小的斑块消失了，面积较大的缩小了，这表明温性荒漠草原在杭锦旗内的主导地位受到威胁。

生态环境恶劣的非草地景观面积的大幅增加以及草地景观面积的缩小充分表明杭锦旗生态环境的恶化。加之对草地存在十分重要的水域不仅斑块数减少，而且平均斑块面积也在缩小，说明当地的生态环境近年趋于干旱。

在一级景观形状指数的变化中，只有城市和农村居民地景观类型的形状指数是增加的；明沙或盐碱斑的景观形状指数减小最多。这表明明沙或盐碱斑不仅面积增大，而且处于稳定的状态。在草地景观中，温性典型草原和温性荒漠的性状指数是增加的，其中温性典型草原的形状指数增加的最多；而其余的自然景观的形状指数都是减小的，其中减小最多的是温性荒漠草原。无论在一级景观的水平还是在草地景观的水平上分析，都可以看出近20年草地景观受到侵害，杭锦旗的整个生态环境趋于恶化。

在一级景观的景观破碎度的变化中，只有农村居民地、水域的景观破碎度是增大的。破碎度减少最多的是城市景观；其次为草地景观，其变化趋势与其斑块平均面积的变化趋势一致。在草地景观中，破碎度增加的只有温性荒漠；破碎度减少最多的是温性典型草原，其次为温性荒漠草原。这说明经过近20年的变化现存的景观比较单一、均质和连续，一些较小的斑块消失了，使得剩下的斑块趋于一个相对稳定的状态，但如果继续破坏，当突破这个界限，这些景观将会处于极不稳定的状态，到时再进行恢复会非常困难。

一级景观20世纪80年代的Shannon-Weaver多样性指数比21世纪初的小，这与21世纪又多了一个农村居民地景观类型有较大关系，而且与各景观类型的面积差异性减小有关，同时也说明近20年杭锦旗一级景观的破碎化程度增大，不稳定性增加。草地景观20世纪80年代的Shannon-Weaver多样性指数小于21世纪初的指数，说明21世纪初草地景观的破碎化程度增高，不定性的信息含量增大，草地景观趋于不稳定。

一级景观20世纪80年代的景观优势度比21世纪初的小，说明近20年杭锦旗境内的各景观类型所占的比例差异增大，这表明几个主要的景观类型的主导地位发生变化。该现象与明沙或盐碱斑景观面积增大而草地面积缩小有关，整个景观处于脆弱的状态，更加容易遭到破坏。草地景观20世纪80年代的景观优势度比21世纪初的大，说明草地景观中各草地类型所占比例差异减小，这与温性荒漠草原面积的缩小以及温性草原化荒漠和温性荒漠面积的增大有关。

一级景观 20 世纪 80 年代的均匀度比 21 世纪初的大,与优势度所体现出的特征是一致的,同样说明了几个主要的景观类型的主导地位发生变化,各景观之间的面积差异增大了。草地景观 20 世纪 80 年代的均匀度比 21 世纪初的小,与一级景观的变化趋势相反。

在一级景观的水平上,从面积、分布区域、景观动态等方面全面分析杭锦旗境内景观近 20 年的变化情况,发现草地景观是逐渐减小的,在草地景观内部各草地景观类型发生了不同的变化。但是无论从哪个角度分析,草地景观在近 20 年是不断退化的,所以加大对草地的保护力度十分必要。

(二)二级景观

在二级景观水平上,面积增大的景观类型有锦鸡儿景观和其他(半)灌木景观,面积缩小的景观类型有针茅景观、蒿类景观和其他草本景观。其中,锦鸡儿景观的面积增大的绝对值最大,其相对增加的比例也是最大的。这些锦鸡儿大多是分布在温性荒漠草原和温性草原化荒漠的景观,它们的生境大多比较干旱。而另一个面积增大的景观为其他(半)灌木景观,该景观中包含的植物以分布于温性草原化荒漠居多,还包括一些分布在盐化草甸的(半)灌木植物。在二级景观中,面积有所增加的景观大多是分布在干旱和盐化地区的景观类型。

在面积减小的景观类型中,减少绝对面积最大的是其他草本景观,其减小的相对比例也最大。这些草本景观大多是分布在低地草甸的景观类型,其生存环境都是比较湿润的地区,水分条件较好,这部分植物分布面积的大面积减小与干旱等有十分重要的关系。

在二级景观中,斑块数都是减少的,其中蒿类景观减少的最多。对于锦鸡儿景观而言,虽然斑块数是减少了,但是景观的总面积却是增加的,所以,该景观的斑块之间有相连成片的趋势,这对于锦鸡儿景观的发展是有利的。在最小斑块面积的变化中,只有针茅景观的最小斑块面积是增大的,其余景观类型的最小斑块面积都是减小的,这说明一些小的斑块消失了,一般来说小斑块比较容易受到环境的影响而消失。而在最大斑块的变化中,只有其他草本景观的最大斑块面积是减少的,其余都是增大的。其他草本景观不仅总面积缩小,而且最小和最大斑块面积也是减小的,这说明该景观在近 20 年发生了较大的变化,确实有了大面积的减少,就是在平均斑块面积的变化中,也只有该景观类型是减小的。在平均斑块面积增大的景观类型中,锦鸡儿景观的平均斑块面积增加的最多。这说明经过近 20 年的变化,这些景观所存留下来的斑块都是较为稳定、面积较大的斑块,这也符合景观消退变化过程的一般规律。

在二级景观的形状指数变化中,只有其他草本景观的形状指数是增大的,其他景观都是减小的，其中其他（半）灌木景观的斑块形状指数减小的最多。其他（半）灌木景观和锦鸡儿景观不仅总面积增大，而且其斑块形状指数也在增大，说明这两个景观类型在变化中趋于稳定。

在二级景观中，只有针茅景观的 Shannon-Weaver 多样性指数是减小的，其余景观的 Shannon-Weaver 多样性指数都是增加的，其中其他草本景观的 Shannon-Weaver 多样性指数增加的最多。针茅景观的 Shannon-Weaver 多样性指数减小与各景观斑块之间的面积差异增大有关。其他草本景观的 Shannon-Weaver 多样性指数的增加和 21 世纪初增加了碱蒿以及各斑块的面积差异减小有关。

二级景观的景观优势度变化中，针茅景观和锦鸡儿景观的景观优势度是增加的，其余景观类型的优势度是减小的，对应着针茅景观和锦鸡儿景观的景观均匀度是减小的，其余景观的景观指数是增加的。其中，景观优势度减小最多的是其他草本景观，对应的景观均匀度增大最多的也是其他草本景观。景观优势度增大最多的是针茅景观，对应的景观均匀度减小最多的也是针茅景观。

二级景观的景观破碎度只有其他草本景观是增加的，其余景观都是减小的，其中蒿类景观的景观破碎度减小的最多。经过近 20 年的变化，一些较小的斑块消失，一些较大的斑块面积缩小，相对的斑块的稳定性增加，景观破碎度减小。

（三）二级景观下各斑块

在二级景观所包含的各斑块中，针茅景观包括分别属于温性典型草原和温性荒漠草原的 5 个草地型。属于温性典型草原的本氏针茅、百里香、糙隐子草草地型面积变化的绝对值最大，属于温性荒漠草原的克氏针茅、冷蒿、亚菊草地型的面积变化比例最大。

锦鸡儿景观中包括了温性典型草原、温性荒漠草原和温性草原化荒漠三种草地类，共 22 个草地型。属于温性草原化荒漠的藏锦鸡儿、驼绒藜草地型的面积变化的绝对值为最大，面积变化比例最大的是属于温性荒漠草原的狭叶锦鸡儿、黑沙蒿草地型。

组成蒿类景观的草地型包括 12 个草地型，其中属于温性典型草原的有 2 个草地型，属于温性荒漠草原的有 8 个草地型，属于温性荒漠的草地型有 2 个。其中，面积变化绝对值最大的是属于温性荒漠草原的黑沙蒿、沙鞭草地型，而变化比例最大的是属于温性典型草原的黑沙蒿草地型。

在其他草本景观中共包括 8 个草地型，其中属于温性典型草原的草地型有 6 个，属于温性荒漠草原的草地型有 2 个。面积变化绝对值最大的是属于低地草甸草原的拂子茅草地型，而面积变化比例最大的是属于低地草甸草原的寸草薹草地型。

其他（半）灌木景观中包括 11 个草地型，其中属于温性典型草原的有 3 个草地型，属于温性荒漠草原的有 1 个草地型，属于温性草原化荒漠的有 6 个草地型，属于温性荒漠的有 1 个草地型。面积变化绝对值最大的是属于温性草原化荒漠的四合木、绵刺草地型，面积变化比例最大的是属于温性草原化荒漠的红砂、珍珠、长叶红砂草地型。

通过对杭锦旗 20 世纪 80 年代和 21 世纪初的景观进行分析，无论是从草地类的一级景观分析还是从草地型的水平分析，都表现出占据杭锦旗主要地位的温性荒漠草原发生了较大面积的退化。杭锦旗境内的植被由生境较好的植被类型向生境恶化的植被类型转变，由对生态破坏敏感的草本植物类型向（半）灌木类型转化。整体上杭锦旗的生态环境出现破坏现象，局部有好转的趋势。说明杭锦旗的草原治理工作有了一定的成效，但今后的草原治理工作任务还很重。

二、讨　论

本文在进行景观动态分析的过程中，根据草地学和景观生态学的理论对杭锦旗的景观进行研究，利用 GIS 软件处理遥感影像对 20 世纪 80 年代和 21 世纪初的草地景观进行研究，从宏观上讨论了杭锦旗景观在近 20 年的变化，这样克服了人不易到达地域而不能获取数据的困难。

在一级景观水平上，本文选择了以草地作为参照对象与非草地的景观类型进行比较。为了更能够说明不同草地类的变化，更好地体现草地类型的变化，又将草地细分为不同的草地类进行分析。这样的分析可以从整体上表现出草地与非草地景观之间的变化情况。在二级景观的水平上，以各草地型的优势植物作为景观分类的依据，将优势植物相同的草地型归为一类，再按照草地型所属草地类进行分析，这样既考虑到了植物的因素，也顾及到了土壤类型的因素，使问题得到更加全面的分析。

参 考 文 献

布仁仓, 王宪礼, 肖笃宁. 1999. 黄河三角洲景观组分判定与景观破碎化分析. 应用生态学报, 10(3): 321–324.

陈利顶, 刘雪华, 傅伯杰. 1999. 卧龙自然保护区大熊猫生境破碎化研究. 生态学报, 19(3): 291–297.

陈全功, 卫亚星, 梁天刚. 1998. NOAA/AVHRR 资料用于草原监测的研究. 中国农业资源与区划, 5: 29–33.

陈全功, 卫亚星, 梁天刚, 等. 1994. 遥感技术在草地资源管理上的应用进展. 国外畜牧学–草原与牧草, (1): 1–12.

傅伯杰. 1995. 景观多样性分析及其制图研究. 生态学报, 15(4): 345–350.

傅伯杰, 刘国华, 孟庆华. 2000. 中国西部生态区划及其区域发展对策. 干旱区地理, 23(4): 289–297.

高琼, 李建东, 郑慧莹. 1996. 碱化草地景观动态及其对气候变化的响应与多样性和空间格局的关系. 植物学报, 38(1): 18–30.

何念鹏, 周道玮, 吴泠, 等. 2001. 人为干扰强度对村级景观破碎度的影响. 应用生态学报, 12(6): 897–899.

侯扶江, 沈禹颖. 1999. 临泽盐渍化草地景观空间格局的初步分析. 草地学报, (4): 263–270.

靳瑰丽, 安沙舟, 孟林. 2005. 昭苏县草地资源景观格局现状分析与评价. 草地学报, 13(增刊): 32-36.

李博. 1997. 中国北方草地退化及其防治对策. 中国农业科学, 30(6): 1–9.

李博, 史培军, 林小泉. 1993. 中国温带草地草畜平衡动态监测系统的研究. 干旱区资源与环境, 7(3): 269-274.

李聪, 肖继东, 宫恒瑞, 等. 2005. MODIS 数据在乌鲁木齐地区植被景观动态监测中的应用. 新疆气象, 28(3): 27–29.

李春晖, 杨志峰, 郭乔羽. 2003. 黄河拉西瓦水电站建设对区域景观格局的影响. 安全与环境学报, 3(2): 27–31.

李景平. 2007. 苏尼特荒漠草原景观动态研究. 北京: 中国农业科学院硕士论文.

李树楷. 1992. 关于遥感发展动向的几点见解. 遥感技术与应用, 7(3): 42–48.

李正国, 王仰麟, 张小飞, 等. 2005. 陕北黄土高原景观破碎化的时空动态研究. 应用生态学报, 16(11): 2066–2070.

刘钟龄, 王炜, 郝敦元, 等. 2002. 内蒙古草原退化与恢复演替机理的探讨. 干旱区资源与环境, 16(1): 84–91.

刘桂香. 2003. 基于 3S 技术的锡林郭勒草原时空动态研究. 呼和浩特: 内蒙古农业大学博士论文.

刘惠明, 林伟强, 张璐. 2004. 景观动态研究概述. 广东林业科技, 20(1): 67-70.

刘红玉, 张世奎, 吕宪国. 2002. 20 世纪 80 年代以来挠力河流域湿地景观变化过程研究. 自然资源学报, 17(6): 698–705.

卢玲. 1999. 黑河流域景观结构与景观变化研究. 北京: 中国科学院硕士论文.

吕辉红, 王文杰, 谢炳庚. 2001. 晋陕蒙接壤区典型生态过渡带景观变化遥感研究. 环境科学研究, 14(6): 50–53.

马安青, 陈东景, 王建华, 等. 2002. 基于 RS 与 GIS 的陇东黄土高原土地景观格局变化研究. 水土保持学报, 16(3): 6–59.

全志杰, 黄林, 李元科, 等. 1997. 子午岭森林景观格局动态遥感与预测. 陕西林业科技, 1: 39–43.

全志杰, 黄林, 毛晓利, 等. 1997. 基于 GIS 支持下土地景观空间格局动态遥感研究. 干旱地区农业研究, 15(4): 93–98.

苏大学. 1996. 1∶1 000 000 中国草地资源图的编制与研究. 自然资源学报, 11(1): 75–83.

田育红, 刘鸿雁. 2003. 草地景观生态研究的几个热点问题及其进展. 应用生态学报, 14(3): 427–433.

仝川, 杨景荣, 雍伟义. 2002. 锡林河流域草原植被退化空间格局分析. 自然资源学报, 17(5): 571–578.

王辉, 徐向宏, 徐当会, 等. 2003. 河西走廊荒漠化地区景观格局的动态变化. 中国水土保持科学, 1(2): 42–46.

王晓燕, 徐志高, 杨明义, 等. 2004. 黄土高原小流域景观多样性动态分析. 应用生态学报, 15(2): 273–277.

邬建国. 2000. 景观生态学概念与理论. 生态学杂志, 19(1): 42–52.

邬建国. 2007. 景观生态学——格局、过程、尺度与等级. (第 2 版). 北京: 高等教育出版社.

乌云娜. 1997. 锡林郭勒草原景观多样性的空间变化. 内蒙古大学学报(自然科学版), 28(5): 707–714.

肖笃宁. 2003. 生态脆弱区的生态重建与景观规划. 中国沙漠, 23(3): 6–11.

谢高地, 甄霖, 杨丽, 等. 2005. 泾河流域景观稳定性与类型转换机制. 应用生态学报, 16(9): 1693–1698.

朱进忠. 1995. 遥感技术在草地资源动态研究中的应用. 遥感信息, 3: 27–30.

张自学. 2000. 内蒙古生态环境状况及生态环境受破坏原因. 内蒙古环境保护, 12(2): 30–36.

张学俭, 冯锐. 2006. 近 10 年宁夏盐池县生态景观格局动态变化研究. 宁夏大学学报(自然科学版), 27(4): 369–372.

郑莉, 李治江, 张剑清, 等. 2004. 彩色遥感影像的色彩匹配. 测绘信息与工程, 29(3): 29–31.

邬建国. 1996. 生态学范式变迁综论. 生态学报, 16(5): 449–459.

Entwisle B, Walsh S J, Rindfuss R R, et al. 1998. Land-use/land-cover and population dynamics, Nangrong, Thailand. In: Liverman D, Moran E F, Rindfuss R R, eds. People and Pixels: Linking Remote Sensing and Social Science. Washington, DC: National Academy Press. 121–144.

Forman R T T, Godron M. 1986. Landscape Ecology. New York: John Wiley and Sons.

Li B. 1993. Dynamic Monitoring of stockbreeding in the grassland in northern China. Beijing: China agricultural science and technology press.

Körner K, Jeltsch F. 2008. Detecting general plant functional type responses in fragmented landscapes using spatially-explicit simulations. Ecological Modelling, 210(3): 287–300.

Nagendra H, Southworth J, Tucker C M. 2003. Accessibility aside determinant of landscape transformation in western Honduras: Linking pattern and process. Landscape Ecology, 18(2): 141–158.

Piekett S T A, White P S, et al. 1985. The Ecology of Natural Disturbance and Patch Dynamics. Academic Press, 230(4724): 434–435.

Piekett S T A and McDonnell M J. 1990. Changing perspectives in community dynamics: a reply to waters. TREE, 5: 123–124.

Pausas J G. 2006. Simulating Mediterranean landscape pattern and vegetation dynamics under different fire regimes. Plant Ecology, 187(2): 249–259.

Southworth J, Nagendra H, Tucker C M. 2002. Fragmentation of a landscape: Incorporating landscape metrics into satellite analyses of landcover change. Landscape Research, 27: 253–269.

Thielen D R, San José J J. Montes R A, et al. 2008. Assessment of land use changes on woody cover and landscape fragmentation in the Orinoco savannas using fractal distributions. Ecological Indicators, 8(3): 224–238.

Wu, J. 1992. Balance of Nature and environmental protection: a paradigm shift. In: proceeding 4th international conference. Asia Experts, Portland State University, Portland. 22.

Wu J and Loucks O L. 1995. Form balance of nature hierarchical patch dynamics: a paradigm shift in ecology. Quarterly Review of Biology, 70: 439–446.

Wickham J D, O'Neill R V, Jones K B. 2000. Forest fragmentation as an economic indicator. Landscape Ecologist, 15: 171–179.

第三章　基于 TM 影像的内蒙古达茂旗
草地景观格局动态分析

一、引　言

景观生态学是地理学和生物学之间的交叉学科，它以景观为对象，研究景观的空间结构、内部功能、时间与空间的相互关系及时空模型的建立（胡巍巍等，2008）。近年来，随着景观结构定量化方法不断取得新进展，在 GIS 和 RS 的技术支撑下对景观格局动态变化进行大尺度生态监测和建模研究成为景观生态学的热点，可以说遥感和 GIS 发展及其在景观生态学中的广泛应用为景观空间分析提供了"空间手段"（李景平等，2006）。由于景观变化难以控制和实验，国外研究者通常采用在计算机上进行模拟研究的方法。我国学者也对景观格局空间分析开展了许多研究，其内容涉及农业景观、森林景观、湿地景观、沙漠景观、草地景观和城市景观等的格局与动态变化。景观格局的静态和动态研究通常借助各种格局指数的设计和分析来实现，以 Fragstats 为代表的景观格局指数计算软件也不断涌现，大大推动了景观格局研究的发展（彭建等，2006）。达茂旗草原处于欧亚大陆草原带的东部，是西北干旱区向东北湿润区和华北旱作农业区的过渡地带。达茂旗草原是荒漠草原的主要分布区之一，在当地的畜牧业生产、生态安全及社会经济中发挥着十分重要的作用。本文以达茂旗草地景观为研究对象，通过对不同年代多波段 TM 图像的处理和分析，实现了对该地区草地资源的提取，结合遥感、GIS 和景观格局分析，分析该草地景观格局的动态变化。

二、研究区概况及研究方法

（一）研究区概况

达茂旗位于内蒙古自治区的中部，地处 109°16′～111°25′E、41°20′～42°40′N，隶属于包头市，人口 11 万。全旗南北长约 160 km，东西宽约 150 km，面积约 17 410 km²。海拔 1072～1828 m，属中温带半干旱大陆性季风气候，≥10 ℃积温在 2500 ℃ 以上，日照时数长，蒸发量大，风大沙多，降雨量少。本区主要土壤类型为栗钙土和棕钙土，草地属于欧亚大陆草原区，多为温带干旱半干旱气候条件下发育起来的多年生草本植被类型，是以戈壁针茅为建群种的荒漠草原植被，主要植物有针茅、冷蒿、糙隐子草、冰草、羊草等。草地植被的群落结构简单，草层低矮、稀疏，多为单层结构，群落的数量特征普遍偏低。

（二）研究方法

1. 数据来源及技术路线

选取内蒙古达茂旗为研究区域，采用的遥感资料为 1988 年和 2002 年盛草期该地区 TM1～TM7 波段影像数据，并选用 1∶50 000 地形图。使用的主要软件有遥感软件（ERDAS 和 PCI）、地理信息系统软件（ArcView）和景观格局分析软件（FRAG-STATS 3.3），采用的技术路线如图 3.1 所示。

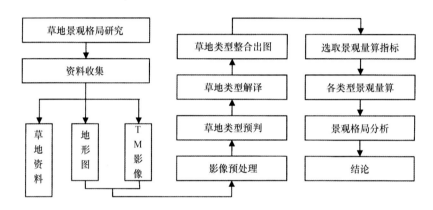

图 3.1　技术路线示意图

2. 草地格局遥感解译

对 1988 年和 2002 年达茂旗盛草期 TM 影像进行预处理，包括几何精度校正、截取研究区、获取并分析原始波段遥感数据基本信息及研究区域的草地信息等。利用不同景观光谱反射在 TM 影像上的差异，即图斑色调的深浅、形状差异和地理分布（陈文波等，2002），确定各种景观类型的目视解译标志，并结合实地调查划分以草地类型为主的达茂旗景观类型。将研究区划分成 18 类景观类型（表 3.1），其中非草地景观有城市、水域、工矿用地、沙地和耕地林地，草地景观有 13 类。最后对解译结果随机抽样进行野外精度检验，以确保结果满足研究的需要（李书娟和曾辉，2002）。

表 3.1　内蒙古达茂旗景观分类体系

一级景观	二级景观（草原）	三级景观（荒漠草原）
城市	盐化草甸	冷蒿景观
水域	低湿地草甸	针茅景观
耕地、林地	沼泽化草甸	多根葱景观
工厂、矿区	山地草原	锦鸡儿景观
明沙、盐碱地	平原丘陵荒漠草原	女蒿景观
草地	荒漠化草原	其他景观

3. 景观结构分析

以草地类型作为景观分类的基本单元，根据景观格局研究的特点制作景观分布图，然后利用数学方法分析景观格局。在进行景观格局指标计算时，在景观级别和斑块类型级别下选用景观类型比例、斑块个数、最大斑块占景观面积比例、景观形状指数、景观多样性指数和均匀度指数等指数进行分析。

（1）景观面积（TA）

TA 等于一个景观的总面积，除以 10 000 后由单位平方米（m^2）转化为 hm^2。

（2）斑块类型面积（CA）

CA 等于某一斑块类型中所有斑块的面积之和，除以 10000 后由单位平方米（m^2）转化为 hm^2，即某斑块类型的总面积。

（3）斑块所占景观面积的比例（PLAND%）

PLAND%是某一斑块类型的总面积占整个景观面积的比例。

（4）斑块个数（NP）

NP 在类型级别上等于景观中某一斑块类型的斑块总个数；在景观级别上等于景观中所有的斑块总数。NP 的大小与景观的破碎度有很好的正相关性。

（5）最大斑块所占景观面积的比例（LPI）

LPI 等于某一斑块类型中的最大斑块占据整个景观面积的比例，它有助于确定景观的模地或优势类型等，范围为 0<LPI≤100%。

（6）景观形状指数（LSI）

$$LSI = P/2\pi A \text{（以圆为参考几何形状）} \tag{3.1}$$

式中，P 为斑块的周长（m）；A 为斑块的面积（m^2）。LSI 表示斑块与圆形的偏离程度，当斑块为圆时 LSI 等于 1，LSI 越大表示斑块形状越复杂或越扁。

（7）景观多样性指数

选用 Shannon-Weiner 多样性指数

$$H = -\sum_{i=1}^{m}(P_i)\log_2(P_i) \qquad (3.2)$$

式中，P_i 为第 i 类景观类型所占的面积比例；m 为景观类型的数目。H 值的大小反映景观要素的多少和各景观类型要素所占比例的变化。

（8）均匀度指数

选用 Shannon-Weiner 多样性指数计算均匀度（E）

$$E = H/H_{max} \qquad (3.3)$$

式中，E 为均匀度（百分数）；H_{max} 是最大多样性指数。均匀度值越大，表明景观各组成成分分配越均匀。

三、结果与分析

（一）达茂旗景观格局总体分析

1988 年、2002 年达茂旗景观格局见图 3.2。

将 1988 年、2002 年景观类型矢量图在 ArcView 环境下转成 Grid 数据，利用 FRAGSTATS 软件导入栅格数据进行统计分析，结果见表 3.2。

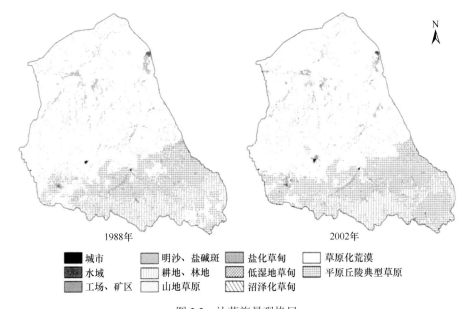

图 3.2　达茂旗景观格局

由 1988 年和 2002 年景观类型所占比例（图 3.3）看出，达茂旗草地景观构成主要以平原丘陵荒漠草原为主体，耕地林地和荒漠化草原也占有较大比例。

所占比例最小的是非草地景观（如城市、工矿用地等）。与 20 世纪 80 年代相比，草地面积在减少，由 1 610 652.851 hm^2 减少到 1 601 022.564 hm^2，面积减少幅度最明显的草地为冷蒿草原和盐化草甸，荒漠化草原明显增加，其他景观类型变化不明显。

表 3.2 达茂旗景观类型数量分布情况

景观类型	周长/m		面积/hm^2		斑块所占景观面积的比例/%	
	1988 年	2002 年	1988 年	2002 年	1988 年	2002 年
城市	24 919.944	21 641.004 0	946.1274	780.5551	0.0528	0.0436
水域	89 842.956	222 180.974	2752.3706	5916.9966	0.1536	0.3138
工厂矿区等	39 347.280	51 938.409 6	1462.1969	1873.3322	0.0816	0.1046
耕地林地等	4 404 272.208	3 692 676.64	174 861.542	10 8464.336	9.7609	10.0755
明沙或盐碱斑	38 035.704	54 823.876 8	774.1042	1352.9622	0.0432	0.0755
山地草原	42 512.17	32 022.13	300.12	287.50	0.01	0.01
盐化草甸	2 828 413.644	2 366 083.10	71 131.576 8	59 166.075 8	3.9706	3.3033
低湿地草甸	2 572 656.324	2 143 180.76	49 026.600 7	48 810.711 6	2.7367	2.7252
沼泽化草甸	178 374.336	85 121.28 24	5203.7006	2445.7393	0.2905	0.1365
平原丘陵荒漠草原	5 111 867.460	4 069 230.11	367 097.424	419 366.231	20.4916	32.4137
荒漠化草原	2 349 032.616	2 369 689.93	182 516.573	188 321.924	10.1882	10.5142
多根葱草原	778 420.356 0	927 677.704	39 393.303 7	72 695.697 4	2.199	4.0587
针茅草原	6 521 811.660	6 244 872.38	582 255.392	557 524.482	32.5019	31.1273
冷蒿草原	2 072 945.868	1 431 191.73	99 472.3925	66 139.034 6	5.5526	3.6926
锦鸡儿草原	2 737 914.900	2 454 089.85	190 988.713	172 762.86	10.6611	9.6456
大苞鸢尾、沙生针茅	186 899.580	37 511.073 6	15 654.1076	1613.1472	0.8738	0.0901
刺叶柄棘豆、石生针茅	44 593.584 0	64 923.012 0	2107.2837	3382.4054	0.1176	0.1888

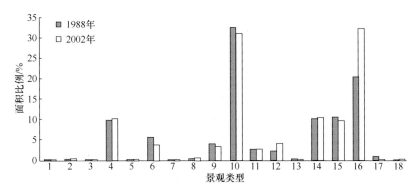

图 3.3 各类型景观面积比例

1—城市；2—水域；3—工厂矿区等；4—耕地林地等；5—明沙、盐碱斑；6—冷蒿草原；7—山地草原；8—女蒿草原；9—盐化草甸；10—针茅草原；11—低湿地草甸；12—多根葱草原；13—沼泽化草甸；14—荒漠化草原；15—锦鸡儿草原；16—平原丘陵典型草原；17—大苞鸢尾、沙生针茅；18—刺叶柄棘豆、石生针茅

（二）达茂旗草地景观尺度上的景观格局分析

对达茂旗景观尺度上的景观格局分析主要利用 FRAGSTATS 软件进行，计算结果（表 3.3）表明，与 1988 年相比，2002 年景观斑块数量减少，破碎度降低，连通性降低，斑块形状更加规则，最大斑块占总面积比例变化不大。最大斑块为针茅草原，说明针茅草原是达茂旗的主要植被之一。达茂旗整体区域形状指数降低，景观形状较 1988 年时规则，景观多样性、均匀度变化不明显，景观类型分布呈比较均匀的分散。

表 3.3　达茂旗景观尺度上的指标数据

年度	景观面积/hm²	斑块数量	最大板块占总面积比例/%	景观形状指数	景观多样性指数	均匀度指数
1988	1 791 449.199 0	2250	25.9314	29.5562	1.9681	0.6809
2002	1 791 113.747 0	1840	25.1017	26.0806	1.9474	0.6738

（三）达茂旗草地类型斑块尺度上的景观格局分析

斑块数的大小与景观的破碎度有很好的正相关性，一般规律是 NP 大破碎度高，NP 小破碎度低。通过对比景观斑块数的数量值推断出：林地耕地、盐化草甸、低湿地草甸、锦鸡儿草原等破碎度较高，表示受人为干扰比较多。通过比较 1988 年、2002 年景观指数的变化可以发现，多数景观类型斑块减少，其中水域、低湿地草甸、荒漠化草原、平原丘陵荒漠草原的斑块数减少明显，破碎度降低，斑块分布更加集中。大多数景观类型斑块的数量比例与面积比例基本一致，说明整个研究区斑块大小比较均匀。针茅景观的斑块数量比例与面积比例不一致，这是由于达茂旗分布面积最大的景观为针茅草原，其斑块面积大，分布广，且连续一致。

由图 3.4 可看出绝大部分景观斑块分布较破碎，而平原丘陵荒漠草原分布比较整体化。由两年统计数据对比可知，平原丘陵荒漠草原的最大斑块所占比例增加明显，结合其斑块数量减少明显，说明平原丘陵荒漠草原分布趋于整体化。大苞鸢尾、沙生针茅最大斑块占总面积比例降低明显，与其面积减少明显相印证。

由景观形状指数看出多数草地类型景观的斑块形状不规则，其中盐化草甸、低湿地草甸、耕地林地等的景观形状指数最大（表 3.4），说明这几种景观类型的形状异质性较大。同时，从景观分布图上也可以看出这些景观的形状比较复杂，而针茅草地锦鸡儿草地景观形状指数不同程度降低，斑块形状趋于规则。

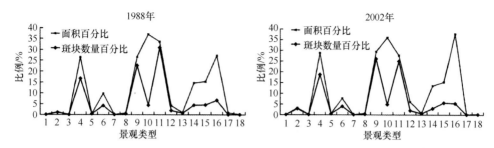

图 3.4　斑块面积比例与斑块数量比例之间的关系

1—城市；2—水域；3—工厂矿区；4—耕地林地；5—明沙盐碱地；6—冷蒿草原；7—山地草原；8—女蒿草原；
9—盐化草甸；10—针茅草原；11—低湿地草甸；12—多根葱草原；13—沼泽化草甸；14—荒漠化草原；
15—锦鸡儿草原；16—平原丘陵典型草原；17—大苞鸢尾、沙生针茅；18—刺叶柄棘豆、石生针茅

表 3.4　达茂旗景观类型尺度上的指标

景观类型	斑块个数		最大斑块占景观面积比例/%		景观形状指数	
	1988	2002	1988	2002	1988	2002
城　市	2	2	0.0384	0.0291	1.9000	1.8750
水　域	25	54	0.0696	0.0523	4.3125	7.3810
工厂、矿区等	2	3	0.0768	0.0988	2.5000	3.0000
林地、耕地等	376	345	6.7529	6.1563	27.2656	22.7563
明沙或盐碱地	11	11	0.0192	0.0232	3.2222	3.6364
盐化草甸	510	481	0.2449	0.1830	26.4878	24.3382
低湿地草甸	694	460	0.0336	0.0988	29.2059	24.2309
沼泽化草甸	18	12	0.0624	0.0349	6.1818	4.3571
平原丘陵荒漠草原	151	98	16.3962	20.6363	21.7405	16.5222
山地草原	2	2	0.0072	0.0058	1.8000	1.7500
荒漠化草原	100	55	5.0749	4.8722	14.1756	14.1488
针茅草原	99	90	25.9314	25.1017	21.9871	21.3942
冷蒿草原	95	74	0.7586	0.8454	16.7320	14.0139
女蒿草原	11	5	0.1272	0.3225	3.8261	4.0385
锦鸡儿草原	103	104	3.4137	2.6961	15.6493	14.6897
多根葱草原	45	38	0.8882	1.0169	0.9344	9.0667
大苞鸢尾、沙生针茅	3	2	0.5617	0.0872	4.3077	2.1667
刺叶柄棘豆、石生针茅	4	4	0.1128	0.1482	2.4286	2.6471

四、结　论

从景观现状分析结果看，达茂旗人口居住地很少，以草地为主体。其中，平原丘陵荒漠草原的针茅草原分布面积最大，主要分布在北部农田、林地等人工植

被面积很小，主要分布在研究区的南部。

绝大部分景观类型的斑块数量，斑块破碎，景观类型的形状指数差异甚大，盐化草甸低湿地草甸耕地林地等的形状指数最大，说明达茂旗景观异质性强，景观结构复杂。

与 1988 年相比，2002 年研究区草地景观面积减少，耕地林地及水域面积也明显减少，荒漠化草原明显增加。景观斑块数量减少，破碎度降低，整体区域形状指数降低。草地景观形状指数都有不同程度降低，斑块形状趋于规则。多样性、均匀度变化不明显，景观类型分布比较均匀。最大斑块占总面积的比例变化不明显，其植被类型为针茅草原，说明针茅草原是研究地区的主要植被。

参 考 文 献

陈文波, 肖笃宁, 李秀珍. 2002. 景观空间分析的特征和主要内容. 生态学报, 22(7): 1135–1142.

胡巍巍, 王根绪, 邓伟. 2008. 景观格局与生态过程相互关系研究进展. 地理科学进展, 27(1): 18–27.

李景平, 刘桂香, 马治华, 等. 2006. 荒漠草原景观格局分析——以苏尼特右旗荒漠草原为例. 中国草地学报, 28(5): 81–85.

李书娟, 曾辉. 2002. 遥感技术在景观生态学研究中的应用. 遥感学报, 6(3): 233–240.

彭建, 王仰麟, 张源, 等. 2006. 土地利用分类景观格局指数的影响. 地理学报, 61(2): 157–168.

第四章 内蒙古荒漠草原生态环境质量评价研究

第一节 引 言

一、研究意义和目的

　　草地植被是我国最重要的植被类型之一，是重要的可更新资源和畜牧业的原料基地，是地球上面积最大的绿色屏障，对于人类的生存和发展起着重要的作用。我国草地资源有 4 亿 hm² 有余（草原近 3 亿 hm²，草山草坡 1 亿 hm² 有余），是耕地面积的 3 倍多，约占农用土地资源的一半，在我国国民经济发展中有着不可替代的作用。但草地生产力下降、生态环境恶化等问题已经严重制约我国畜牧业的生产发展，同时也对人民的生存环境构成威胁，是我国当今急需解决的问题，其中面积广阔的荒漠草原区的问题最为紧迫。

　　我国的温性荒漠草原地处干旱、半干旱地带，具强烈的大陆性气候特点，常年受蒙古高压气团控制，海洋季风影响很小，干旱少雨、风大、沙多，生境条件极为严酷，是生态系统极其脆弱的草原地带。加之长期以来，人类对该地区草原资源的掠夺性利用，对草地生态环境的大肆破坏，使原本脆弱的生态环境更加恶化。特别是近 20 年来，生态环境的承载能力越来越低，草原退化日趋严重、荒漠化面积不断扩大，草原景观日趋破碎，植被盖度、密度及植物多样性明显下降，沙尘暴猖獗、土壤侵蚀严重、水源分布逐年减少。这些都是严重制约该地区乃至我国畜牧业生产稳定发展的重要因素，同时也对我国北方人民的生存环境构成严重威胁（中华人民共和国农业部畜牧兽医司，1996）。

　　温性荒漠草原类是发育在温带干旱地区，分布于温性典型草原带往西的狭长区域内，东西跨经度 39°（75°～114°E），长约 4920 km，南北跨度 10°（37°～47°N）。包括的行政区域有内蒙古自治区中西部、宁夏回族自治区北部、甘肃省中部、青海省东北部、新疆维吾尔自治区全境山地以及西藏自治区南部山地的部分地段。总面积约 1.9×10^7 hm²，可利用面积 1.8×10^7 hm²，分别占全国草原总面积和可利用面积的 4.82% 和 5.15%（中华人民共和国农业部畜牧兽医司，1996）。温性荒漠草原包括三个亚类，即平原、丘陵荒漠草原亚类，山地荒漠草原亚类和沙地荒漠草原亚类。分布在内蒙古高平原、黄土高原石质低山丘陵的温性荒漠草原属于水平地带性草地类型，位于温带典型草原的西侧，呈东北—西南走向。往西进入荒漠区各山地的温性荒漠草原是构成山地垂直带谱的主要类型之一，位于温性山地草原带之下，形成了荒漠草原带。

温性荒漠草原是中温型草原带中最干旱的一类。由于直接接受蒙古高压气团的支配。气候处于干旱和半干旱区的边缘地带，它与典型草原相比具有强烈的大陆性特点。但是，受东南方吹来的微弱海洋季风湿润气团的影响，也能形成一定的降雨量，降水量平均 150～250（300）mm，年内降水分配不均，60%～70%集中在 7～9 月份。干燥度达 2.5～3 以上。在此地带水热组成的特点是：由东北向西南水分递减、热量递增。年均气温约 2～5（6.5）℃，≥10 的积温 2200～3000 ℃，最高达 3400 ℃以上。其东部气候特点是：夏季短促炎热，冬季漫长寒冷。西南部则因海拔的升高、纬度偏南，呈现夏季短但不甚炎热，冬季较长但较北部温暖。全地带日照充足、全年多风，这不仅加剧了地面水分蒸发，也是造成地表侵蚀的动力。

温带荒漠草原区的整体地势为自东南向西北呈阶梯状逐渐升高，地貌形态相对单调。在内蒙古自治区，受阴山山脉隆起影响，从阴山往北地形呈层状，由南向北逐渐降低。阴山北麓山地比较平缓，与丘陵衔接形成东西横亘的低山丘陵区，海拔平均为 1500～2000 m，最北部与蒙古国交界处的石质丘陵，海拔 1200～1400 m。在宁夏回族自治区，由于受鄂尔多斯台地、黄土高原、阿拉善高原及贺兰山隆起的影响，荒漠草原分布区平均海拔在 1400～2000 m。

荒漠草原分布区的地带性土壤与生物气候带一致，是草原向荒漠过渡的棕钙土、淡栗钙土、灰钙土和漠钙土。上升到山地上主要为山地棕钙土、山地灰钙土、山地栗钙土，以及少量的山地粗骨土和亚高山灌丛草原土。分布于沙地的主要是风沙土。棕钙土的母质多属白垩纪砂岩的残积、坡积、冲积物和风积物，物理风化强烈。母质的共同特征是质地粗，盐分含量高，pH 8.5～9.0，有机质含量多在1%以下，表土层含有粗沙和小砾石。这些土壤的发育均与植被分布有密切的关系。

温性荒漠草原类分布在气候最干旱的温带草原区，在生境条件的制约下，整个草群外貌呈现低矮、稀疏的特征。组成草地的植物丰富度、草群高度、盖度及生物产量等指标均明显低于温性草原。由优势种强旱生多年生矮丛禾草（或蒿类半灌木）与强旱生的多年生草本、小灌木和小半灌木组成的草地类型。草本植物在草群中的参与度随着干旱程度由东向西增强而逐渐减少，小灌木和小半灌木的地位明显增强。在局部地区还会出现以锦鸡儿等旱生灌木占优势种形成的灌丛化荒漠草原的独特景观。

旱生的矮禾草组、半灌木组、蒿类半灌木组中的一些种类常常是温性荒漠草原类的主要优势种。常见的伴生种为杂类单组中的一些植株低矮的种类。另外，夏雨型一年生植物，在荒漠草原上有一定比重，尤其在雨水好的年份可形成很大优势，在干旱年份则作用很小。在荒漠草原区则因生境条件的变化（盐碱化、石质化），一些温带荒漠植物也渗入其中，如红砂、短叶假木贼（*Anabasis brevifolia* C. A. Mey.）、松叶猪毛菜（*Salsola laricifolia* Turcz. ex Litv.）等。草群高度一般为 10～30 cm，植被覆盖度 10%～45（50）%，植物 5～15 种/m²。

荒漠草原的生产力是低的，就全国而言，每公顷草地平均产干草 455 kg，最高的达 1030 kg，最低仅 172 kg。草地的营养特点是：粗蛋白质及粗灰分含量较高，水分含量低，营养价值较高。等级评定多属二、三等的 6、7、8 级，很合适放牧小家畜，每羊单位年需草地面积一般为 2.5～3.0 hm²，最多需 7.04 hm²，最少只需 1.40 hm²，因各省的情况不同而异。甘肃为 2～4 hm²，内蒙古夏季需 1.05 hm²，冷季需 2.01 hm²，新疆平均为 2.67～3.80 hm²。温性荒漠草原类总理论载畜量为 612.9 万羊单位。

温性荒漠草原在我国草地畜牧业经济中占有一定的地位。经过千百年的自然选择，在温性荒漠草原上形成了许多遗传性状稳定、品质优良的地方家畜品种，绵羊主要有蒙古羊、滩羊、哈萨克羊、和田羊和新培育出的中国卡拉库尔羊。其中分布于宁夏、甘肃等地的滩羊，是我国特有的珍贵裘皮羊品种，它产的羊毛皮，以毛穗长、弯曲多、洁白、光泽度强而著称，毛也是提花毛毯的上等原料。山羊主要有蒙古绒山羊、河西绒山羊和相中山羊（沙毛山羊）等，中卫山羊是我特有的珍贵裘皮山羊品种，其分布中心为宁夏中卫县和甘肃的景泰、靖远县。它所产的毛皮、羊毛、羊绒均为珍贵的衣着原料，在国内外享有较高的声誉。内蒙古绒山羊的绒毛品质优良，属绒山羊中绒肉兼用型良种。它所产的绒纤维柔软、具有丝光、强度好、伸展大、净毛率高，是毛纺工业的优质原料。

以上各珍贵、优良家畜品种的产生、形成与发展无一不与当地草原的自然特点和经济特征息息相关。因此，保护荒漠草原植被及生态环境，对于保存和发展我国地方优良家畜品种资源，促进草地畜牧业的发展，振兴当地以牧为主的少数民族经济，均有积极的现实意义。（中国科学院内蒙古宁夏综合考察队，1985；内蒙古锡林郭勒盟草原工作站，1988；伍光和等，2000）。

温性荒漠草原类进一步划分为平原、丘陵荒漠草原亚类，山地荒漠草原亚类和沙地荒漠草原亚类。内蒙古平原、丘陵荒漠草原主要分布在苏尼特左旗、右旗，四子王旗，达茂旗和乌拉特中旗，面积为 966 068 hm²，构成该亚类草原的地貌类型以石质丘陵、层状高平原、台地、山麓和山前倾斜平原为主，植被以石生针茅、短花针茅、沙生针茅和无芒隐子草等为主。山地荒漠草原亚类以乌拉山上分布荒漠草原为主，建群种和优势种以旱生丛生禾草和蒿类、盐柴类半灌木为主，土壤为砂砾质的山地棕钙土和淡栗钙土。沙地荒漠草原亚类主要分布在内蒙古自治区西部地区的杭锦旗、乌拉特前旗、乌拉特后旗、鄂托克旗、鄂托克前旗、达拉特旗、准格尔旗等旗县。由于地貌多样、热量丰富、水分充足，以黑沙蒿为建群种的草地类型是该亚类沙地植被的主体，其次是灌丛化的黑沙蒿类型（中国草地资源数据编委会，1994）。

内蒙古自治区是以草原畜牧业为主体经济的边疆少数民族地区，拥有天然草地面积 7880 万 hm^2，占自治区总土地面积的 67%以上，是森林面积的 3.5 倍，天然草地构成了生态环境的主体（内蒙古草地资源编委会，1990）。

内蒙古高原荒漠草原地带东起苏尼特（属于锡林郭勒盟），西至乌拉特（属于巴彦淖尔盟），北面与蒙古国的荒漠草原相接，南至阴山北麓的山前地带，隔山与鄂尔多斯高原的暖温型荒漠草原相望，总面积约 11.2 万 km^2。荒漠草原地带的年均降水量约 150～200 mm，年平均气温 2～5 ℃，季节温差和日温差十分显著，全年多风，春季尤其。荒漠草原是内蒙古草原的重要组成部分，是草原向荒漠过渡的旱生化草原生态系统。过去荒漠草原的原生植被覆盖良好，但由于生态环境的严酷性和气候的波动性，荒漠草原是十分脆弱的生态系统，荒漠草原生态系统一旦彻底破坏，是难以恢复的（李德新，1995）。所以目前对荒漠草原的生态环境的评价刻不容缓。

文献资料表明我国对草原植被与环境的研究大都集中在东部的草甸草原和典型草原，对荒漠草原的研究很少。本章节以植被、土壤、气象、人畜为评价因子对荒漠草原植被及环境状况进行全面评价，通过准确的定量分析数据翔实地揭示了荒漠草原环境质量现状及近 20 年的变化状况。本章节着重讨论荒漠草原区的生态环境质量评价，用传统方法对环境质量进行评价往往面临评价因子单一、定量不够准确的问题。我们在沿用传统草原调查和研究方法的基础上，综合运用数学方法、遥感技术和 GIS 方法进行分析研究和评价。在遥感技术、GIS 和 GPS 的支持下，以内蒙古荒漠草原区为研究对象，来评价内蒙古荒漠草原的生态环境质量现状和变化趋势，为合理利用此区域的自然资源和保护此区域的生态环境提供理论依据。

二、国内外研究进展

（一）生态环境质量评价的兴起

生态环境评价始于 20 世纪 60 年代中期，最初的生态环境质量评价主要进行的是环境污染方面的监测和研究。随着人口的增长和社会工业化程度的提高，人类活动的范围和强度空前扩大，自然界越来越多地打上人类活动的烙印，人口、资源与环境的矛盾日益尖锐，荒漠化、水土流失等生态环境问题更加突出。为了解决这些问题，人类需要更深入地理解生态环境结构功能和过程，因而逐步在全球范围内开展了生态环境评价研究（田永中和岳天祥，2003）。生态环境是社会经济可持续发展的核心和基础，生态环境质量评价能反映社会经济可持续发展的能力以及社会生产和人居环境稳定可协调的程度。充分认识生态环境的状况正确评价生态环境质量的现状，是生态环境预测或预警的基础，也是制定和规划国民经济发展计划的重要依据（王根绪等，2001）。

（二）生态环境质量评价概述

生态环境质量评价指在一个具体的时间或空间范围内，环境的总体或部分环境要素的组合体对人类生存及社会、经济持续发展适宜程度的度量，即根据合理的指标体系和评价标准，运用适当的方法，评定某区域生态环境质量的优劣及其影响关系。

生态环境质量评价的本质在于生态环境评价是生态环境质量价值的反映。因而生态环境评价的根本目的（魏丽等，2002）就是检测和评估特定区域生态环境系统结构在人类和自然因素共同作用下的变化状态，确定各因素影响生态环境质量程度的大小，从而确定各因素的影响力大小，最后用动态的环境质量评价方法评定区域生态环境质量，探讨生态系统脆弱的因子，建立生态质量评价的指标体系和评价方法，评价区域生态质量及发展趋势，为生态系统的保护和恢复提供依据。

生态环境质量评价不同于环境质量评价。环境质量评价是对环境素质优劣的评价，它往往以国家制定的环境标准和污染物在环境中的本底值作为依据，将环境质量的优劣转化为可定量的可比数据，最后将这些定量的结果划分等级，以说明环境受污染的程度。所以，环境质量评价的本质是环境污染评价，其重点是环境质量现状评价和环境影响评价。而生态环境质量评价则是对包括人类在内的生物有机体与自然环境综合作用的结果进行的综合性评价，是协调区域经济开发与环境保护之间关系，实现区域可持续发展的重要手段。

生态质量评价的意义在于了解区域生态环境现状及其演化规律，探讨生态系统脆弱的因子，建立生态质量评价的指标体系和评价方法，评价区域生态质量及发展趋势，为生态系统保护和恢复提供立论依据。

（三）国外研究进展

国外有关环境质量评价研究始于 20 世纪 60 年代中期，70 年代开始蓬勃发展。世界上许多国家十分重视环境质量评价工作，特别是环境影响评价的研究（毛文永，1998）。美国是最早开展环境质量评价工作的国家之一。美国最早提出通过质量指数（quality index，QI）、格林大气污染综合指数、厌恶污染物含量指数、白勃考大气污染综合指数、极值指数、污染物标准指数等对水质或大气质量进行评价。原苏联配合水质预报及极优化控制的水质评价研究进展较快，建立了河流污染平衡模式。在环境影响评价方面，美国澳大利亚和法国等分别于 1969 年、1974 年和 1976 年在国家环境保护法律中规定了环境影响评价制度。可见，国外对生态环境质量的评价起步早，手段先进，多以定量评价为主。

　　1994 年，B.K.Ferguson 提出生态健康的概念，他认为生态质量评价的目标就是要实现生态健康。1995 年，Morris 和 Rivel 出版了 *Methods of Environmental Impact Assessment* 一书中介绍了英国、欧洲等地环境影响评价的主要方法，并预测了环境影响评价方法的发展趋势，这些方法被广泛应用于生态环境影响评价及生态环境质量评价中。1995 年 Keitti 以渗透理论为基础，提出了一种新的生态质量评价法，即生态质量的安全与否与斑块的间距、扩散能力、干扰能力等相关，安全度也是生态评价中应解决的问题。Bertollo 在 1998、2001 年分别以特定区域——意大利北部地区为研究对象对区域生态系统健康状况进行了评价（Smith，2000）。J.Solon 提出生态稳定度的概念，他认为稳定性是确定性（equifinality）、恒久性（constancy）、惯性（interia）、抗性（resistance）和弹性（elasticity）的集成，是生态质量评价中必须重视的指标（Smith，2000）。20 世纪 90 年代世界银行、FAO、UNDP、UNEP 等一些国际组织针对全非洲撒哈拉地区的半湿润区、半干旱区、干旱区的生态问题建立了"压力—状态—响应"7 种指标，进行生态环境质量退化程度的评价（Crabtree et al.，1998）。

　　目前，国外对于生态环境评价已分为不同的等级尺度进行研究（陆雍森，1999），如美国已建立多个生态环境监测和评价项目。影响较大的有美国科学院长期生态研究项目（LTER），90 年代初美国国家环保局的环境监测和评价项目（Environmental Monitoring and Assessment Program，EMAP）。该项目初始从国家尺度，评价生态质量状况并对其发展趋势进行长期监测，而后又对州域单元进行环境监测和评价（R-EMAP）。

　　就环境质量评价指标而言，国外多以一地区可持续发展为衡量标准提出评价的指标体系，如希伯来大学提出的人类活动强度指数、联合国开发署创立的人类发展指数（叶文虎和架胜基，1994）。Daly 和 Cobb 制定了持续发展经济福利模型、Leipert 提出的调节国民经济模型、加拿大国际持续发展研究所提出的环境经济持续发展模型、牛文元和美国的约纳森和阿拉伯杜拉提出的可持续发展度模型、可持续发展委员会提出的可持续发展指标体系、美国 EMAP 的生命评价指标等（Rainer，2000）。

　　总之，在生态环境质量的评价尺度、生态环境质量的评价指标、生态环境质量的相关因子等方面国外近几年的进展相当快，但是对于荒漠草原生态环境质量评价报导尚未查阅到。

（四）国内研究进展

我国生态环境质量评价在 20 世纪 80 年代末至 90 年代初开始引起人们的重视，对其综合指标体系的研究也应运而生，重点是农业生态系统，其次是城市生态环境质量评价，进而涉及区域环境区划、山区生态环境、土地可持续利用和省级生态综合评价等。

在指标体系方面的研究，彭补拙和窦贻俭（1996）建立的指标体系方法，强调生态环境的评价应该随着时间和空间的变化而相应的改变评价方法和指标体系。赵跃龙和张玲娟（1998）利用主要成因指标和结果表现指标将指标体系分为两大部分。毛文永（1998）采用景观多样性指数、优势度指数、生态环境综合指数（土地生态适宜性、植被覆盖率、抗退化能力赋值和恢复能力赋值）评价生态环境。黄思铭和杨树华（1999）以可持续发展为指导，采用三层指标分析云南省的生态环境质量状况。马荣华和胡梦春（2000）以景观生态学理论为指导，在景观生态分类的基础上，以景观生态单元为评价单元，选取地形、土壤、植被为评价指标对海南省生态环境质量进行了综合评价。郑新奇和王爱萍（2000）运用了景观生态学的理论，利用 Rs 和 Gis 有关理论和技术，选择了区域生态环境质量评价指标体系。叶亚平和刘鲁君（2000）根据不同类型的生态系统有不同的组分、结构和功能，选用生态环境质量背景、人类影响程度和人类适宜需求三方面的指标对全国 30 个省份进行生态环境质量评价，将其分为十个等级，建立了中国省域生态环境质量评价指标体系。仲夏（2002）从生态学的角度建立了较完整的城市生态环境质量评价指标体系，包括自然、社会、经济三个方面的评价标准。喻建华等（2004）考虑到农业生态系统是以农业生物为主体而言的各项环境因素的总和，具有自然和社会两重属性，建立了农业生态环境质量评价指标体系，它的评价更加注重的是农业生产系统的自然生产力状况、系统的稳定性、农业投入—产出的经济性。刘振波等（2004）根据对绿洲脆弱生态区压力—状态—响应概念模型的概括分析，并结合当前绿洲生态环境的实际状况，将绿洲系统分为三个子系统，在三个子系统内再进一步选取具体指标，建立绿洲生态环境评价指标体系。贾艳红和赵军（2004）根据白银市区域生态环境系统的实际情况，运用 AHP 法确定其生态环境质量评价指标体系，并通过对各评价因子进行权重和分级量化，利用综合评价模型对白银市区域生态环境质量进行了评价。廖继武等（2005）从生物学角度，选用生物量、生长量等指标研究海南岛的生态质量评价，其关注的是生态系统最基本组分功能的强弱。

在评价方法上，目前国内对生态环境研究评价体系虽然尚不完善，但是方法很多，生态环境评价方法分为生态环境的单项评价方法和综合评价方法。

生态环境的单项评价方法是生态环境综合评价方法的基本前提。在进行生态环境单项评价时，先分别对生态环境水平和生态环境质量进行定性分析，然后对其进行定量分析。定性分析是根据经验及各种资料，对社会经济与生态环境以及它们之间的主要矛盾和变化过程做出一种评价手段。定量分析是把生态环境评价中人口、经济、环境要素或其过程的变化规律用不同的数学形式表示出来，得到反映这些规律的评价方式。定量分析常用的方法主要有：数理统计法、回归分析法、投入产出模型、经济结构模型、灰色系统、微分模型和模糊数学等。

生态环境的综合评价方法，是指对生态环境结构与功能协调发展现状及其变化趋势综合评价所采用的方法。众所周知，生态环境是一种极其复杂的多因素、多变量、多层次的等级系统，对生态环境的评价又是主观与客观相互作用的分析过程。传统的数学方法难以承担对生态环境的研究工作，而模糊数学和层次分析法则为进行生态环境现状的综合评价提供了较为有效的方法。前者主要是用于综合性计分法和单一性计分法，后者是用于指标权重的确定、层次排序和综合评价。其中计分法是指标的权重与相应指标得分的乘积之和。通过以上两种方法，可以评价生态环境状况的总体发展水平。在具体评价时，生态环境总体水平可以参照国内外生态环境质量指标标准进行评估，生态环境质量可以根据国家环境质量标注进行评估。目前在对生态环境的可持续性进行评判时，普遍采用的是模糊质量综合评判方法，其用于测度生态环境的优势度、协调度、生态位，最终得到综合评价的意见。

徐辉和陈少华（2001）根据大气环境系统的性质，运用灰色系统理论和模糊数学理论建立了大气环境质量预测和评价的数学模型。喻良和伊武军（2002）根据层次分析法的基本原理，在城市生态环境质量评价中建立各层次模型，对福州市的生态环境质量进行评价。汤丽妮等（2003）以生态环境指标的各级评价标准作为训练样本，应用人工神经网络建立生态环境质量评价的 BP 网络对生态环境质量进行评价。刘春莉和李作泳（2003）尝试运用物元可拓的方法来建立生态环境质量评价模型，并且通过用该方法对土壤生态环境质量评价实例验证物元可拓方法的可行性。李希灿等（2003）基于空气环境质量评价中的不确定性，提出空气环境质量的模糊综合评价方法，并在泰安市空气环境质量的评价中得到了较好应用。

在应用研究上，我国基于国内外的理论成果展开了广泛的应用。李晓秀（1997）从生态稳定性角度对北京山区生态环境质量进行了评价。孙玉军和王效科（1998）对五指山自然保护区的生态环境质量进行了评价。张剑光（1993）对四川省和重庆市农业环境进行了评价。李玉实（2002）从生态破坏、环境污染和社会经济要素的关系出发对本溪市的生态环境状况进行评价。芦彩梅和郝永江（2004）针对山西省生态环境脆弱的实际，对全省区域生态环境质量现状进行了评价，并在分析其结果的基础上，提出了山西省区域生态环境可持续发展对策。任广鑫等（2004）通过对生态环境质量及其评价的内涵和国内外研究进展的分析，指出江河源区生态环境质量评价应大量的借助于遥感资料，同时结合统计资料对区域自然环境系统、经济系统和社会系统进行综合评价。该研究概括了生态环境质量评价的理论依据，指出了对区域生态环境质量评价应坚持整体性、评价指标体系化、方法定量化的原则，并提出了具体的评价指标体系。刘智慧等（2004）根据城市生态学原理和研究方法，针对矿业城市——抚顺市生态环境特点，提出了能够体现矿业城市生态环境质量主要特征的，定性、定量考核的评价指标体系，利用模糊数学和层次分析等方法，建立了矿业城市生态环境质量综合评价模型。

我国生态环境质量评价发展方面也有了较大发展。李锋（1997）在对荒漠化地区生态环境与社会经济评价分析的基础上，提出了荒漠化监测中生态环境与社会经济综合评价指标体系及评价标准，利用计算评价指标与评价标准之间欧氏距离的方法建立了评价模型，并以宁夏回族自治区作为试点区域，对评价指标体系和评价方法进行了验证。生态环境的综合评价是区域资源合理开发利用、制定区域社会经济可持续发展和生态环境保护对策的重要依据。赵跃龙和张玲娟（1998）通过对脆弱生态环境的分析后认为，脆弱生态环境的评价指标分为成因指标和结果表现指标2类，选择9项指标评价脆弱生态环境，计算了全国26个省、自治区生态环境脆弱度并进行了生态环境脆弱性分区。王根绪等（2001）在区域生态环境分区的基础上，确定了生态环境评价指标体系，并提出了以AHP方法为基础的综合评价模型，对区域不同环境要素状况和区域综合环境状况进行了评价，并根据评价结果提出了区域生态环境的重点保护与治理区以及合理的保护与综合整治对策。王学雷（2001）通过对江汉平原湿地生态环境的分析认为，江汉平原湿地生态环境受到自然因素和人为不合理开发利用因素的影响，主要包括地貌脆弱因子、气候脆弱因子、水文脆弱因子以及过度围湖造田、过度利用湖泊资源、超标污染物排放等；脆弱生态环境表现为灾害频繁及强度增加、土壤沼泽化严重、湿地生态环境退化严重等；同时，提出了有效的生态环境恢复措施。史德明和梁音（2002）在分析自然和人为影响因素的基础上，制定了脆弱生态环境评级指标，并建立了确定脆弱生态环境等级总分值的计算公式，并对不同脆弱生态环境提出针对性的保护措施和利用意见，特别强调了西部地区生态环境脆弱性的特点，在开发中必须注意生态安全问题。郝永红和周海潮（2002）将灰色系统的评价方法引入区域生态环境质量评价中，将评价指标值分为高、中、低3类，首先计算出评价对象隶属于各指标类别的权系数，再将各评价指标同类别的权系数加权叠加，得到评价对象的综合权系数矩阵，在此基础上运用三角坐标图对评价对象进行综合评价和分类，提高了评价的准确性，并应用该方法对中国区域生态环境质量进行评价，取得了良好的效果。将评价指标与确定的标准进行比较，进而开展生态环境的质量评价是另一种简单易行的方法。王江山（2003）根据青海省生态环境特点，在青海省生态环境分为自然水资源、草地生态、土地生态农业生态、林地生态、土地沙漠化及沙尘天气和社会环境等7个子系统中选择若干评价因子建立了青海省生态环境评价系统，并开展业务服务，取得了较好的社会效益和生态效益。生态环境的定量评价是评价工作发展的必然结果，只有通过定量研究才有可能实现不同生态环境或不同区域之间的比较。通过计算环境脆弱度评价生态环境的质量是常用的方法之一。彭念一和吕忠伟（2003）从农业可持续发展和生态环境的关系入手，阐述了农业可持续发展理论的产生过程，在农业可持续发展内涵的基础上，建立了农业可持续发展与生态环境评价的指标体系，利用主成分分析法确定了综合评价函数，并对全国31个省（直辖市、自治区）的农业可持续发展进行了综合评价。

总的来说，当前区域生态环境质量评价研究集中在三个重点方面。一是指标数据的准确获得，建立的指标体系和区域生态环境质量的相关性研究，指标体系的逻辑关系验证。二是评价的方法研究采用包括层次分析法、模糊数学等较先进的数学方法，由单项目标向多目标，由单环境要素向多环境要素，由单纯的自然环境向自然环境与社会环境的综合系统方向发展，同时由静态评价转向动态评价。三是区域生态环境质量评价结果在生态规划和调控中的应用。

总之，从对生态环境质量评价的研究进展来看，我国的生态质量评价开展的范围广，涉的学科多，但是对于荒漠草原这一类型来说开展的评价工作较少。对荒漠草原的生态环境质量评价，对保护荒漠草原生态环境有重要的理论和现实意义。

第二节　研究区概况及研究方法

一、研究区域概况

内蒙古高原荒漠草原地带东起锡林郭勒盟苏尼特左旗，西至巴彦淖尔盟乌拉特后旗，北面与蒙古国的荒漠草原相接，南至阴山北麓的山前地带，隔山与鄂尔多斯高原的暖温型荒漠草原相望，广泛分布于内蒙古阴山山脉以北的乌兰察布高原和鄂尔多斯高原，面积为841.99万 hm²，占草原总面积的10.68%（李德新，1995）。该地带包括的行政区域有苏尼特左旗、苏尼特右旗、四子王旗、达茂旗、杭锦旗、乌拉特前旗、乌拉特中旗、乌拉特后旗、鄂托克旗、鄂托克前旗、达拉特旗和准格尔旗。荒漠草原生境严酷，气候干燥，冬季严寒，夏季短促，春季多大风，植物种类贫乏，草层低矮、稀疏，结构简单。这种草地类型处于生态环境脆弱带，稳定性差，在受到自然和人为干扰时，会产生剧烈的波动，甚至成为受害生态系统。

（一）地形地貌

全境海拔高度平均为 1000～1500 m，位于阴山北麓山前横贯东西的石质丘陵隆起地带海拔 1500～1600 m，往北逐渐下降的乌兰察布层状高平原海拔 1000～1300 m。在地幅广阔的高平原上，有强烈剥蚀的石质丘陵沿东西走向分布，地面组成由古近纪和新近纪泥质、砂砾质岩层组成。

（二）气候特点

荒漠草原生态系统的气候具有强烈的大陆性气候特点，它已进入欧亚内陆干燥区范围，因为常年受蒙古高压气团所控制，海洋季风影响不明显，水热分配表现为由东北向南递减，热量有所增加，湿润度明显下降，成为生境条件最为严酷，生态系统极其脆弱的草原地带。年均温度 2～5 ℃，7 月均温 19～22 ℃，1 月均温 –18～–15 ℃，≥10 ℃的积温 2200～2500 ℃，年降水平均为 150～250 mm，局部地区年降水量偏高达 283 mm。荒漠草原生态系统的生长期约 7 个月，全年有 1～5 个月的绝对干旱期和 1～3 个月半干旱期，即绝对干旱期较半干旱期长，可见其干旱程度之严重。

（三）土壤状况

在干燥的草原气候条件下，形成以棕钙土占优势的地带性土壤，同时在局部地区也出现盐化草甸土、盐化荒漠土、盐土、沙土等隐域性土壤，在高原偏南部也有淡栗钙土分布。棕钙土形成的气候条件具有草原和荒漠的过渡性特点，在土壤性状上也表现出草原、荒漠两成土过程特征，即具有腐殖质的积累与碳酸钙淀积过程，亦有表土砾质化、砂质化和假结皮的出现。棕钙土土表层 20～30 cm 甚至更薄，腐殖质含量 1.0%～1.8%，表层下部为钙积层，厚度 20～30 cm。土体均呈碱性反应，pH 9.0～9.5，并随土层深度增加而加剧。棕钙土通常分为典型棕钙土、淡棕钙土、草甸化棕钙土以及盐碱化棕钙土 4 种亚类，在不同棕钙土上发育着各种荒漠草原植物群落。

（四）植被状况

荒漠草原生态系统生物量积累较低，且波动性较大，地上生物量的年变化受降水量的制约，年变率可达 60%～70%，说明荒漠草原生态系统地上生物量积累丰年和欠年可相差 4 倍，属生物量年变率最大的类型，甚至超过了荒漠植被。生物量积累季节动态除取决于植物本身个体发育规律外，主要受降雨和热量的影响，特别是水热条件在季节中分配合理与否。植物生长发育与水、热季节变化基本同步，通常生物量积累表现为单峰型的"S"增长曲线，符合 logistic 方程所揭示的规律，其峰值大多出现在 8 月中旬、下旬或 9 月上旬。植被组成主要以针茅属克氏针茅及羽针组的戈壁针茅、石生针茅等旱生型禾草占优势；禾本科的糙隐子草、无芒隐子草、沙生冰草及溚草等；杂类草则以线叶菊属、狗娃花属、蒿属、麻花头属、黄耆属、委陵菜属、葱属、防风属、柴胡属和鸦葱属等种类丰富的旱生和中旱生杂类草为主；半灌木及小半灌木主要有冷蒿和茵陈蒿等；灌木中，小叶锦鸡儿和狭叶锦鸡儿分布最为广泛；在山地则常分布有柄扁桃 [*P. pedunculata*（pall.）Maxim.] 和三裂绣线菊等灌木；一年生植物以猪毛菜（*S. collina* Pall）、画眉草、冠芒草、狗尾草 [*Setaria viridis*（L.）Beauv.]、锋芒草及多种蒿类为主；在沙地草层层次结构明显，第一层主要以黑沙蒿、乌柳（*Salix cheilophila* Schneid.）、柠条锦鸡儿、中间锦鸡儿和狭叶锦鸡儿组成。层高一般 30～50（100）cm，下层多以小半灌木和多年生、一年生草本组成，常见的有长芒草（*S. bungeana* Trin.）、隐子草、沙鞭、牛枝子 [*Lespedeza davurica*（Laxm.）Schindl. var. *potaninii*（V. Vassil.）Liouf.] 及沙芥 [*Pugionium cornutum*（Linn.）Gaertn.]、一年生杂草沙蓬 [*Agriophyllum squarrosum*（L.）Moq.]、砂引草 [*Messerschmidia sibirica* L. var. *angustior*（DC.）W. T. Wang] 等（中华人民共和国农业部畜牧兽医司，1996；中国科学院内蒙古宁夏综合考察队，1980；中国草地资源数据编委会，1994）。

二、研 究 方 法

（一）生态环境质量评价方法概述

生态环境是一个复杂的系统，包含的因子众多，只有合理地选择评价因子，建立层次分明的指标体系，并对每一指标赋以合理的权重值，才能保证评价结果的合理性。

（二）评价指标体系的确定

1. 确定原则

（1）代表性　生态环境的组成因子众多，各因子之间相互作用、相互联系构成一个复杂的综合体。评价指标体系不可能包括全部因子，只能从中选择具有一定代表性，并能准确客观地反映生态环境现状及变化特征的指标。评价荒漠草原生态环境质量的指标有很多，要从中选取典型的最能代表和反映荒漠草原生态环境质量的指标作为评价因子。

（2）综合性 生态环境质量受地质、地貌、水文、土壤、植被、气候以及社会经济活动等多种因素制约，每一个状态或过程都是各种因素共同作用的结果。因此，要全面衡量影响区域生态环境质量的诸多因子，进行综合分析和评价。所选的每个指标都应是反映本质特征的综合信息因子，能反映生态环境的整体性和综合性特征。同时在众多的因子中，各种因子的作用过程及作用方式是不同的。通过因子权重体现主导因子的主要影响作用，使评价更符合区域实际，更有针对性。进行荒漠草原生态环境质量评价要综合考虑荒漠草原的各个环境因子，使选取的指标能全面系统得反映出荒漠草原的生态环境的本质特征。

（3）系统性 生态环境是一个由自然、社会和经济组成的复合系统，选取的指标要尽可能反映生态系统各方面的基本特征。每一方面由一组指标构成，各指标之间相互独立，又相互联系，共同构成一个有机整体。同时按系统论的观点确定相应的评价层次，将评价目标和评价指标有机的联系起来，构成一个层次分明的评价指标体系，反映区域从综合到分类的生态环境质量状况。确定荒漠草原相应的评价层次，将荒漠草原的各个评价指标按系统论的观点进行考虑，构成完整的评价指标体系。选定的荒漠草原的各个评价指标能够遵循评价层次建立完整全面的评价指标体系。

（4）易获性 指标体系的设计，必须考虑到数据获取的难易程度，使指标具有可获取性并能满足生态环境质量分析所需要的精度。一些指标虽能很好反映生态环境质量的现状及变化情况，但在生态环境质量评价过程中是根本无法获取的，这种情况下指标体系设计的再好也无法实现。因此，选择的指标必须实用可行，可操作性强。

（5）简明科学性原则 指标选取要以说明问题为目的，要有针对性地选择有用的指标。指标既不能过多过细，使指标之间相互重叠；又不能过少过简，使指标信息遗漏。指标体系的设计必须建立在科学的基础上，能客观地反映生态环境质量的基本特征。指标的概念必须明确，并且具有各自独立的内涵。指标的物理意义明确，测算统计方法科学规范，保证评估结果的真实性与客观性（汤姿，2005）。

2. 评价指标体系的确定

指标是评价的基本尺度和衡量标准，指标体系是生态环境综合评价的根本条件和理论基础。没有一个恰当的指标体系，就不可能正确评价生态环境质量。由于荒漠草原生态环境系统的复杂性与特殊性，在构建评价指标体系时要选取最能反映当地生态环境质量及变化状况的那些生态环境因素（汤姿，2005），根据上述指标选取的原则，在综合全面了解荒漠草原生态环境各方面具体特征及整体状况的基础上，通过专家问卷调查，选择了气象、植被、土壤和人畜 4 个因子 20 个指标，构成荒漠草原生态质量评价的指标体系（图 4.1）。本体系充分考虑了自然环境和其他系统的协调发展，由于荒漠草原生态环境评价尚无公认的标准和受到数据的可获得性以及很多指标无法量化的限制，本文所建立的评价指标体系未必全面，在此运用的分析评价方法只是对荒漠草原生态环境质量综合评价进行科学研究的积极尝试。

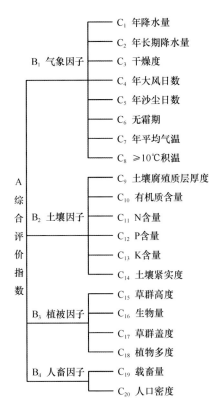

图 4.1　荒漠草原生态环境质量综合评价指标体系

（三）数据的获取

1. 历史资料的收集

从内蒙古自治区气象局收集了苏尼特左旗、苏尼特右旗、四子王旗、达茂旗、杭锦旗、乌拉特前旗、乌拉特中旗、乌拉特后旗、鄂托克旗、鄂托克前旗、达拉特旗和准格尔旗等旗县的年降水量、年平均气温、年大风日数、年沙尘日数、生长季降水量、蒸发量、无霜期、≥10 ℃积温等相关气象因子的 1980～1989 年和 1996～2005 年数据资料，再分别取 10 年平均值。从内蒙古草原勘查设计院收集了 1980～1989 年和 1996～2004 年苏尼特左旗、苏尼特右旗、四子王旗、达茂旗、杭锦旗、乌拉特前旗、乌拉特中旗、乌拉特后旗、鄂托克旗、鄂托克前旗、达拉特旗和准格尔研究区域的草场资源调查的植物样方记载表和草产量测定表等相关数据，从内蒙古统计年鉴收集 1980～1989 年和 1996～2005 年的人口密度和载畜量的数据。

2. 野外调查

野外调查时所携带的物品有：调查区域的 TM 卫星影像图、行政区划图、地形图，最近时期的植被类型与分布图，调查工具包括测绳、皮尺、盒尺、样方框、各种记录表格、铅笔、植物标本夹、剪刀、GPS、土壤紧实度仪、土壤水分测试仪、照相机、望远镜等。

1）调查路线及样地选择

采用路线考察和典型样地样方野外实地测定的方法，在 2005 年和 2006 年分别对内蒙古荒漠草原从东向西进行野外调查。调查路线的选择主要依据 TM 卫星影像图同时考虑交通便捷，尽可能覆盖荒漠草原区不同的草地类型，并使调查样地具有代表性和典型性。

2）样方调查

（1）植被调查方法

在选择的样地内，根据实际情况选择具有代表性并且能够体现植被和土壤的地段布设样方，草本 4 m²，3 次重复，灌木、半灌木的草场 100 m²，3 次重复。测定内容包括植物种类、盖度、高度、频度、多度、产量等。并采用 GPS 对调查点进行定位，同时记录样方所在地的经纬度、海拔、地形地貌、坡度、坡向、土壤类型、草场利用形式和程度等项内容并且对样点照相。2 次调查共获得 110 个典型样地 330 个样方的调查数据，其中平原、丘陵荒漠草原亚类 68 个，沙地荒漠草原亚类 32 个，山地荒漠草原亚类 10 个。本研究采用了 73 个样地的数据。

（2）土壤的测量

采用 TSC-1 型的土壤水分快速测试仪（仪器指标：测量单位%，精度 2%，测量范围 0～100%）于 2005 年和 2006 年测量了内蒙古荒漠草原区的土壤表面水分到地表以下 20 cm 处的土壤水分，每个样地重复 3 次。测量时选择平整无石砾及土壤板结的表面，将探针垂直插入土壤中，且探针完全进入土壤，5 秒钟后按键测量，记录数据。在相同的位置，用铁锹挖 20 cm 深的小坑，重复上述步骤测量 20 cm 深处土壤水分。

采用 SC900 型的土壤紧实度仪（指标：分辨率 2.5 cm，35 kPa，精度测量 1.25 cm 深，103 kPa，测量方式每隔 2.5 cm 记录一次读数）于 2005 年和 2006 年测量了内蒙古荒漠草原区的土壤紧实度。在每一个样地，在 GPS 精度范围内，选择 3 个测量点，以消除误差。一般测量深度为 20 cm，即仪器读数分别为 2.5 cm、5.0 cm、7.5 cm、10 cm、12.5 cm、15 cm、17.5 cm 和 20 cm。测量时将仪器附带的金属板水平放在测量表面，将紧实度仪探头穿过金属板中心圆孔，刚好接触土壤表面，不施加压力，保持紧实度仪测杆垂直于金属板，打开仪器用 2.5 cm/s 的速度平稳的将测杆插入土壤，仪器将每隔 2.5 cm 记录一次读数（若土壤中有石砾等硬物无法插入土壤时，则拔出探针，重新选择测量区），测量完毕拔出测杆，仪器自动记录读数。

在每个样地挖刨面测量土壤腐殖质层厚度。然后取长、宽、高各 20 cm 的土样样品带回化验，以分析其有机质含量，速效 N、P、K 等指标的含量。

（四）数据的标准化

原始数据由于内容及调查单位不同不能直接用于数学公式计算。必须对各指标进行标准化处理，即将它们都转化成无量纲数据，使其具有可比性且便于计算。为此，采用极差标准化方法对各个指标进行标准化处理，即每一个评价指标的具体数值除以这个因子所有数值的最大值，所得值作为统计分析的基础数据。经过这种标准化所得的新数据，各要素的极大值为 1，极小值为 0，其余的数值均在 0 与 1 之间，已经是比值或百分数的数据不需要标准化，如干燥度、人口密度。

（五）评价指标权值的确定——因子分析法

生态环境质量评价是一个综合性评价，是各个参评指标对其影响的一个总体反映，各个指标对生态环境质量的贡献大小或重要程度是不一样的。这种贡献的大小可以用一个系数表示，称为权重。因此需要将各个指标根据各自对生态环境质量评价影响的重要程度赋予一定的权重。确定权重的方法很多，有经验法、数学统计法、模型法以及综合法等。本研究采用数学统计法中的因子分析法（用 SAS 软件）来计算评价指标的权重。

因子分析是将多个指标转化为少数几个互相无关的综合指标的一种多元统计分析方法，它的本质是对高维变量系统进行最佳综合与简化降维，同时客观地确定各个指标的权重，避免主观随意性。而综合评价的焦点是如何科学、客观地将一个多目标问题综合成一个单指标形式（孟生旺，1992）。考虑到生态环境质量影响因子众多，因子析法是一种较为可行的评价方法。使用该方法求取权重时需要计算相应得载荷矩阵，因子载荷矩阵能说明第 i 个指标反映几个因子主成分的能力，其中的因子载荷 a_{ij} 表明第 i 个指标在第 j 个主因子上的权，它反映出第 i 个指标在第 j 个主因子上的相对重要性。然后求出各个指标的公共方差，公共方差也称变量共同度，它反映全部公共因子变量对原有变量的总方差解释说明比例，定义为因子载荷矩阵 A 中第 j 列元素的平方和，其值越高，说明因子重要程度越高，换句话说，数值越大，表明他的贡献程度就越大。如果大部分变量的共同度都高于 0.8，则说明提取出的公共因子已经基本反映了各原始变量 80% 以上的信息，仅有较少的信息丢失，因子分析效果好。因此，本研究用各个指标占所有指标公共方差的比例来确定他们的权重（表 4.1）。

表 4.1　全部指标的公因子方差和权重值

指标名称	公因子方差	权重值
年降水量	0.992 115	0.0603
生长季降水量	0.999 375	0.0607
干燥度	0.999 644	−0.0608
年大风日数	0.823 254	−0.0500
年沙尘日数	0.993 004	−0.0604
无霜期	0.824 668	0.0501
年平均气温	0.994 959	0.0605
≥10 ℃积温	0.990 471	0.0602
土壤紧实度	0.665 705	0.0405
土壤腐殖质层厚度	0.682 864	0.0415
有机质含量	0.658 302	0.0400
N 含量	0.821 770	0.0499
P 含量	0.511 650	0.0311
K 含量	0.518 909	0.0315
生物量	0.926 687	0.0563
植物多度	0.736 201	0.0447
草群高度	0.885 689	0.0538
草群盖度	0.762 146	0.0463
人口密度	0.823 073	0.0500
载畜量	0.841 433	0.0511

注：干燥度，年大风日数，年大风日数与生态环境质量成负相关关系，所以它们的权重前取负值。

（六）生态环境评价值的计算方法

1. 单个指标的计算方法

（1）干燥度　干燥度=蒸发量/降水量　　　　　　　　　　　　　（4.1）

（2）生物量　生物量=草本总生物量折算（灌木样方面积−灌木覆盖面积）/灌木样方面积+灌木生物量折算×灌木覆盖面积/灌木样方面积　　（4.2）

（3）草群高度　草群高度=∑某种植物的高度×它的频度/参与运算的植物个数

（4.3）

（4）人口密度　人口密度=某旗县的人口/某旗县的面积　　　　　　（4.4）

（5）载畜量　载畜量=某旗县的年末羊单位/某旗县的面积　　　　　（4.5）

年末羊单位：年末大畜全以牛折合成羊单位加上年末羊头数

2. 生态环境评价指数的计算方法

对生态环境质量进行评价的方法有许多，如评分叠加法、综合指数法、聚类分析法、自然度方法和景观生态学方法。根据所获数据的情况，选用最为常用的综合指数法。该方法可以体现生态环境评价的综合性、整体性和层次性。在没有相应的评价标准时，可采用一步法即直接选用最能反映生态环境质量的某些环境和某些有代表性的参数，直接得出综合评价指数，通过排序和定性判断，进行区域生态环境现状的级别划分。

综合评价指数的计算公式：

$$P_i^n = \sum C_{ij} W_{ij} \qquad j = i \qquad (4.6)$$

式中，P_i 为 i 县（市）的综合评价指数；W_{ij} 为 j 指标的权值；C_{ij} 为 i 县（市）的标准化数据。

（七）综合指数的分级

对于综合指数的分级，我们在环境综合指标计算并排序的基础上，采用了专业判断法和专家问卷法。具体做法如下：

（1）在收集资料的基础上，进行首次专家调查，请专家提出对荒漠草原生态环境的总体认识，并以采样点为单位进行分级，初步确定为优良、较好、一般、差（Ⅰ、Ⅱ、Ⅲ、Ⅳ）4个等级。

（2）将以上结果与我们的计算排序结果进行对比，符合率达95%以上，由此初步确定各个等级的划分标准。

（3）将排序结果及初拟标准交由专家进行分析判断，根据反馈结果，最终确定划分标准和内蒙古荒漠草原生态环境评价标准（表 4.2）。最终标准取专家所提出标准的均值。

表 4.2　内蒙古荒漠草原生态环境评价标准

等级	表征状态	描述
I	优良	自然生态系统受扰动的较少，人工生态系统处于良性循环状态，系统结构较完整，各项生态监测指标处于理想状态，生态服务功能完善，生态系统良性循环，系统自我恢复和更新再生能力强，基本无生态环境问题，生态灾害发生几率少。草场轻度利用，植被长势良好，地表有枯枝落物，地表土壤侵蚀程度较轻，裸地所占比例小于 30%。
II	较好	自然生态系统保存完好，人工生态系统处于良好循环状态，生态环境较少受到破坏，生态系统在自然和人为的作用下处于良好状态，系统结构尚完整，各项生态监测指标处于正常状态，一般干扰系统可自我恢复再生，生态环境问题不显著，生态灾害较少。草场中度利用，植被长势较好，地表有少量枯枝落物，地表土壤受到侵蚀，裸地所占比例 30%～50%。
III	一般	自然生态系统保存较差，人工生态系统处于不良循环状态，生态环境受到较大程度干扰破坏，生态系统结构发生大的变化，各项生态监测指标处于反常状态，生态服务功能不全，系统受到干扰后恢复困难，生态环境问题突出，生态灾害较多。草场重度利用，植被长势一般，地表无枯枝落物，表层土壤受到明显侵蚀，裸地所占比例 50%～60%。
IV	差	自然生态系统不复存在，人工生态系统处于恶性循环状态，生态环境受到很大程度破坏，生态系统结构残缺不全，各项生态监测指标远离自然状态，生态服务功能低下，系统恢复与重建很困难甚至无法恢复，生态环境问题很大并经常演变成生态灾难。草场过度利用，植被长势差，地表有覆沙，表层土壤受到严重侵蚀，裸地所占比例大于 60%。

（八）生态环境质量评价等级图的制作

基于 ARCGIS 9.0，通过各个点综合评价指数，将各个点的评价值利用样条插值法进行差值得到差值平面图，然后再结合研究区域的遥感影像，按照分级参数生成内蒙古荒漠草原环境质量等级图。

（九）基于植被、人畜、气象因子的生态环境质量评价的动态对比

为了更好地揭示近 20 年来内蒙古荒漠草原环境质量的变化，本章选取了 21 世纪初和 20 世纪 80 年代植被、气象、人畜为共有的评价因子对内蒙古荒漠草原生态环境质量进行了动态对比。

由于 20 世纪 80 年代内蒙古荒漠草原土壤数据的缺失，在进行动态研究时评价因子只选取了植被、人畜、气象 3 个评价因子，权重也重新进行了计算（表 4.3）。

表 4.3 内蒙古荒漠草原、生态环境质量评价指标的公因子方差和权重值

指标名称	公因子方差	权重值
年降水量	0.846 271	0.0893
生长季降水量	0.941 170	0.0993
干燥度	0.957 170	−0.1010
年大风日数	0.644 134	−0.0680
年沙尘日数	0.288 350	−0.0304
无霜期	0.478 056	0.0505
年平均气温	0.821 112	0.0867
≥10 ℃积温	0.744 410	0.0786
生物量	0.528 890	0.0558
植物多度	0.454 172	0.0479
草群高度	0.660 008	0.0697
草群盖度	0.430 043	0.0454
人口密度	0.836 184	0.0883
载畜量	0.844 467	0.0891

注：干燥度，年大风日数，年大风日数与生态环境质量成负相关关系，所以它们的权重值取负值。

第三节　结果与分析

一、内蒙古荒漠草原生态环境质量现状

（一）内蒙古荒漠草原生态环境质量评价指数计算结果及分级

以气象、土壤、植被、人畜为评价因子，运用综合评价指数的计算公式，计算出研究区域内各个采样点的综合评价值（表 4.4）。按照综合评价指数计算公式的原理，所得指数越大代表环境质量越好，反之越差。

根据专业判断法和专家咨询法最终确定的分级标准为 4 级，评价指数大于 2 的为Ⅰ级，1～2 的为Ⅱ级，0～1 的为Ⅲ级，小于 0 的为Ⅳ级。

（二）内蒙古荒漠草原生态环境等级分布格局

从图 4.2 可以看出，内蒙古荒漠草原生态环境具有明显的分级特征。总体而言，乌拉特中旗的中部、达拉特旗的东部和准格尔旗的北部生态环境相对较好，四子王旗、鄂托克旗、鄂托克前旗生态环境一般，而苏尼特左旗和右旗、达茂旗生态环境较差。

表 4.4　内蒙古荒漠草原生态环境评价值及分级一览表

采样地区	经纬度	样地号	气象评价值	土壤评价值	人畜评价值	植被评价值	总评价值	级别
内蒙古巴彦淖尔市乌拉特前旗	109°17.596′E 41°49.984′N	063	−0.329 97	0.077 21	2.207 86	0.843 91	20.799 01	I
内蒙古巴彦淖尔市乌拉特前旗	108°14.334′E 40°14.572′N	066	−0.329 97	0.108 48	2.207 86	0.027 59	20.013 96	I
内蒙古巴彦淖尔市乌拉特前旗	108°11.037′E 41°53.933′N	065	−0.329 97	0.087 94	2.207 86	0.043 15	20.008 98	I
内蒙古巴彦淖尔市乌拉特前旗	108°45.254′E 40°45.022′N	30	−0.329 97	0.082 66	2.207 86	0.026 28	10.986 83	II
内蒙古巴彦淖尔市乌拉特前旗	108°45.565′E 40°44.814′N	33	−0.329 97	0.087 48	2.207 86	0.016 06	10.981 43	II
内蒙古包头市达茂旗	110°23.303′E 42°16.1777′N	057	−0.488 67	0.120 94	0.299 19	0.028 42	−0.040 12	III
内蒙古鄂尔多斯市杭锦旗	108°14.334′E 40°14.571′N	01	−0.448 19	0.075 41	0.351 93	0.016 85	−0.004	III
内蒙古鄂尔多斯市杭锦旗	108°14.572′E 40°14.764′N	02	−0.448 19	0.076 03	0.351 93	0.02	−0.000 23	III
内蒙古鄂尔多斯市杭锦旗	108°10.522′E 40°12.785′N	03	−0.448 19	0.091 71	0.351 93	0.0237	0.019 15	III
内蒙古鄂尔多斯市杭锦旗	108°06.006′E 40°11.119′N	04	−0.448 19	0.060 34	0.351 93	0.016 19	−0.019 73	III
内蒙古鄂尔多斯市杭锦旗	108°10.492′E 39°54.233′N	05	−0.448 19	0.072 57	0.351 93	0.040 97	0.017 28	III
内蒙古鄂尔多斯市杭锦旗	108°39.720′E 39°53.806′N	06	−0.448 19	0.067 13	0.351 93	0.032 79	0.003 66	III
内蒙古鄂尔多斯市杭锦旗	108°48.438′E 40°19.604′N	07	−0.448 19	0.060 47	0.351 93	0.040 63	0.004 84	III
内蒙古鄂尔多斯市杭锦旗	108°47.609′E 40°20.207′N	08	−0.448 19	0.059 78	0.351 93	0.027 12	−0.009 36	III
内蒙古鄂尔多斯市杭锦旗	108°40.928′E 40°21.630′N	09	−0.448 19	0.068 75	0.351 93	0.102 06	0.074 55	III
内蒙古鄂尔多斯市杭锦旗	108°36.974′E 39°55.104′N	10	−0.448 19	0.080 32	0.351 93	0.084 17	0.068 23	III
内蒙古鄂尔多斯市鄂托克旗	108°06.046′E 39°18.351′N	11	−0.2992	0.068 67	0.229 61	0.053 87	0.052 95	III
内蒙古鄂尔多斯市鄂托克旗	108°10.625′E 39°28.513′N	13	−0.2992	0.072 73	0.229 61	0.065 86	0.069	III
内蒙古鄂尔多斯市鄂托克旗	108°13.356′E 39°28.292′N	14	−0.2992	0.085 44	0.229 61	0.048 26	0.064 11	III

采样地区	经纬度	样地号	气象评价值	土壤评价值	人畜评价值	植被评价值	总评价值	级别
内蒙古鄂尔多斯市鄂托克旗	108°02.925′E 39°17.306′N	15	−0.2992	0.0573	0.229 61	0.050 05	0.037 76	III
内蒙古鄂尔多斯市鄂托克旗	107°31.360′E 38°55.679′N	16	−0.2992	0.059 17	0.229 61	0.090 75	0.080 33	III
内蒙古鄂尔多斯市鄂托克旗	107°29.999′E 38°55.504′N	17	−0.2992	0.070 61	0.229 61	0.059 21	0.060 23	III
内蒙古鄂尔多斯市鄂托克前旗	107°18.829′E 38°34680′N	18	−0.471 44	0.074 48	0.2848	0.058 89	−0.053 27	III
内蒙古鄂尔多斯市鄂托克前旗	107°18.490′E 38°19.890′N	19	−0.471 44	0.0897	0.2848	0.043 84	−0.0531	III
内蒙古鄂尔多斯市鄂托克前旗	107°17.457′E 38°19.618′N	20	−0.471 44	0.087 75	0.2848	0.080 57	−0.018 32	III
内蒙古鄂尔多斯市鄂托克前旗	107°16.005′E 38°17.005′N	21	−0.471 44	0.085 47	0.2848	0.045 63	−0.055 54	III
内蒙古鄂尔多斯市鄂托克前旗	107°16.330′E 38°17.736′N	22	−0.471 44	0.089 08	0.2848	0.042 13	−0.055 43	III
内蒙古鄂尔多斯市鄂托克前旗	107°15.472′E 38°13.736′N	23	−0.471 44	0.054 03	0.2848	0.032 63	−0.099 98	III
内蒙古鄂尔多斯市鄂托克前旗	107°23.399′E 38°15.597′N	25	−0.471 44	0.0842	0.2848	0.042 42	−0.060 02	III
内蒙古鄂尔多斯市鄂托克旗	107°22.657′E 38°42.689′N	26	−0.2992	0.073 56	0.229 61	0.051 54	0.055 51	III
内蒙古鄂尔多斯市鄂托克旗	107°16.889′E 39°12.689′N	27	−0.2992	0.082 53	0.229 61	0.052 57	0.065 51	III
内蒙古鄂尔多斯市鄂托克旗	107°36.080′E 39°41.551′N	28	−0.2992	0.0834	0.229 61	0.0377	0.051 51	III
内蒙古鄂尔多斯市鄂托克旗	107°42.854′E 39°35.587′N	29	−0.2992	0.092 08	0.229 61	0.047 85	0.070 34	III
内蒙古鄂尔多斯市鄂托克旗	107°45.444′E 39°14.001′N	070	−0.2992	0.085 72	0.229 61	0.028 95	0.045 08	III
内蒙古鄂尔多斯市鄂托克旗	107°26.998′E 39°14.886′N	069	−0.2992	0.081 41	0.229 61	0.050 84	0.062 66	III
内蒙古巴彦淖尔市乌拉特中旗	108°01.837′E 41°59.382′N	064	−0.358 43	0.100 88	0.298 26	0.034 39	0.0751	III
内蒙古巴彦淖尔市乌拉特中旗	109°21.045′E 42°20.273′N	060	−0.358 43	0.079 98	0.298 26	0.025 03	0.044 84	III
内蒙古包头市达茂旗	110°20.146′E 42°45.788′N	054	−0.488 67	0.029 34	0.299 19	0.025 27	−0.134 87	III

续表

采样地区	经纬度	样地号	气象评价值	土壤评价值	人畜评价值	植被评价值	总评价值	级别
内蒙古乌兰察布市四子王旗	111°03.097′E 42°03.892′N	052	−0.197 91	0.092 78	0.423 14	0.033 35	0.351 36	III
内蒙古乌兰察布市四子王旗	111°34.796′E 42°51.593′N	049	−0.197 91	0.113 24	0.423 14	0.031 23	0.369 7	III
内蒙古乌兰察布市四子王旗	111°50.331′E 42°22.919′N	047	−0.197 91	0.100 31	0.423 14	0.021 95	0.347 49	III
内蒙古乌兰察布市四子王旗	112°07.132′E 42°21.110′N	046	−0.197 91	0.111 54	0.423 14	0.024 57	0.361 34	III
内蒙古乌兰察布市四子王旗	112°13.054′E 42°10.097′N	045	−0.197 91	0.107 27	0.423 14	0.145 88	0.478 38	III
内蒙古锡林郭勒盟苏尼特左旗	113°27.128′E 44°01.355′N	037	−0.660 81	0.133 56	0.048 45	0.034 03	−0.444 77	IV
内蒙古锡林郭勒盟苏尼特左旗	112°15.597′E 44°37.376′N	032	−0.660 81	0.083 88	0.048 45	0.022 58	−0.505 9	IV
内蒙古锡林郭勒盟苏尼特左旗	112°12.257′E 44°25.810′N	031	−0.660 81	0.086 66	0.048 45	0.016 6	−0.509 1	IV
内蒙古锡林郭勒盟苏尼特左旗	112°26.947′E 43°50.255′N	028	−0.660 81	0.112 06	0.048 45	0.025 92	−0.474 38	IV
内蒙古锡林郭勒盟苏尼特左旗	112°55.893′E 43°42.253′N	026	−0.660 81	0.091 42	0.048 45	0.020 62	−0.500 32	IV
内蒙古锡林郭勒盟苏尼特左旗	113°20.911′E 43°48.072′N	025	−0.660 81	0.109 21	0.048 45	0.016 97	−0.486 18	IV
内蒙古锡林郭勒盟苏尼特左旗	113°19.455′E 43°53.261′N	023	−0.660 81	0.107 49	0.048 45	0.035 28	−0.469 59	IV
内蒙古锡林郭勒盟苏尼特左旗	113°21.949′E 43°57.785′N	022	−0.660 81	0.125 46	0.048 45	0.024 1	−0.462 8	IV
内蒙古锡林郭勒盟苏尼特左旗	112°29.967′E 43°42.695′N	020	−0.660 81	0.120 81	0.048 45	0.025 24	−0.466 31	IV
内蒙古锡林郭勒盟苏尼特右旗	112°41.811′E 42°51.120′N	019	−0.696 25	0.110 8	0.126 63	0.037 48	−0.421 34	IV
内蒙古锡林郭勒盟苏尼特右旗	112°52.430′E 42°55.298′N	018	−0.696 25	0.100 32	0.126 63	0.020 4	−0.448 9	IV
内蒙古锡林郭勒盟苏尼特右旗	112°50.157′E 43°01.840′N	017	−0.696 25	0.085 88	0.126 63	0.018 75	−0.464 99	IV
内蒙古锡林郭勒盟苏尼特右旗	112°26.303′E 43°36.457′N	013	−0.696 25	0.098 96	0.126 63	0.013 73	−0.456 93	IV
内蒙古锡林郭勒盟苏尼特右旗	112°06.912′E 43°29.199′N	010	−0.696 25	0.109 33	0.126 63	0.020 14	−0.440 15	IV

采样地区	经纬度	样地号	气象评价值	土壤评价值	人畜评价值	植被评价值	总评价值	级别
内蒙古锡林郭勒盟苏尼特右旗	112°21.939′E 43°10.974′N	007	−0.696 25	0.113 94	0.126 63	0.026 45	−0.429 23	IV
内蒙古锡林郭勒盟苏尼特右旗	112°22.650′E 42°44.983′N	006	−0.696 25	0.086 12	0.126 63	0.020 97	−0.462 53	IV
内蒙古锡林郭勒盟苏尼特右旗	112°33.008′E 42°41.025′N	004	−0.696 25	0.115 65	0.126 63	0.018 15	−0.435 82	IV
内蒙古锡林郭勒盟苏尼特右旗	112°41.359′E 42°51.185′N	002	−0.696 25	0.088 05	0.126 63	0.0363	−0.445 27	IV
内蒙古锡林郭勒盟苏尼特右旗	112°41.502′E 42°471.148′N	001	−0.696 25	0.0967	0.126 63	0.030 54	−0.442 38	IV
内蒙古巴彦淖尔市乌拉特后旗	108°14.334′E 40°14.574′N	068	−0.485 37	0.115 59	0.109 85	0.047 88	−0.212 05	IV
内蒙古巴彦淖尔市乌拉特后旗	107°15.514′E 41°46.465′N	067	−0.485 37	0.098 84	0.109 85	0.026 11	−0.250 57	IV
内蒙古锡林郭勒盟苏尼特左旗	113°26.831′E 43°55.586′N	021	−0.660 81	0.097 79	0.048 45	0.019 04	−0.495 53	IV
内蒙古锡林郭勒盟苏尼特右旗	112°07.652′E 43°25.531′N	009	−0.696 25	0.1102	0.126 63	0.052 63	−0.406 79	IV
内蒙古锡林郭勒盟苏尼特左旗	113°23.157′E 44°04.554′N	038	−0.660 81	0.029 34	0.048 45	0.019 58	−0.563 44	IV
内蒙古锡林郭勒盟苏尼特左旗	112°37.400′E 43°40.009′N	027	−0.660 81	0.092 99	0.048 45	0.023 79	−0.495 58	IV
内蒙古锡林郭勒盟苏尼特右旗	112°25.466′E 42°39.836′N	05	−0.696 25	0.106 67	0.126 63	0.018 64	−0.444 31	IV

生态环境较好的 I 级区域主要分布于内蒙古乌拉特中旗的中部和北部、达拉特旗的东部、乌拉特后旗的南部和准格尔旗的北部,杭锦旗的西北部和东南部有零星分布,总面积为 3051 km², 占研究区域总面积的 3.5%。分布区内水热条件优越,以黑沙蒿、石生针茅、短花针茅、沙生针茅和无芒隐子草为建群种的草地类型是此区域植被的主体,草群盖度一般为 30%～50%,草层层次结构明显,草场轻度利用,人类活动对此区域影响少,地表土壤侵蚀情况不明显。此区域可以适当提高草场的利用,对生态环境不会构成威胁。

II 级区域主要分布于乌拉特中旗的中部和西南部、杭锦旗的西部和东部、达茂旗南部、乌拉特后旗的南部以及达拉特旗的西部和中部,总面积为 6913 km², 占研究区域总面积的 8%。此区域地貌类型多样、热量丰富、水分充足,以黑沙蒿、石生针茅、短花针茅、沙生针茅和无芒隐子草为建群种的草地类型是此区域植被的主体,植物种类组成较丰富,盖度 20%～40%,草场适当放牧,人类活动对此区域影响较少，受到风蚀、剥蚀作用。此区域草地资源利用合理，有利于草地资源的永续利用。

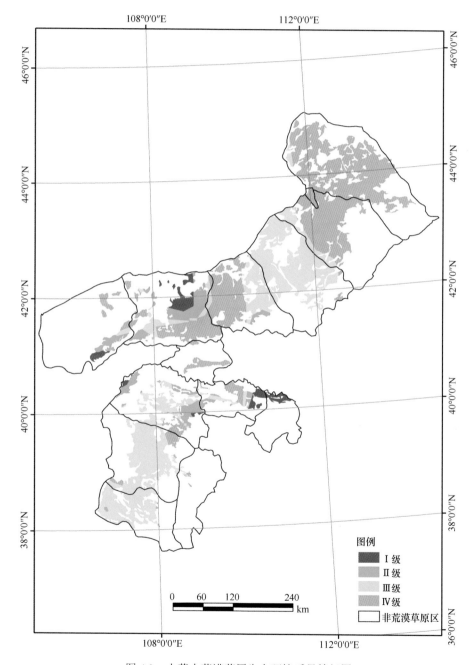

图 4.2　内蒙古荒漠草原生态环境质量等级图

Ⅲ级区域主要分布于四子王旗、鄂托克旗、鄂托克前旗、达茂旗的东部、乌拉特中旗的中部和杭锦旗中部，达拉特旗中部有少量分布。此区域总面积为38 175 km²，占研究区域总面积的44.3%。此区域干旱多风，以石生针茅、短花针茅、沙生针茅和无芒隐子草为建群种的草地类型是此区域植被的主体，小灌木、小半灌木有狭叶锦鸡儿、刺叶柄棘豆、女蒿、冷蒿、菁状亚菊、牛枝子等，盖度10%～30%。土壤母质为多砂砾质和砾质，土壤表层风蚀、剥蚀作用明显，大部分区域全年放牧，有些区域划为禁牧区，地表土壤受到风蚀、超载、人类活动的影响。此区域生态环境受到较大破坏，应加强对草地资源的管理。

Ⅳ级区域主要分布于苏尼特左旗、苏尼特右旗、达茂旗东部、乌拉特前旗中部、乌拉特中旗南部、乌拉特后旗东部、达拉特旗的中部以及杭锦旗南部，总面积为38 170 km²，占研究区域总面积的44.2%。此区域干旱少雨、风大、沙多，以石生针茅、短花针茅、沙生针茅和无芒隐子草为建群种的草地类型是此区域植被的主体，盖度5%～20%。土壤母质多砂砾质和砾质，地表常具厚薄不同的覆沙和砾石，土壤表层风蚀、剥蚀作用较强，大部分区域全年放牧，有些区域划为春季禁牧区或禁牧区，此区以受到超载、人类活动的影响显著。此区域草场过度利用，生态环境受到很大破坏，应合理利用此区域草地资源，针对现状积极治理。

二、近20年内蒙古荒漠草原生态环境动态变化研究

（一）20世纪80年代和21世纪初综合评价指数计算结果及分级

以气象、植被、人畜为评价因子，根据动态研究各评价因子的权重值，运用综合评价指数的计算公式。计算出20世纪80年代65个采样点和21世纪初73个采样点的综合评价值（表4.5）。按照综合评价指数计算公式的原理，所得指数越大代表环境质量越好，反之越差。

表4.5 内蒙古荒漠草原动态研究生态环境评价值及分级一览表

采样地区	样地号	年度	气象评价值	人畜评价值	植被评价值	总评价值	级别
内蒙古巴彦淖尔市乌拉特前旗	065	2000	−0.612 27	3.974 15	0.042 02	3.4039	Ⅰ
内蒙古巴彦淖尔市乌拉特前旗	33	2000	−0.612 27	3.974 15	0.0156	3.377 48	Ⅰ
内蒙古巴彦淖尔市乌拉特前旗	063	2000	−0.612 27	3.974 15	0.707 32	4.0692	Ⅰ
内蒙古巴彦淖尔市乌拉特前旗	30	2000	−0.612 27	3.974 15	0.025 43	3.387 31	Ⅰ
内蒙古巴彦淖尔市乌拉特前旗	066	2000	−0.612 27	3.974 15	0.026 85	3.388 73	Ⅰ
内蒙古巴彦淖尔市乌拉特前旗	6	1980	−0.762 56	1.231 26	0.5979	1.0666	Ⅰ
内蒙古巴彦淖尔市乌拉特前旗	4	1980	−0.762 56	1.231 26	0.051 93	0.520 63	Ⅱ
内蒙古巴彦淖尔市乌拉特前旗	2	1980	−0.762 56	1.231 26	0.046 25	0.514 95	Ⅱ

续表

采样地区	样地号	年度	气象评价值	人畜评价值	植被评价值	总评价值	级别
内蒙古巴彦淖尔市乌拉特前旗	1	1980	-0.762 56	1.231 26	0.0513	0.52	II
内蒙古乌兰察布市四子王旗	045	2000	-0.371 96	0.761 66	0.166 27	0.555 97	II
内蒙古乌兰察布市四子王旗	11	1980	-0.440 74	0.734 94	0.062 21	0.356 41	III
内蒙古乌兰察布市四子王旗	12	1980	-0.440 74	0.734 94	0.044 24	0.338 44	III
内蒙古乌兰察布市四子王旗	13	1980	-0.440 74	0.734 94	0.061 13	0.355 33	III
内蒙古乌兰察布市四子王旗	14	1980	-0.440 74	0.734 94	0.022 11	0.316 31	III
内蒙古乌兰察布市四子王旗	15	1980	-0.440 74	0.734 94	0.062 63	0.356 83	III
内蒙古乌兰察布市四子王旗	3	1980	-0.440 74	0.734 94	0.0796	0.3738	III
内蒙古乌兰察布市四子王旗	4	1980	-0.440 74	0.734 94	0.034 54	0.328 74	III
内蒙古乌兰察布市四子王旗	5	1980	-0.440 74	0.734 94	0.065 32	0.359 52	III
内蒙古乌兰察布市四子王旗	6	1980	-0.440 74	0.734 94	0.065 91	0.360 11	III
内蒙古乌兰察布市四子王旗	7	1980	-0.440 74	0.734 94	0.057 52	0.351 72	III
内蒙古乌兰察布市四子王旗	10	1980	-0.440 74	0.734 94	0.024 27	0.318 47	III
内蒙古乌兰察布市四子王旗	9	1980	-0.440 74	0.734 94	0.067 63	0.361 83	III
内蒙古乌兰察布市四子王旗	1	1980	-0.440 74	0.734 94	0.031 79	0.325 99	III
内蒙古乌兰察布市四子王旗	2	1980	-0.440 74	0.734 94	0.023 36	0.317 56	III
内蒙古乌兰察布市四子王旗	17	1980	-0.440 74	0.734 94	0.041 18	0.335 38	III
内蒙古乌兰察布市四子王旗	052	2000	-0.371 96	0.761 66	0.032	0.4217	III
内蒙古乌兰察布市四子王旗	049	2000	-0.371 96	0.761 66	0.031 65	0.421 35	III
内蒙古乌兰察布市四子王旗	047	2000	-0.371 96	0.761 66	0.020 99	0.410 69	III
内蒙古乌兰察布市四子王旗	046	2000	-0.371 96	0.761 66	0.023 34	0.413 04	III
内蒙古锡林郭勒盟苏尼特右旗	11	1980	-1.436 02	0.201 48	0.028 27	-1.206 27	IV
内蒙古锡林郭勒盟苏尼特右旗	12	1980	-1.436 02	0.201 48	0.020 13	-1.214 41	IV
内蒙古锡林郭勒盟苏尼特右旗	16	1980	-1.436 02	0.201 48	0.031 79	-1.202 75	IV
内蒙古锡林郭勒盟苏尼特右旗	17	1980	-1.436 02	0.201 48	0.033 01	-1.201 53	IV
内蒙古锡林郭勒盟苏尼特右旗	19	1980	-1.436 02	0.201 48	0.022 66	-1.211 88	IV
内蒙古锡林郭勒盟苏尼特右旗	20	1980	-1.436 02	0.201 48	0.020 68	-1.213 86	IV
内蒙古锡林郭勒盟苏尼特右旗	21	1980	-1.436 02	0.201 48	0.032 31	-1.202 23	IV
内蒙古巴彦淖尔市乌拉特中旗	3	1980	-1.174 43	0.434 21	0.040 27	-0.699 95	IV
内蒙古锡林郭勒盟苏尼特右旗	3	1980	-1.436 02	0.201 48	0.028 71	-1.205 83	IV
内蒙古锡林郭勒盟苏尼特右旗	4	1980	-1.436 02	0.201 48	0.014 35	-1.220 19	IV
内蒙古锡林郭勒盟苏尼特右旗	5	1980	-1.436 02	0.201 48	0.056 43	-1.178 11	IV

采样地区	样地号	年度	气象评价值	人畜评价值	植被评价值	总评价值	级别
内蒙古锡林郭勒盟苏尼特右旗	2	1980	−1.436 02	0.201 48	0.034 31	−1.200 23	IV
内蒙古锡林郭勒盟苏尼特右旗	7	1980	−1.436 02	0.201 48	0.033 11	−1.201 43	IV
内蒙古锡林郭勒盟苏尼特右旗	10	1980	−1.436 02	0.201 48	0.0258	−1.208 74	IV
内蒙古巴彦淖尔市乌拉特后旗	1	1980	−2.548 44	0.142 96	0.037 07	−2.368 41	IV
内蒙古巴彦淖尔市乌拉特中旗	11	1980	−1.174 43	0.434 21	0.035 67	−0.704 55	IV
内蒙古巴彦淖尔市乌拉特中旗	11	1980	−1.174 43	0.434 21	0.035 67	−0.704 55	IV
内蒙古巴彦淖尔市乌拉特中旗	11	1980	−1.174 43	0.434 21	0.035 67	−0.704 55	IV
内蒙古巴彦淖尔市乌拉特中旗	11	1980	−1.174 43	0.434 21	0.035 67	−0.704 55	IV
内蒙古巴彦淖尔市乌拉特中旗	12	1980	−1.174 43	0.434 21	0.031 54	−0.708 68	IV
内蒙古巴彦淖尔市乌拉特中旗	13	1980	−1.174 43	0.434 21	0.040 87	−0.699 35	IV
内蒙古巴彦淖尔市乌拉特中旗	15	1980	−1.174 43	0.434 21	0.033 41	−0.706 81	IV
内蒙古巴彦淖尔市乌拉特中旗	16	1980	−1.174 43	0.434 21	0.050 54	−0.689 68	IV
内蒙古巴彦淖尔市乌拉特中旗	2	1980	−1.174 43	0.434 21	0.054 35	−0.685 87	IV
内蒙古巴彦淖尔市乌拉特中旗	5	1980	−1.174 43	0.434 21	0.067 86	−0.672 36	IV
内蒙古巴彦淖尔市乌拉特后旗	9	1980	−2.548 44	0.142 96	0.033 94	−2.371 54	IV
内蒙古包头市达茂旗	2	1980	−0.949 63	0.537 27	0.106 51	−0.305 85	IV
内蒙古包头市达茂旗	4	1980	−0.949 63	0.537 27	0.038 08	−0.374 28	IV
内蒙古包头市达茂旗	6	1980	−0.949 63	0.537 27	0.150 86	−0.2615	IV
内蒙古包头市达茂旗	14	1980	−0.949 63	0.537 27	0.048 46	−0.3639	IV
内蒙古包头市达茂旗	26	1980	−0.949 63	0.537 27	0.068 92	−0.343 44	IV
内蒙古包头市达茂旗	40	1980	−0.949 63	0.537 27	0.033 68	−0.378 68	IV
内蒙古锡林郭勒盟苏尼特左旗	1	1980	−1.388 45	0.073 29	0.029 84	−1.285 32	IV
内蒙古锡林郭勒盟苏尼特左旗	15	1980	−1.388 45	0.073 29	0.025 29	−1.289 87	IV
内蒙古锡林郭勒盟苏尼特左旗	22	1980	−1.388 45	0.073 29	0.031 11	−1.284 05	IV
内蒙古锡林郭勒盟苏尼特左旗	23	1980	−1.388 45	0.073 29	0.021 89	−1.293 27	IV
内蒙古锡林郭勒盟苏尼特左旗	24	1980	−1.388 45	0.073 29	0.029 78	−1.285 38	IV
内蒙古锡林郭勒盟苏尼特左旗	14	1980	−1.388 45	0.073 29	0.028 11	−1.287 05	IV
内蒙古锡林郭勒盟苏尼特左旗	9	1980	−1.388 45	0.073 29	0.048 69	−1.266 47	IV
内蒙古锡林郭勒盟苏尼特左旗	18	1980	−1.388 45	0.073 29	0.037 36	−1.2778	IV
内蒙古锡林郭勒盟苏尼特左旗	6	1980	−1.388 45	0.073 29	0.022 45	−1.292 71	IV
内蒙古鄂尔多斯市鄂托克前旗	40	1980	−0.724 29	0.425 31	0.042 86	−0.256 12	IV
内蒙古鄂尔多斯市鄂托克前旗	55	1980	−0.724 29	0.425 31	0.062 44	−0.236 54	IV

续表

采样地区	样地号	年度	气象评价值	人畜评价值	植被评价值	总评价值	级别
内蒙古鄂尔多斯市鄂托克前旗	77	1980	−0.724 29	0.425 31	0.048 61	−0.250 37	IV
内蒙古鄂尔多斯市鄂托克前旗	2	1980	−0.724 29	0.425 31	0.055 37	−0.243 61	IV
内蒙古鄂尔多斯市鄂托克前旗	9	1980	−0.724 29	0.425 31	0.022 44	−0.276 54	IV
内蒙古鄂尔多斯市鄂托克旗	070	2000	−0.557 71	0.413 31	0.031 43	−0.112 97	IV
内蒙古鄂尔多斯市鄂托克旗	069	2000	−0.557 71	0.413 31	0.049 06	−0.095 34	IV
内蒙古巴彦淖尔市乌拉特后旗	068	2000	−0.802 76	0.197 73	0.046 94	−0.558 09	IV
内蒙古巴彦淖尔市乌拉特后旗	067	2000	−0.802 76	0.197 73	0.025 54	−0.579 49	IV
内蒙古巴彦淖尔市乌拉特中旗	064	2000	−0.627 6	0.536 87	0.032 84	−0.057 89	IV
内蒙古巴彦淖尔市乌拉特中旗	060	2000	−0.627 6	0.536 87	0.024 08	−0.066 65	IV
内蒙古包头市达茂旗	054	2000	−0.861 94	0.538 55	0.024 52	−0.298 87	IV
内蒙古锡林郭勒盟苏尼特左旗	037	2000	−1.089 03	0.087 22	0.032 9	−0.968 91	IV
内蒙古锡林郭勒盟苏尼特左旗	032	2000	−1.089 03	0.087 22	0.021 96	−0.979 85	IV
内蒙古锡林郭勒盟苏尼特左旗	031	2000	−1.089 03	0.087 22	0.016 09	−0.985 72	IV
内蒙古锡林郭勒盟苏尼特左旗	031	2000	−1.089 03	0.087 22	0.016 09	−0.985 72	IV
内蒙古锡林郭勒盟苏尼特左旗	031	2000	−1.089 03	0.087 22	0.016 09	−0.985 72	IV
内蒙古锡林郭勒盟苏尼特左旗	031	2000	−1.089 03	0.087 22	0.016 09	−0.985 72	IV
内蒙古锡林郭勒盟苏尼特左旗	026	2000	−1.089 03	0.087 22	0.020 12	−0.981 69	IV
内蒙古锡林郭勒盟苏尼特左旗	025	2000	−1.089 03	0.087 22	0.016 54	−0.985 27	IV
内蒙古锡林郭勒盟苏尼特左旗	023	2000	−1.089 03	0.087 22	0.036 85	−0.964 96	IV
内蒙古锡林郭勒盟苏尼特左旗	022	2000	−1.089 03	0.087 22	0.023 76	−0.978 05	IV
内蒙古锡林郭勒盟苏尼特左旗	020	2000	−1.089 03	0.087 22	0.024 4	−0.977 41	IV
内蒙古锡林郭勒盟苏尼特右旗	019	2000	−1.200 47	0.227 94	0.036 11	−0.936 42	IV
内蒙古锡林郭勒盟苏尼特右旗	018	2000	−1.200 47	0.227 94	0.019 11	−0.953 42	IV
内蒙古锡林郭勒盟苏尼特右旗	017	2000	−1.200 47	0.227 94	0.018 19	−0.954 34	IV
内蒙古锡林郭勒盟苏尼特右旗	013	2000	−1.200 47	0.227 94	0.013 03	−0.959 5	IV
内蒙古锡林郭勒盟苏尼特右旗	010	2000	−1.200 47	0.227 94	0.019 02	−0.953 51	IV
内蒙古锡林郭勒盟苏尼特右旗	007	2000	−1.200 47	0.227 94	0.024 33	−0.948 2	IV
内蒙古锡林郭勒盟苏尼特左旗	028	2000	−1.089 03	0.087 22	0.024 99	−0.976 82	IV
内蒙古锡林郭勒盟苏尼特右旗	006	2000	−1.200 47	0.227 94	0.019 88	−0.952 65	IV
内蒙古锡林郭勒盟苏尼特右旗	004	2000	−1.200 47	0.227 94	0.017 14	−0.955 39	IV
内蒙古锡林郭勒盟苏尼特右旗	002	2000	−1.200 47	0.227 94	0.034 37	−0.938 16	IV
内蒙古锡林郭勒盟苏尼特右旗	001	2000	−1.200 47	0.227 94	0.028 63	−0.943 9	IV

续表

采样地区	样地号	年度	气象评价值	人畜评价值	植被评价值	总评价值	级别
内蒙古锡林郭勒盟苏尼特左旗	021	2000	−1.089 03	0.087 22	0.019 29	−0.982 52	IV
内蒙古锡林郭勒盟苏尼特右旗	009	2000	−1.200 47	0.227 94	0.053 17	−0.919 36	IV
内蒙古包头市达茂旗	057	2000	−0.861 94	0.538 55	0.027 86	−0.295 53	IV
内蒙古锡林郭勒盟苏尼特左旗	038	2000	−1.089 03	0.087 22	0.019 3	−0.982 51	IV
内蒙古锡林郭勒盟苏尼特左旗	027	2000	−1.089 03	0.087 22	0.023 2	−0.978 61	IV
内蒙古锡林郭勒盟苏尼特左旗	036	2000	−1.089 03	0.087 22	0.015 83	−0.985 98	IV
内蒙古鄂尔多斯市杭锦旗	01	2000	−0.787 63	0.633 47	0.018 03	−0.136 13	IV
内蒙古鄂尔多斯市杭锦旗	02	2000	−0.787 63	0.633 47	0.021 04	−0.133 12	IV
内蒙古鄂尔多斯市杭锦旗	03	2000	−0.787 63	0.633 47	0.023 14	−0.131 02	IV
内蒙古鄂尔多斯市杭锦旗	04	2000	−0.787 63	0.633 47	0.016 63	−0.137 53	IV
内蒙古锡林郭勒盟苏尼特右旗	005	2000	−1.200 47	0.227 94	0.017 53	−0.955	IV
内蒙古鄂尔多斯市杭锦旗	05	2000	−0.787 63	0.633 47	0.039 57	−0.114 59	IV
内蒙古鄂尔多斯市杭锦旗	06	2000	−0.787 63	0.633 47	0.032 64	−0.121 52	IV
内蒙古鄂尔多斯市杭锦旗	07	2000	−0.787 63	0.633 47	0.043 07	−0.111 09	IV
内蒙古鄂尔多斯市杭锦旗	08	2000	−0.787 63	0.633 47	0.028 38	−0.125 78	IV
内蒙古鄂尔多斯市杭锦旗	09	2000	−0.787 63	0.633 47	0.107 87	−0.046 29	IV
内蒙古鄂尔多斯市杭锦旗	10	2000	−0.787 63	0.633 47	0.085 01	−0.069 15	IV
内蒙古鄂尔多斯市鄂托克旗	11	2000	−0.557 71	0.413 31	0.054 06	−0.090 34	IV
内蒙古鄂尔多斯市鄂托克旗	13	2000	−0.557 71	0.413 31	0.068 73	−0.075 67	IV
内蒙古鄂尔多斯市鄂托克旗	14	2000	−0.557 71	0.413 31	0.047 02	−0.097 38	IV
内蒙古鄂尔多斯市鄂托克旗	15	2000	−0.557 71	0.413 31	0.050 96	−0.093 44	IV
内蒙古鄂尔多斯市鄂托克旗	16	2000	−0.557 71	0.413 31	0.099 1	−0.045 3	IV
内蒙古鄂尔多斯市鄂托克旗	17	2000	−0.557 71	0.413 31	0.063 01	−0.081 39	IV
内蒙古鄂尔多斯市鄂托克前旗	18	2000	−0.818 25	0.512 63	0.061 93	−0.243 69	IV
内蒙古鄂尔多斯市鄂托克前旗	19	2000	−0.818 25	0.512 63	0.042 39	−0.263 23	IV
内蒙古鄂尔多斯市鄂托克前旗	20	2000	−0.818 25	0.512 63	0.080 76	−0.224 86	IV
内蒙古鄂尔多斯市鄂托克前旗	21	2000	−0.818 25	0.512 63	0.046 87	−0.258 75	IV
内蒙古鄂尔多斯市鄂托克前旗	22	2000	−0.818 25	0.512 63	0.043 18	−0.262 44	IV
内蒙古鄂尔多斯市鄂托克前旗	23	2000	−0.818 25	0.512 63	0.032 93	−0.272 69	IV
内蒙古鄂尔多斯市鄂托克前旗	25	2000	−0.818 25	0.512 63	0.041 27	−0.264 35	IV
内蒙古鄂尔多斯市鄂托克旗	26	2000	−0.557 71	0.413 31	0.050 21	−0.094 19	IV
内蒙古鄂尔多斯市鄂托克旗	27	2000	−0.557 71	0.413 31	0.050 37	−0.094 03	IV
内蒙古鄂尔多斯市鄂托克旗	28	2000	−0.557 71	0.413 31	0.036 21	−0.108 19	IV
内蒙古鄂尔多斯市鄂托克旗	29	2000	−0.557 71	0.413 31	0.046 36	−0.098 04	IV

根据专业判断法和专家咨询法最终确定的分级标准为 4 级，评价指数大于 1 的为Ⅰ级，1～0.5 的为Ⅱ级，0.5～0 的为Ⅲ级，小于 0 的为Ⅳ级。

（二）近 20 年内蒙古荒漠草原生态环境动态变化

通过 20 世纪 80 年代和 21 世纪初的内蒙古荒漠草原环境质量等级图（图 4.3、图 4.4）的对比可以看出生态环境有了明显的变化。从表 4.6 可以看出与 20 世纪 80 年代相比，21 世纪初的内蒙古荒漠草原生态环境质量各等级面积均有明显的变化。

由图 4.3 和图 4.4 可以看出 20 世纪 80 年代生态环境最好的Ⅰ级区域主要分布在杭锦旗、达拉特旗、准格尔旗、达茂旗的北部、四子王旗中部、乌拉特后旗的东部和南部和乌拉特前旗的中部。21 世纪初的Ⅰ级区域主要分布在乌拉特中旗的中部、达茂旗南部、乌拉特后旗的南部、杭锦旗的东西部、达拉特旗的中西部和准格尔旗的北部。与 20 世纪 80 年代相比 21 世纪初的Ⅰ级区域分布较为分散，面积明显减少。其中四子王旗、达茂旗、杭锦旗、乌拉特前旗和乌拉特后旗的北部变化最为明显，从Ⅰ级区转化到Ⅳ级区域，转化的面积为 6876 km²，变化率为 17%。从Ⅰ级区转化到Ⅲ级区域主要分布在杭锦旗的中部，面积转化了 2924 km²（7.4%）。从Ⅰ级区转化到Ⅱ级区域主要分布在四子王旗的中部，转化了 498 km²（1.3%）。从表 4.6 可以看出：Ⅰ级区域的面积在 20 世纪 80 年代为 16 032 km²，占研究区域面积 18.2%，21 世纪初为 11 498 km²，占研究区域面积为 12.5%，21 世纪初比 20 世纪 80 年代减少约 4534 km²，减少幅度为 28.3%。

如图 4.3 和图 4.4 所示 20 世纪 80 年代生态环境的Ⅱ级区域主要分布在四子王旗的中部、达茂旗的中部及苏尼特右旗的西部。21 世纪初的Ⅱ级区域分布在四子王旗的中部、达茂旗的东南部、杭锦旗、鄂托克旗和鄂托克前旗。通过对比可以看出Ⅱ级区域在四子王旗、达茂旗、鄂托克旗和鄂托克前旗的分布变化明显。Ⅱ级区域的面积 20 世纪 80 年代为 8665 km²，占研究区域面积为 9.6%，21 世纪初为 11 440 km²，占研究区域面积为 12.5%，21 世纪初比 20 世纪 80 年代增加了约 2700 km²，面积变化率为 32%（表 4.6）。其中没有从Ⅱ级转化到Ⅰ级的区域。从Ⅱ级区转化到Ⅲ级区域主要分布在四子王旗的东部和达茂旗的东部，转化的面积为 2130 km²，变化率为 5.4%。从Ⅱ级区转化到Ⅳ级区域主要分布在苏尼特右旗的西南部、达茂旗的西部和乌拉特前旗的中部，面积转化了 3031 km²（7.7%）。

通过图 4.3 和图 4.4 可以看出态环境的Ⅲ级区域面积明显增多。Ⅲ级区域的面积 20 世纪 80 年代为 14 795 km²，占研究区域面积为 16.8%，21 世纪初为 23 076 km²，占研究区域面积为 25.2%，21 世纪初比 20 世纪 80 年代增加了约 8200 km²，面积增加幅度 56%（表 4.6）。20 世纪 80 年代生态环境的Ⅲ级区域零星分布在苏

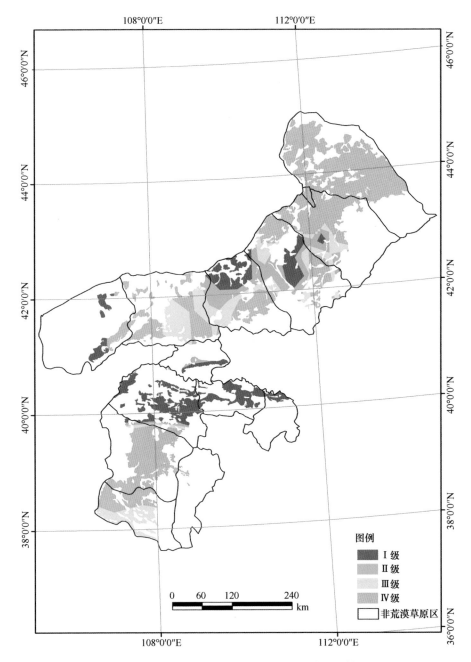

图 4.3　20 世纪 80 年代内蒙古荒漠草原环境质量等级图

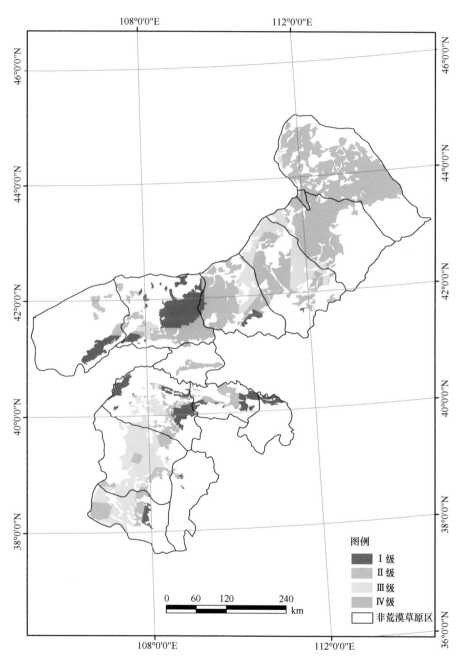

图 4.4　21世纪初内蒙古荒漠草原生态环境等级图

表 4.6　内蒙古荒漠草原生态环境质量动态对比

等级	年代	面积/km²	占研究区域比例/%	变化率/%
I	20 世纪 80 年代	16 032	18.2	−28.3
	21 世纪初	11 498	12.5	
II	20 世纪 80 年代	8665	9.6	32
	21 世纪初	11 440	12.5	
III	20 世纪 80 年代	14 795	16.8	56
	21 世纪初	23 076	25.2	
IV	20 世纪 80 年代	48 897	55.4	−6.6
	21 世纪初	45 691	49.8	

尼特右旗、四子王旗、达茂旗、乌拉特中旗及鄂托克前旗。21 世纪初集中分布在四子王旗、鄂托克旗、鄂托克前旗和达茂旗的东部。通过对比可以看出鄂托克旗、乌拉特中旗、四子王旗变化最为明显。其中乌拉特中旗的中部从III级区转化到 I 级区域，转化的面积为 1974 km²，变化率为 5%。从III级区转化到 II 级区域主要分布在鄂托克前旗的东西部，面积转化了 1849 km²（4.7%）。从III级区转化到IV级区域主要分布在苏尼特右旗的西南部、达茂旗的西南部和乌拉特中旗的南部，转化了 2742 km²（7%）。

对比图 4.3 和图 4.4 可以看出生态环境最差的IV级区域有所减少。20 世纪 80 年代IV级区域主要分布在苏尼特左旗、苏尼特右旗、鄂托克旗、四子王旗的北部、达茂旗的南部、乌拉特中期东西部和鄂托克旗的北部。21 世纪初IV级区域主要分布在苏尼特左旗、苏尼特右旗、达茂旗的西部及乌拉特中旗的南部。其中鄂托克旗和达茂旗变化较为明显。由表 4.6 可知，生态环境最差的IV级区域的面积 20 世纪 80 年代为 48 897 km²，占研究区域面积为 55.4%，21 世纪初为 45 691 km²，占研究区域面积为 49.8%，21 世纪初比 20 世纪 80 年代大约减少 3206 km²，面积减少幅度 6.6%。其中乌拉特中旗的中部、乌拉特后旗南部从IV级区转化到 I 级区域，转化的面积为 3290 km²，变化率为 8.3%。从IV级区域转化到 II 级区域的主要分布在四子王旗的北部和南部、达茂旗的东南部、鄂托克旗的东南部和鄂托克前旗的东北部，转化了 5089 km²（13%）。从IV级区转化到III级区域主要分布在四子王旗的北部、杭锦旗中部、鄂托克旗和鄂托克前旗的北部，面积转化了 9042 km²（23%）（表 4.7）。

通过动态对比可以看出与 20 世纪 80 年代相比 21 世纪初生态环境最好的 I 级区域和最差的IV级区域都有所减少；II 级区域和III级区域的面积都有所增加。

表 4.7　等级变化面积统计

等级		转化面积/km²	变化率/%
20 世纪 80 年代	21 世纪初		
Ⅰ级	Ⅱ级	498	1.3
	Ⅲ级	2924	7.4
	Ⅳ级	6876	17
Ⅱ级	Ⅰ级	0	0
	Ⅲ级	2130	5.4
	Ⅳ级	3031	7.7
Ⅲ级	Ⅰ级	1974	5
	Ⅱ级	1849	4.7
	Ⅳ级	2742	7
Ⅳ级	Ⅰ级	3290	8.3
	Ⅱ级	5089	13
	Ⅲ级	9042	23

第四节　结论与讨论

一、结　论

（1）内蒙古荒漠草原生态环境质量现状具有明显的分级特征。总体而言，乌拉特中旗的中部、达拉特旗的东部和准格尔旗的北部生态环境相对较好，四子王旗、鄂托克旗、鄂托克前旗生态环境一般，而苏尼特左旗和右旗、达茂旗生态环境较差。其中：

Ⅰ级区域主要分布于内蒙古乌拉特中旗的中部和北部、达拉特旗的东部和准格尔旗的北部，杭锦旗的西北部和东南部有零星分布。

Ⅱ级区域主要分布于乌拉特中旗的中部和西南部、杭锦旗的西部和东部、达茂旗南部、乌拉特后旗的南部以及达拉特旗的西部和中部。

Ⅲ级区域主要分布于四子王旗、鄂托克旗、鄂托克前旗、乌拉特中旗的中部和杭锦旗中部，达拉特旗中部有少量分布。

Ⅳ级区域主要分布于苏尼特左旗、苏尼特右旗、达茂旗东部、乌拉特前旗中部、乌拉特中旗南部、乌拉特后旗东部、达拉特旗的中部以及杭锦旗南部。

生态环境较好的Ⅰ级和Ⅱ级区域总面积为 9964 km²，共占总研究区域的 11.5%。而生态环境较差的Ⅲ级和Ⅳ级区域共占 88.5%。整体来看，内蒙古荒漠草原总体生态环境质量较差，生态环境恶劣。

（2）近 20 年内蒙古荒漠草原生态环境质量变化明显。与 20 世纪 80 年代相比 21 世纪初生态环境最好的 Ⅰ 级区域和最差的 Ⅳ 级区域都有所减少，Ⅱ 级区域和 Ⅲ 级区域的面积都有所增加。Ⅰ 级区域和 Ⅳ 级区域分别减少了 28.3% 和 6.6%，Ⅱ 级区域和 Ⅲ 级区域分别增加了 32% 和 56%。其中：

四子王旗、达茂旗、杭锦旗、乌拉特前旗和乌拉特后旗的北部变化最为明显，从 Ⅰ 级区转化到 Ⅳ 级区域。从 Ⅰ 级区转化到 Ⅲ 级区域的主要分布在杭锦旗的中部。从 Ⅰ 级区转化到 Ⅱ 级区域的主要分布在四子王旗的中部。

Ⅱ 级区域中没有从 Ⅱ 级转化到 Ⅰ 级的区域。从 Ⅱ 级区转化到 Ⅲ 级区域的主要分布在四子王旗的东部和达茂旗的东部。苏尼特右旗的西南部、达茂旗的西部和乌拉特前期的中部从 Ⅱ 级区转化到 Ⅳ 级区域。

乌拉特中旗的中部从 Ⅲ 级区转化到 Ⅰ 级区域。从 Ⅲ 级区转化到 Ⅱ 级区域的主要分布在鄂托克前旗的东西部。从 Ⅲ 级区转化到 Ⅳ 级区域的主要分布在苏尼特右旗的西南部、达茂旗的西南部和乌拉特中旗的南部。

乌拉特中旗的中部、乌拉特后旗南部从 Ⅳ 级区转化到 Ⅰ 级区域。从 Ⅳ 级区域转化到 Ⅱ 级区域的主要分布在四子王旗的北部和南部、达茂旗的东南部、鄂托克旗的东南部和鄂托克前旗的东北部。从 Ⅳ 级区转化到 Ⅲ 级区域主要分布在四子王旗的北部、杭锦旗中部、鄂托克旗和鄂托克前旗的北部。

（3）少数地区近 20 年的生态环境质量基本未变。苏尼特左旗、苏尼特右旗近 20 年来绝大部分地区生态环境一直处于 Ⅳ 级区域，没有明显改变。

（4）近 20 年内蒙古荒漠草原生态环境质量整体下降，局部地区好转。

二、讨　论

（1）生态环境质量评价的评价指标是评价的基本尺度和衡量标准，指标体系是生态环境综合评价的根本条件和理论基础。本章在综合全面了解荒漠草原生态环境各方面具体特征及整体状况的基础上，选择了气象、植被、土壤、人畜 4 个因子 20 个指标，构成荒漠草原生态质量评价的指标体系。由于荒漠草原生态环境系统的复杂性与特殊性，本体系充分考虑了自然环境和其他系统的协调发展，但本章所建立的评价指标体系未必全面，在此运用的评价指标体系是对荒漠草原生态环境质量综合评价进行科学研究的应用实例。

（2）本研究采用数学统计法中的因子分析法来计算评价指标的权重。因子分析是将多个指标转化为少数几个互相无关的综合指标的一种多元统计分析方法，它的本质是对高维变量系统进行最佳综合与简化降维，同时客观地确定各个指标的权重，避免主观随意性。而综合评价的焦点是如何科学、客观地将一个多目标问题综合成一个单指标形式。实践证明，因子析法运用于荒漠草原评价是一种较为可行的评价方法。

参 考 文 献

郝永红，周海潮. 2002. 区域生态环境质量的灰色评价模型及其应用. 环境工程, 20(4): 66–68.

何涛. 2006. 应用 MODIS 数据对荒漠草原生物量监测的研究. 北京: 中国农业科学院硕士学位论文.

黄思铭，杨树华. 1999. 云南省生态现状综合评价研究. 云南大学学报: 自然科学版, 21(2): 124–126.

贾明. 2005. 内蒙古荒漠草原植被恢复与重建技术体系研究. 北京: 中国农业大学硕士学位论文.

贾艳红，赵军. 2004. 白银市区域生态环境质量评价研究. 西北示范大学学报(自然科学版), 40(4): 91–95.

姜恕. 1988. 草原生态研究方法. 北京: 农业出版社.

李博. 1990. 李博文集. 北京: 科学出版社.

李博. 2002. 生态学. 北京: 高等教育出版社.

李德新. 1995. 荒漠草原生态系统研究. 呼和浩特: 内蒙古人民出版社, 1–90.

李锋. 1997. 荒漠化监测中生态环境与社会经济评价指标体系及评价方法的研究. 干旱环境监测, 11(1): 1–5.

李凤霞，郭建平. 2007. 中国生态环境评价研究进展. 青海气象, (1): 11–14.

李景平. 2007. 苏尼特荒漠草原景观动态研究. 北京: 中国农业科学院硕士学位论文.

李希灿，程汝光，李克志. 2003. 空气环境质量模糊综合评价及趋势灰色预测. 系统工程理论与实践, 4(4): 124–129.

李晓秀. 1997. 北京地区生态环境质量评价体系初探. 自然资源, (5): 31–35.

李玉实. 2002. 本溪市城市生态环境质量评价及预测. 辽宁城乡环境科技, 12(2): 37–39.

廖继武，孙武，尹秋菊，等. 2005. 海南岛西部沿海地区近 70 年来的生态环境变化. 云南地理环境研究, 17(3): 18–22.

刘春莉，李作泳. 2003. 生态环境质量物元可拓评价及实例分析. 城市环境与城市生态, 16(4): 62–64.

刘桂香. 2003. 基于 3S 技术的锡林郭勒草原时空动态研究. 呼和浩特: 内蒙古农业大学博士学位论文.

刘同海. 2005. TM 数据草原沙漠化信息提取研究. 北京: 中国农业科学院硕士学位论文.

刘振波，赵军，倪绍祥. 2004. 绿洲生态环境质量评价指标体系研究——以张掖市绿洲为例. 干旱区地理, 27(4): 580–585.

刘智慧，来永斌，孙翠玲，等. 2004. 矿业城市生态环境质量评价综合评价. 辽宁石油化工大学学报, 24(3): 39–44.

芦彩梅，郝永红. 2004. 山西省区域生态环境质量综合评价研究. 水土保持通报, 24(5): 71–73.

陆雍森. 1999. 环境评价. 上海: 同济大学出版社.

马春梅, 贾鲜艳. 2000. 内蒙古草地生态环境退化现状及成因分析. 内蒙古农业大学学报, 20(1): 117–121.

马荣华, 胡孟春. 2000. 海南岛生态环境分析评价. 农村生态环境, 16(4): 11–14.

毛文永. 1998. 生态环境影响评价概述. 北京: 中国环境科学出版社.

孟生旺. 1992. 用主成分分析法进行多指标综合评价应注意的问题. 统计研究, (2): 23–27.

内蒙古草地资源编委会. 1990. 内蒙古草地资源. 呼和浩特: 内蒙古人民出版社.

内蒙古锡林郭勒盟草原工作站. 1988. 锡林郭勒草地资源. 呼和浩特: 内蒙古日报青年印刷厂.

那波. 2006, 辽西北风蚀荒漠化现状评价及土壤养分变化. 沈阳: 沈阳农业大学博士学位论文.

彭补拙, 窦贻俭. 1996. 用动态的观点进行环境综合质量评价. 中国环境科学, 16(1): 16–19.

彭念一, 吕忠伟. 2003. 农业可持续发展与生态环境评估指标体系及测算研究. 数量经济技术经济研究, (12): 87–90.

任广鑫, 王得祥, 杨改河, 等. 2004. 江河源区区域生态环境质量评价的理论问题. 西北农林科技大学学报(自然科学版), 32(2): 9–12.

任继周. 1995. 草地农业生态学. 北京: 农业出版社.

盛连喜. 2002. 环境生态学导论. 北京: 高等教育出版社.

史德明, 梁音. 2002. 我国脆弱生态环境的评估和保护. 水土保持学报, 16(1): 6–10.

孙玉军, 王效科. 1998. 五指山保护区生态环境质量评价研究. 环境污染与防治, 19(3): 365–370.

汤丽妮, 张礼清, 王卓. 2003. 人工神经网络在生态环境质量评价中的应用. 四川环境, 22(3): 69–72.

汤姿. 2005. 县(市)区域层面的生态环境质量评价与规划研究——以庄河市为例. 辽宁: 辽宁师范大学硕士学位论文.

田永中, 岳天祥. 2003. 生态系统评价的若干问题探讨. 中国人口资源与环境, 13(2): 17–22.

王根绪, 钱鞠, 程国栋. 2001. 区域生态环境评价的方法与应用. 兰州大学学报(自然科学版), 37(2): 131–140.

王江山, 李海红, 许正旭. 2003. 三江源生态环境监测研究. 气象, 29(11): 49–52.

王学雷. 2001. 江汉平原湿地生态脆弱性评估与生态恢复. 华中师范大学学报(自然科学版), 35(2): 237–240.

卫智军, 双全. 2001. 内蒙古草地生态环境退化现状及治理对策浅议. 内蒙古草业, 6(1): 24–27.

魏丽, 黄淑娥, 李迎春, 等. 2002. 区域生态环境质量评价方法. 研究气象, 21(1): 23–28.

伍光和, 田连恕, 胡双熙, 等. 2000. 自然地理学. 北京: 高等教育出版社.

武晓毅. 2006. 区域生态环境质量评价理论和方法的研究. 山西: 太原理工大学硕士学位论文.

徐辉, 陈少华. 2001. 基于非线性理论的大气环境质量预测与评价. 华东地质学院学报, 24(4): 357–360.

杨艳刚. 2006. 生态环境质量评价方法在自然保护地域保护中的应用研究. 呼和浩特: 内蒙古大学硕士学位论文.

叶文虎, 栾胜基. 1994. 环境质量评价学. 北京: 高等教育出版社.

叶亚平, 刘鲁君. 2000. 县域生态环境质量考评方法研究环境监测管理与技术, 12(4): 13–17.

喻建华, 张露, 高中贵, 等. 2004. 昆山市农业生态环境质量评价. 中国人口、资源与环境, 14(5): 64–67.

喻良, 伊武军. 2002. 层次分析法在城市生态环境质量评价中的应用. 四川环境, 21(4): 38–40.

张剑光. 1993. 四川盆地农业自然环境质量评价. 四川环境, 12(1): 41–45.

张征. 2004. 环境评价学. 北京: 高等教育出版社.

赵跃龙, 张玲娟. 1998. 脆弱生态环境定量评价方法研究. 地理科学进展, 17(1): 67–72.

郑新奇, 王爱萍. 2000. 基于 RS 与 GIS 的区域生态环境质量综合评价研究——以山东省为例. 环境科学学报, 20(4): 489–493.

中国草地资源数据编委会. 1994. 中国草地资源数据. 北京: 中国农业科技出版社.

中国科学院内蒙古宁夏综合考察队. 1980. 内蒙古自治区及其东西毗邻地区天然草地. 北京: 科学出版社.

中华人民共和国农业部畜牧兽医司. 1996. 中国草地资源. 北京: 中国科学技术出版社, 205–207.

仲夏. 2002. 城市生态环境质量评价指标体系. 环境保护科学, 28(110): 52–54.

Bertollo P. 1998. Assessing ecosystem health in governed landscapes: A framework for developing core indicators. Ecosystem Health, 4(1): 33–51.

Bertollo P. 2001. Assessing landscape health: A case study from Northeastern Italy. Environmental Management, 27(3): 349–365.

Bradshaw A D. 1992. The Reconstruction of Ecosystems. Washington D C: The National Academies Press. Crabtree B. 1998. Developing sustainability Indicators for Mountain Ecosystems. A Study of The Caingorms Scot1and. Journal of Environment Management, 52: 1–14.

Cairns J J. 1980. The recovery process in damaged ecosystem. Ann Arbor: Science publishers.

CairnsJ J, Dicksos K I, Herricks E E. 1977. Recovery and restoration of damaged ecosystems. Charlottesville: The University Press of Virginia press.

Carpenter J R. 1935. Fluctuations in biotic communities I prairie-forest ecotone of central Illinois. Ecology, 16(2): 203–212.

Chapman J L, Reiss M J. 2000. Ecology Principles and Application. Cambridge: Cambridge University Press.

Connie I, 1995. Compttitivw performance and species Distribution in shoreline plant communities. Ecology, 76(1): 280–291.

Dalsgaard J P T, Lightfoot C, Christensen V. 1995. Towards quantification of ecological sustainability in farming systems analysis. Ecological Engineering, 4(3): 181–189.

Dalsgaard J P T. 1996. An Ecological Modelling Approach Towards the Determination of Sustainability In Farming System. Gloucestershire: Royal Agriculture and Veterinary University. PhD thesis.

Deng J L. 1982. Control problems of gray systems. Systems and Control Letters, 1(5): 288–294.

Ewell J J. 1987. Restoration is the ultimate test of ecology theory. In: Jordan W R, Gilpin M E, Aber G D. Restoration Ecology. London: Cambridge University Press: 31–33.

Feehan J, Gillmor D A, Culleton N. 2005. Effects of an agri-environment scheme on farmland biodiversity in Ireland. Agriculture, Ecosystems & Environment, 107(2–3): 275–286.

Ferguson B L. 1998. The concept of landscapes: A framework for developing core indicators. Ecosystem Health, 4(1): 33–35.

Gardner R H. 1992. A percolation model of ecological flows. In: Hansen A J, Castri F, Landscape Boundaries: Consequences for Biotic Diversity and Ecological Flows. New York: Springer V, 259–269.

Hopkins, Pywell, Peel, et al. 1999. Enhancement of botanical diversity of permanent grassland and impact on hay production in Environmentally Sensitive Areas in the UK. Grass and Forage Science, 54(2): 163–173.

Moris P, Rivel R. 1995. Methods of Enviroment Impact Assessment. London: UCL Press.

Rainer W. 2000. Development of environmental indicator systems. Environmental Management, 25(6): 613–623.

Saaty T L, Benet J P. 1977. A theory of analytical hierarchies applied to political candidacy. Behavioral Science, 22: 237–245.

Shoji A, Suyama T, Sasaki H. 1998. Valuing economic benefits of semi-natural grassland landscape by contingent valuation method. Grassland Science, 44(2): 153–157.

Smith E R. 2000. An overview of EPA's Regional Vulnerability Assessment (REVA) Program. Environmental Monitoring and Assessment, 64(9): 2–5.

Sugihara G, May R. 1998. Application of fractals in ecology. Trends Ecologist Evolution, 5: 79–86.

Toda K, Hosokawa Y. 1998. Evaluation of color on pasture landscape 1 Color evaluation of pasture facilities. Grassland Science, 44(3): 234–239.

Virginia H D, Beyeler S C. 2001. Challenges in the development And use of ecological indicators. Ecological Indicators, 3–10.

Wind Y, Saaty T L. 1980. Marketing applications of the analytic hierarchy process. Management Science, 26(7): 641–658.

第五章　荒漠草原植物资源评价研究

第一节　内蒙古荒漠草原植物资源评价

一、荒漠草原植物区系的种类及组成

荒漠草原是内蒙古高原草原区向荒漠区的过渡类型，是亚洲中部草原的一个特殊类型。在生态环境上与典型草原相比，其气候更加严酷。因此，在植物种类上更贫乏，在水分生态上更旱化，在组成上更简单。据初步统计和分析，内蒙古荒漠草原地区的种子植物有 60 科，191 属，402 种（包括 4 个变种）。植物区系主要是由被子植物中的双子叶植物组成，共有 49 科 148 属 322 种，分别占荒漠草原植物科的 81.67%、属的 77.49%，种的 80.10%；其次是由单子叶植物所组成，有 9 科，40 属，76 种，分别占科的 15.00%，属的 29.94%，种的 18.91%。而裸子植物极少，只有 2 科，3 属，4 种，分别占科的 3.33%，属的 1.57%，种的 0.99%（表 5.1）。

表 5.1　荒漠草原植物区系组成的统计

植物类别			区系组成			占总科属种的比例/%		
			科数	属数	种数	占总科数	占总属数	占总种数
种子植物	被子植物	双子叶植物	49	148	322	81.47	77.49	80.10
		单子叶植物	9	40	76	15.00	20.94	18.91
	裸子植物		2	3	4	3.33	1.57	0.99
合计			60	191	402	100.00	100.00	100.00

荒漠草原虽然是草原区的一个独特草原类型，但是仍具有草原的基本特征，只是地处草原区的面部、环境更严酷，种类更贫乏。据报道（刘钟龄，1960），内蒙古草原区有种子植物 71 科，273 属，513 种。荒漠草原的科属、种数分别占划原区科的 84.51%，属的 69.96%，种的 78.36%，其中也有大量的草原区系成分。

在荒漠草原的植物区系成分中，含 10 个种以上的科有菊科、禾本科、藜科、豆科等 11 个科（表 5.2）。

表 5.2　荒漠草原植物组成统计

序号	科	属		种	
		属数	占总属数 比例/%	种数	占总种数 比例/%
1	蓼科	6	3.16	17	4.23
2	藜科	14	7.33	38	9.45
3	石竹科	7	3.66	13	3.23
4	毛科	6	3.14	14	3.48
5	十字花科	10	5.23	16	3.98
6	蔷薇科	8	4.19	20	4.98
7	豆科	13	6.81	39	9.76
8	唇形科	10	5.24	13	3.23
9	菊科	29	15.18	57	14.18
10	禾本科	27	14.14	45	11.20
11	百合科	5	2.62	15	3.73
12	其他	56	29.32	115	28.61
	合计	191	100.00	402	100.00

其中菊科种类最多有 29 属、57 种，分别占荒漠草原植物属的 15.18%、种的 14.18%。从种类的数量和组成表明荒漠草原的禾本科和豆科种类数和所占比例仍然很大，在利用上仍具有很高的价值。

从荒漠草原植物区系地理成分分析，其区系组成是以戈壁蒙古荒漠草原种和亚洲中部荒漠草原种为主。戈壁蒙古荒漠草原种是分布在蒙古高原干旱、半干旱地区的荒漠草原，典型草原和荒漠植物成分，成为荒漠草原植物群落的建群种、优势种、亚优势种或伴生种，在群落中起主导作用。戈壁蒙古荒漠草原种主要有石生针茅、沙芦草（*A. mongolicum* keng）、沙鞭、无芒隐子草、女蒿、薯状亚菊、矮锦鸡儿（*C. pygmaea*（L.）DC.）、刺叶柄棘豆、大苞鸢尾、蒙古韭（*A. mongolicum* kegel）、蒙古莸（*Caryopteris mongolica* Bunge）等。亚洲中部荒漠草原种是半干旱草原区植物更旱化的成分。主要有短花针茅、沙生针茅、戈壁针茅、多根葱、狭叶锦鸡儿、栉叶蒿[*Neopallasia pectinata*（Pall.）Poljak.]、沙蓬等。

二、荒漠草原植物区系的特点

1. 植物区系具有过渡性

荒漠草原是草原区的一个特殊类型，地处草原区向荒漠区过渡的地区，在植物区系上也具有明显的过渡性，既有大量的草原区系成分，也有荒漠区系成分。在植物群落中草原种的渗入和影响十分明显，一些草原种如克氏针茅、糙隐子草、冷蒿、小叶锦鸡儿、羊草等在荒漠草原种形成景观群落。同时，也受荒漠植物区系的渗入与影响，一些荒漠成分种如红砂、珍珠猪毛菜（*S. passerina* Bunge）、松叶猪毛菜、盐爪爪［*Kalidium foliatum*（Pall.）Moq.］、毛刺锦鸡儿、霸王、白刺等沿着盐化低地和石质丘陵渗入到荒漠草原，作为常见的伴生种与丛生小禾草或小半灌木形成群落。总之，表现出荒漠草原植物区系明显的过渡性。

2. 具有特有的建群种和优势种

荒漠草原之所以成为一个独立的植被类型，是因为在其区系成分中具有特有的植物种类和独特的植物群落。在荒漠草原植被组成中，起主导作用的是戈壁蒙古荒漠草原种和亚洲中部荒漠草原种。其中，针茅属羽针茅组的强旱生丛生中禾草是荒漠草原特有的建群种，并形成独特的群落。石生针茅是山地砾石荒漠草原的建群种，所形成的群落分布广、面积大、作用最突出。戈壁针茅在蒙古高原中具有突出的建群作用。矮花针茅和沙生针茅及无芒隐子草也作为建群种形成独特的植物群落。此外，葱属的多根葱、蒙古葱也是荒漠草原独特的优势种，在群落中起着重要作用。菊科的旱生小半灌木三裂菊著状亚菊也是荒漠草原特有优势种，与石生针茅等形成独特的群落。

3. 具有荒漠草原的特征种

在荒漠草原上还有独具荒漠草原景观的特性种，也是荒漠草原标志性种类，常见的特征如旱生杂类草和小半灌木冬青叶兔唇花（*Lagochilus ilicifolius* Bungei）、荒漠丝石竹［*Gypsophila desertorum*（Bung）Fenzl］、叉枝鸦葱（*Scorgonera muriculata Chang*）、戈壁天门冬（*Asparagus gobica* Ivan. ex Grub）、骆驼蓬、燥原荠（*Pttilotrichum canescens* C. A. Mcy.）、刺叶柄棘豆等。

三、荒漠草原的饲用植物

在荒漠草原植物区系中，可供牲畜直接放牧或刈割后饲喂家畜的饲用植物种类比较丰富，这是发展草地畜牧业最廉价值饲料来源。据初步统计和分析，在荒漠草原的 402 种植物中，有饲用价值的饲用植物约 199 种，占植物总数的 49.50%。其中，菊科的饲用植物种类最多，有 38 种，占饲用植物总数的 19.00%；禾本科、豆科和藜科的饲用植物种类均为 23 种，均占植物总种数的 11.5%；再次是蔷薇科的饲用植物有 19 种，占 9.50%（表 5.3）。

1. 不同草地类型的饲用植物及组成

从荒漠草原、典型草原和荒漠的饲用植物种类及组成分析，荒漠草原饲用植物种类最多的是菊科，其次是禾本科、豆科和藜科；典型草原饲用植物种类最多的是禾本科，有 54 种，占该类型植物种数的 19.93%，其次是菊科 39 种，豆科 31 种和蔷薇科 26 种，分别占 4.39%、11.44% 和 9.59%（表 5.3）；再次荒漠的饲用植物种类最多的是菊科 28 种和藜科 26 种，分别占 18.79% 和 17.45%，其次是禾本科 15 种和豆科 14 种，分别占 10.07% 和 9.40%。从典型草原向西通过荒漠草原到荒漠，随着降水量逐渐减少，越来越干旱，藜科饲用植物种类越来越多，在草地畜牧业中起的作用也越来越大。

表 5.3　荒漠草原饲用植物种类及组成

序号	科别	典型草原		荒漠草原		荒漠	
		种数	占总数比例/%	种数	占总数比例/%	种数	占总数比例/%
1	菊科	39	14.39	38	19.00	28	18.79
2	禾本科	54	19.93	23	11.50	15	10.07
3	豆科	31	11.44	23	11.50	14	9.40
4	藜科	16	5.90	23	11.50	26	17.45
5	蔷薇科	26	9.59	19	9.50	9	6.04
6	蓼科	9	3.32	7	3.50	7	4.71
7	十字花科	10	3.69	9	4.50	3	2.01
8	百合科	11	4.06	7	3.50	4	2.68
9	毛茛科	6	2.21	3	1.50	1	0.67
10	唇形科	7	2.58	3	1.50	3	2.01
11	石竹科	11	4.06	4	2.00	3	2.01
12	莎草科	5	1.85	2	1.00	1	0.67
13	蒺藜科	0	0	2	1.00	9	6.04
14	柽柳科	0	0	1	0.50	8	5.37
15	其他科	46	16.98	35	18.00	18	14.08
	合计	271	100.00	199	100.00	149	100.00

2. 饲用植物的建群种和优势种

饲用植物的建群种和优势种不仅对群落环境影响最大，而且，决定着群落的结构和特征，更决定着群落的饲草生产能力、利用价值和经济价值。据分析，在荒漠草原的 199 种饲用植物中有 46 种为群落的建群种、优势种。其中，禾本科的建群种和优势种最多，有石生针茅、戈壁针茅、沙生针茅、无芒隐子草、沙鞭等 13 种（表 5.4）。其他建群种和优势种主要有狭叶锦鸡儿，中间锦鸡儿、小叶锦鸡儿、牛枝子、冷蒿、蓍状亚菊等。

表 5.4　荒漠草原建群种、优势种的组成

科别	属数	占总属数比例/%	种数	占总种数比例/%
禾本科	7	25.00	13	28.27
菊科	4	14.29	8	17.39
豆科	3	10.72	5	10.87
蔷薇科	4	14.29	5	10.87
杨柳科	1	3.57	3	6.53
百合科	1	3.57	2	4.35
莎草科	1	3.57	2	4.35
旋花科	1	3.57	2	4.35
藜科	1	3.57	1	2.17
芸香科	1	3.57	1	2.17
马鞭草科	1	3.57	1	2.17
蒺藜产	1	3.57	1	2.17
柽柳科	1	3.57	1	2.17
石竹科	1	3.57	1	2.17
合计	28	100.00	46	100.00

四、有毒有害植物

在内蒙古荒漠草原上，除了大量的可供牲畜饲用的饲用植物外，还有一些有毒有害植物。有毒植物在体内含有生物碱、类、草酸或草酸盐、蛋白质酶柳制物，香豆素等有毒物质。牲畜因饥饿采食或误食后，直接或间接影响牲畜健康，轻者致病，重者死亡，给畜牧业生产造成很大损失。据初步研究和统计，内蒙古荒漠草原的有毒植物约 24 科 44 属 54 种（表 5.5）。豆科有毒植物最多，有 5 属 9 种。小花棘豆[*Oxytropis glabra*（Lam.）DC.]危害最严重，主要分布于鄂尔多斯市、巴

表 5.5　内蒙古荒漠草原植物种类组成统计表

序号	科名	属数	种数	产种数
1	柏科	2	2	
2	麻黄科	1	2	
3	杨柳科	2	3	
4	桦木科	1	1	
5	榆科	1	3	
6	草麻科	1	1	
7	檀香科	1	1	
8	蓼科	6	17	
9	藜科	14	38	
10	苋科	1	1	
11	石竹科	7	13	
12	毛茛科	6	14	
13	小檗科	1	1	
	小计	44	97	0
14	罂粟科	3	3	
15	十字花科	10	16	
16	景天科	2	2	
17	虎耳草科	1	1	
18	蔷薇科	8	18	2
19	豆科	13	39	
20	牻牛儿苗科	2	2	
21	亚麻科	1	2	
22	蒺藜科	4	7	
23	芸香科	1	1	
24	远志科	1	1	
25	大科	1	2	
26	鼠李科	1	2	
27	锦葵科	2	2	
	小计	50	98	2
28	柽柳科	2	3	
29	瑞香科	1	1	
30	锁阳科	1	1	
31	杉叶藻科	1	1	
32	伞形科	5	6	
33	报春花科	12	4	

续表

序号	科名	属数	种数	产种数
34	白花丹科	1	3	
35	龙胆科	1	1	
36	萝摩科	1	2	
37	旋花科	2	4	
38	紫草科	7	7	
39	马鞭草科	1	1	
40	唇形科	10	12	1
41	茄科	3	3	
	小计	38	49	1
42	玄参科	5	6	
43	紫葳科	1	1	
44	列当科	2	4	
45	鼠李科	1	4	
46	茜草科	2	2	
47	忍冬科	1	1	
48	败酱科	1	1	
49	川续断科	1	1	
50	桔梗科	1	2	
51	菊科	29	57	
52	香蒲科	1	1	
53	眼子菜科	1	1	
54	水麦冬科	1	2	
55	泽泻科	1	1	
	小计	23	84	0
56	禾本科	27	45	
57	莎草科	2	4	
58	灯芯草科	1	1	
59	百科	5	15	
60	鸢尾科	1	5	1
	小计	36	70	1
	合计	191	398	4

彦淖尔市和阿拉善盟，为轻度耐盐的草甸中生植物，在盐湿地可成为优势种，含有蛋白质毒素，马、牛和羊大量采食后而中毒死亡。变异黄耆（*A. variabilis* Bunge）危害最大，分布于乌兰察布市（达茂旗、察右后旗）、鄂尔多斯市（西北部）、巴彦淖尔市（西部）和阿拉善盟，为荒漠旱生植物，强进入荒漠草原、开花期中毒剧烈，可使牲畜致死。毛茛科有 5 属 8 种，瓣蕊唐松草（*Thalictrum pelaloiaeum* L.）分布于乌兰察布市、巴彦淖尔市等地，在幼嫩时含有氢氰酸，牲畜采含过多引起中毒。大科有 2 属 2 种，乳浆大戟（*Euphorbia esula* L.）分布于全区各地，毒性较大。瑞香科有 1 属 1 种，狼毒（*Stellera chamaejasme* L.）也是剧毒植物。在有毒植物中，不同种所含有毒物质不同，毒性也不一样；同一种植物在不同物候期其毒性和对牲畜的危害也不尽相同。一些有毒植物虽然对牲畜有危害，但对人类却是很好的药用植物资源。

在有毒有害植物中，除了含有有毒物质的有毒植物外，还有少量的有害植物。该类植物体具有刺、刺钩或芒刺，放牧牲畜时对家畜造成损伤或影响畜产品质量。据初步研究和统计，该类植物在内蒙古荒漠草在上种类不多，约有 6 科 9 属 15 种（表 5.5）。其中，一是具刺的灌木，如小叶锦鸡儿、藏锦鸡儿、白刺等具刺能挂掉绵羊毛或山羊绒，并刺伤牲畜皮肤，造成伤害。二是颖果具芒针，如针茅属（*Stipa*）植物。当颖果成熟后其芒针粘连在羊毛上，影响羊毛品质，或刺伤羊皮，扎入脏和腔，严重者造成牲畜死亡。三是果实具刺，如大果琉璃草（*Cynoglassum divaricatum* Steph.）、假鹤虱[*Eritrichium thymifolium* (DC.) Lian et J. Q. Wang]、异刺鹤虱[*Lappula heleracatha* (Ledeb.) Gurke]，苍耳（*Xanthium siberica* Patrin ex Widder)、蒺藜（*Tribulus terrestris* L.）等，当果实成熟后，附着或粘连在羊毛上或刺入羊毛内，降低羊毛品质。也有些植物含有不良或有害化学物质，虽然牲畜采食后不会致死，但影响牲畜健康，如盐角草（*Salicornica europaea* L.）被过多采食后会引起下痢，或降低畜产品奶的质量，这些有毒有害植物都需采取措施进行防治。

第二节　荒漠草原主要草地群落

荒漠草原是由旱生多年生丛生小禾草和旱生小半灌木为建群种的草地，是草原区最旱生的类型。主要分布于乌兰察布高原和鄂尔多斯高原。

草地面积：842.00 万 hm²，占全区草地总面积的 10.08%；可利用面积：765.28 万 hm²，占全区可利用草地总面积的 12.03%。

草地主要特点：群落主要建群种为旱生丛生小禾草和旱生小半灌木为主；群

落结构简单，层次分明；多年生杂类草数较少，发育差；夏雨型一年生草本植物发育良好；草群低矮稀疏，种类贫乏；产草量低而不稳定；草群质量高；适口性较好，是内蒙古养羊业的主要基础。

根据地形地貌和植被不同，分为平原丘陵荒漠草原、山地荒漠草原和沙地荒漠草原。

一、平原丘陵荒漠草原

平原丘陵荒漠草原是荒漠草原的主体部分，主要分布在乌兰察布高原的东部和中部，鄂尔多斯高原的西部，其次是狼山和乌拉山山地。

面积：380.75 万 hm^2，占荒漠草原面积的 80.85%；可利用面积：629.59 万 hm^2，占荒漠草原可利面积的 82.27%。

主要特点：

建群种：以石生针茅、矮花针茅、狭叶锦鸡儿、冷蒿为主

种类：成分简单，5～15 种/m^2

草群高：10～25cm

盖度：一般 10%～20%

草质：质量高，适口性好，耐践踏，利用价值较高。

草产量：平均最高月产干草 361.95 kg/hm^2，其中，暖季产可食性干草 217.50 kg/hm^2；冷季可产可食性干草 141.45kg/hm^2，主要为二等草地。

载畜量：一个羊单位全年要 3.60 hm^2 为绵羊、山羊的优良放牧场。

根据组成草地建群层的经济植物类群及草地层中的优势种植物的异同，平原丘陵荒漠草原被划分为 9 组草地型。现选择其中 9 个有代表性和主要的群落叙述（表 5.6）。

二、山地荒漠草原

山地荒漠草原普遍分布于乌拉山、色尔腾山和狼山。

面积：62.84 万 hm^2，占荒漠草原面积的 7.46%；可利用面积：50.16 hm^2，占荒漠草原可利用面积的 6.55%。

主要特点：

建群种：以石生针茅为主体

种类：不丰富，8～17 种/m^2

草种高：11～17 cm

盖度：17%

表5.6 平原丘陵荒漠草原主要群落

项目		群落名称		
		狭叶锦鸡儿、刺针植茅	小叶锦鸡儿、石生针茅、冷蒿	驼绒藜、石生针茅
草地面积/万亩	总面积	11.63	77.80	6.07
	可利用面积	10.46	72.07	5.56
分布地区		杭锦旗、托克旗	苏尼特右旗、苏尼特左旗、四子王旗、达茂旗	苏尼特右旗、四子王旗、杭锦旗、鄂托克旗
主要伴生种		刺叶柄刺豆、冷蒿、沙生针茅、无芒隐子草、女蒿、兔唇花、天门冬、蒙古韭	沙生冰草、无芒隐子草、女蒿、猪毛蒿、栉叶蒿、虫实	沙生针茅、无芒隐子草、蒙古韭、砂蓝刺头、戈壁天冬、冷蒿、菁状亚菊
草群结构	植物种数/(种/m²)	6~7	6~12	7~10
	总盖度/%	40	12	20~30
	草群高度/cm	15~30	灌木层18~20 草本层5~14	半灌木层20~40 草本层8~10
草地产量/(kg/hm²)·干草	生育盛期 产草量	—	1.98	3.04
	可食产量	1.61	1.90	1.83
	枯草期可食产量	—	11.61	17.79
产量比重	灌木	25.17	16.5	
	半灌木	23.96	25.5	44.81
	多年生草本	葱类32.53	43.4	51.41
	一年生草本	禾本科11.11	14.6	3.78
载畜量/(hm²/羊单位)	暖季	1.49	1.14	0.75
	冷季	2.35	2.24	1.33
	全年	3.84	3.38	2.08
草地等级		三等7级	二等7级	三等6级
利用方式		放牧地	放牧地	放牧地、特别适宜马

项目		群落名称		
		冷蒿、短花针茅、石生针茅	石生针茅、冷蒿、无芒隐子草	甘草、杂类草
草地面积/万亩	总面积	46.00	229.72	11.05
	可利用面积	41.52	217.95	9.30
分布地区		达茂旗、四子王旗、武川县、察右中旗、乌拉特中旗、鄂托克旗	苏尼特左旗、苏尼特右旗、四子王旗、达茂旗、乌拉特中旗、乌拉特后旗	杭锦旗、鄂托克前旗、鄂托克旗
主要伴生种		无芒隐子草、猪毛蒿、牛枝子、地梢瓜、三芒草、画眉草	糙隐子草、乳白花黄耆、菁状亚菊、牛枝子、女蒿、草芸香、沙生冰草、碱韭	白草、沙蓬、地锦、画眉草、冠芒草、虫实
草群结构	植物种数/(种/m²)	4~13	5~8	2~6
	总盖度/%	29~52	14~17	36
	草群高度/cm	11~15	3~11	31~37
草地产量/(kg/hm²)·干草	生育盛期 产草量	2.79	1.30	3.29
	可食产量	1.67	0.76	1.97
	枯草期可食产量	16.32	6.38	16.04

续表

项目		群落名称		
		冷蒿、短花针茅、石生针茅	石生针茅、冷蒿、无芒隐子草	甘草、杂类草
产量比重	灌木	2		65.91
	半灌木	26.82	26.3	7.51
	多年生草本	42.68	66.0	7.7
	一年生草本	28.5	7.7	26.58
载畜量/(hm²/羊单位)	暖季	0.77	1.73	0.73
	冷季	1.50	4.10	1.38
	全年	2.67	5.83	2.11
草地等级		二等 6 级	二等 8 级	四等 6 级
利用方式		放牧地	放牧地	冬春放牧地

项目		群落名称		
		大苞鸢尾、杂类草	碱韭、石生针茅、无芒隐子草	猪毛菜、杂类草
草地面积/万亩	总面积	1.67	7.20	0.61
	可利用面积	1.50	3.87	0.55
分布地区		鄂托克旗、鄂托克前旗	苏尼特右旗、苏尼特右旗	鄂托克旗、乌拉特前旗
主要伴生种		冷蒿、白草、针茅草、碱韭	蒙古韭、冷蒿、木地肤、银灰旋花、砾薹草、草芸香	牛枝子、石生针茅、锋芒草、无芒隐子草、狭叶锦鸡儿、蒙古冰草
草群结构	植物种数/(种/m²)	3～9	14	4～6
	总盖度/%	30	30	20
	草群高度/cm	24～26	8～15	15～25
草地产量/(kg/hm²)·干草	生育盛期 产草量	1.83	2.02	2.24
	可食产量			
	枯草期可食产量	—	—	—
产量比重	灌木	11.65	15.6	2.15
	半灌木	41.55 鸢尾类	32.1 葱属类	71.6 猪毛菜类
	多年生草本	6.9	27.6	18.03
	一年生草本	29.9	23.8	8.17 杂类草
载畜量/(hm²/羊单位)	暖季	1.31	1.11	1.07
	冷季	2.49	3.29	2.03
	全年	3.80	4.40	3.10
草地等级		三等 7 级	二等 7 级	四等 7 级
利用方式		放牧地	秋季抓膘放牧地	放牧地

草质：草群质量较高，二等草地占草地面积的 50.98%，三等占 40.02%。

草产量：平均最高月产干草 607.65 kg/hm²，暖季饲草总贮量为 $16\,764.8 \times 10^4$ kg，冷季 11 475.01 kg。

载畜量：一个羊单位全年需要 2.44 hm²。

适宜发展小畜，特别是山羊秋季放牧地。

山地荒漠草原有 3 个草地组、6 个草地型，现选择 3 个有代表性和主要以群落叙述（表 5.7）。

表 5.7 山地荒漠草原主要群落

项目		群落名称		
		旱榆、山杏	蒙古扁桃、石生针茅	石生针茅、沙生冰草
草地面积/万亩	总面积 可利用面积	—	—	—
分布地区		乌海市境内卓子山	色尔腾山地、贺兰山地	乌拉特前旗 乌拉特中旗
主要伴生种		蒙古扁桃、冷蒿、石生针茅、百里香	单瓣黄刺梅、蒙古莸、菁状亚菊、糙隐子草、栒叶蒿、草芸香	菁状亚菊、糙隐子草、乳白花黄耆、薄叶棘豆、变异黄耆
草群结构	植物种数/（种/m²） 总盖度/% 草群高度/cm	5～10 乔木层200～300 漠木层60～100，草木10～15	5～15 15～20 草群10～20，灌丛100～150	17 18 11
草地产量/(kg/hm²)·干草	生育盛期 产草量 可食产量	1.13	3.23	2.75 1.51
	枯草期可食产量	—	—	14.86
产量比重	灌木 半灌木 多年生草本 一年生草本		17.4 71.0	3.9 95.4 0.7
载畜量/(hm²/羊单位)	暖季 冷季 全年	2.31 3.35 5.66	0.97 1.22 2.00	0.90 1.58 2.47
草地等级 利用方式		三等 8 级 夏秋营地、养小羊	三等 6 级 山羊秋季放牧地	二等 6 级 夏秋放牧地

三、沙地荒漠草原

沙地荒漠草原主要分布在鄂尔多斯市的多素沙漠西北部、乌兰察布和巴彦淖尔盟境内。水热条件比较优越。

面积：98.39 万 hm²，占荒漠草原面积的 11.69%。

可利用面积：85.54 万 hm²，占荒漠草原可利用面积的 11.18%。

主要特点：

建群种：113 黑沙蒿为主体也有中凤锦鸡塔落岩黄耆、沙鞭等

种类：种类单纯 1～7 种/m²

草群高：灌木层 40～85cm，草木层 10～20cm

盖度：20%～50%

质量：中等

产草量：平均最高月产干草 872.85 kg/hm²

载畜量：一个羊单位全年需 2.10 hm²

适宜艇作小畜冬春放牧地。

沙地荒漠草原共有 4 个草地组、8 个草地型，现选择 4 个有代表性和主要群落叙述（表 5.8）。

表 5.8　沙地荒漠草原主要群落

项目		群落名称			
		中凤锦鸡、黑沙蒿	塔落岩黄耆、黑沙蒿	黑沙蒿、杂类草	沙鞭、杂类草
草地面积/万亩	总面积	9.86	0.15	54.32	2.45
	可利用面积	8.87	0.13	47.47	2.17
分布地区		杭锦旗、鄂托克旗、乌拉特前旗	杭锦旗	四子王旗、杭锦旗、鄂托克旗、鄂托克前旗、达拉特旗	杭锦旗、鄂托克旗
主要伴生种		沙生针茅、无芒隐子草、沙珍棘豆、猪毛蒿、牛心朴子、画眉草、虎尾草	沙蓬、鳍蓟、沙芥	沙蓬、无芒隐子草、雾冰藜、细叶鸢尾、猪毛菜、虫实、骆驼蓬、冷蒿、牛枝子、蒺藜、白草	甘草沙蓬、画眉草、砂珍棘豆、细叶鸢尾、雾冰藜
草群结构	植物种数/（种/m²）	4～9	3～5	1～5	3～6
	总盖度/%	40	36	48	44
	草群高度/cm	灌木 8～10　草本 4～5	灌木 110　草本 10～20	半灌木 45　草本 8～15	40
草地产量/（kg/hm²）干草	生育盛期 产草量	3.46	14.06	3.79	—
	可食产量	—	—	1.71	4.73
	枯草期可食产量	—	—	17.09	—
产量比重	灌木	30.4	—	0.43	0.64
	半灌木	60.9	99.32	56.54	—
	多年生草本	4.7	—	36.20	23.67
	一年生草本	4.0	草本 0.68	6.83	75.67
载畜量/（hm²/羊单位）	暖季	0.92	0.23	0.84	0.68
	冷季	1.42	0.35	1.30	1.04
	全年	2.35	0.58	2.14	1.72
草地等级		三等 6 级	三等 4 级	三等 6 级	三等到 6 级
利用方式		放牧地	全年放牧	冬春营地	放牧地

第三节 生态种、珍稀种及濒危种

一、生 态 种

荒漠草原植物的生态类型及其生态种非常多。就其分布的植被类型而言，有草原种、荒漠种和独特的荒漠草原种。草原种一般都是拿生种、中生种等，荒漠种一般是超旱生种，渗入到荒漠草原，荒漠草原种一般都是旱生种或超旱生种（在植物区集中心简要叙述）。

在荒漠草原中，根据植物对土壤碱度的不同适应性，又分为沙生植物、石生植物和盐土或碱植物。

沙生种：种类多，主要分布在毛鸟类沙漠、乌兰布和沙漠、库布齐沙漠等沙地。著名的沙生植物有黑沙蒿、白沙蒿（*A. spaerocephala* Krasch）、塔落岩黄耆（*Hedysarum latens* Maxim.）、山竹岩黄耆（*H. fruticosum* Pall.）、柠条锦鸡、中间锦鸡、沙拐枣（*Calligonum mongolicum* Turcz.）、沙鞭、沙生针茅、沙生冰草等，此外还有沙蓬、砂珍棘豆（*Oxytropis gracilima* Bunge）、刺沙蓬（*Salsola pestifer* A. Nelson）等。

盐碱植物：黑翅地肤（*Kochia melanoptera* Bunge）、碱地肤[*K. scoparia*（L.）Schrad. Var. *sieversiana*（Pall.）Ulbr. ex Aschers. et Graebn.]、盐角草、角果碱蓬[*S. corniculata*（C. A. Mey.）Bunge]、碱蓬、盐爪爪、白刺、红沙、短穗柽柳（*Tamaris laxa* Willd.）、野滨藜[*Atriplex fera*（L.）Bunge]等。

二、珍 稀 种

珍稀种是指分布范围极小，在群落中罕见或为我国所特有，在经济上或科学上具有特殊价值的种类。随着生态环境恶化、生存条件受到威胁、珍稀种最容易消失。因此，必须重点保护如阿拉善苜蓿（*Medicago alaschanica* Vass.）、革苞菊（*Tugarinovia mongolica* Iljin）、肉苁蓉（*Cistanche deserticola* Ma）、石生鸢尾（*I. potaninii* Maxim.）、沙芦草、沙拐枣和内蒙古棘豆（*O. neimonggolica* C. W. Chang et Y. Z. Zhao）等珍稀种。

三、濒 危 种

濒危种是指自然环境恶化，人类对环境、资源等的过度利用或破坏，分布范围越来越小、数量越来越少、处于濒危状态的一些植物。荒漠草原的濒危种主要有圆叶木蓼（*Atraphaxis tortuosa* A. Los.）、栖扁桃、阿拉善脓疮草 [*Panzeria lanata*（L.）Bunge var. *Alaschanica*（Kupr.）Tschern.]、百花蒿[*Stilpnolepis centiflora*（Maxim）Krasch.]、沙木蓼（*A. bracteata* A. Los.）、胡杨（*Populus euphratica* oliv.）、甘草（*Glycyrrhiza uralensis* Fisch.）、草麻黄（*Ephedra sinica* stapf）。

第四节　荒漠草原植物主要属性特征及营养成分研究

一、研 究 方 法

搜集有关资料，特别是搜集 20 世纪 80 年代有关荒漠草原的植物资源、草地资源以及对其监测评价的图书、图件和资料，尤其重要的是搜集原始实地样地、样方调查资料。组织野外调查队在 7 月和 8 月植物生长旺盛季进行线路考察，选择具有典型性和代表性地段实地抽样调查，采用高精度 GPS 精确测定样地地理位置。样地面积为 1 km×1 km；样方面积：草本群落为 1 m×1 m，灌木为 10 m×10 m，半灌木和高大草本为 2 m×2 m。分别测定和记载每个植物种的高度、盖度、多度、频度及其地上生物量，一般重复 3 次。测产时齐地面剪割，若为灌木取其当年生枝条，称鲜重，风干后称干重。同时在样地内分别剪割建群种、优势种和主要植物种以及群落的样品 100～300 g 装入布袋，带回室内风干分析测定其营养成分状况。整理、计算和汇总本次调查数据资料，整理、归纳和编辑 20 世纪 80年代调查数据资料，筛选和提取与本次调查相对应或一致的资料，如地区、地段和草地类型相同或一致的资料本次调查的样地位置基本是 20 世纪 80 年代调查的样地位置或地段，最后将两次的调查结果进行对比分析。

二、研 究 内 容

（1）典型草地各类型植物的高度、盖度、多度、频度及产量变化。
（2）典型草群及主要牧草营养成分分析。

三、研 究 结 果

根据历史实地调查资料和项目研究内容以及野外调查数据，对比分析了 20世纪 80 年代到 2000 年这 20 多年荒漠草原植被地上生物量的变化，初步得到以下结论：

（一）地上生物量降低

通过荒漠草原整体分析发现 20 多年来该区域生物量降低，包括植物和群落的高度、盖度、多度和产量。原因主要有自然气候和人类活动两个方面的因素。随着全球自然气候逐渐干热化，荒漠草原的气候也不例外，这不可逆转，也不可抗拒。最重要的是人类对草原的利用加剧、放牧超载。荒漠草原是草原中是最为脆弱的生态系统，受到自然气候和人类不合理利用的影响，生物量降低不可避免。如表 5.9 所示生物量降低的幅度因群落不同各异，草群高度一般降低 1～3cm，草群盖度减少 5%～10%，多度减少 10～50 株/m²，地上生物量减少 5%～75%。

表 5.9　荒漠草原主要植物群落变化对比

采样地区	草地类型	年代	草群高度/cm	草群盖度/%	多度（株丛数）/（株/m²）	饱和度/（种数/m²）	总产量/（kg/hm²）
巴彦淖尔市	短花针茅、冷蒿、杂类草	20 世纪 80 年代	7.4	20	142	14	668.9
		2000 年	7.0	15	89	8	252.5
	戈壁针茅、杂类草	20 世纪 80 年代	9	25	66	12	552.1
		2000 年	8.4	15	58	9	430.5
	小针茅、冷蒿、杂类草	20 世纪 80 年代	8.3	30	158	13	1083.7
		2000 年	6.5	17	107	8	258
	冷蒿、杂类草	20 世纪 80 年代	9.3	30	150.9	14.4	1140.9
		2000 年	3.8	20	75.9	8.1	518.1
	无芒隐子草、杂类草	20 世纪 80 年代	8.1	25	142.2	14.5	917.5
		2000 年	3.7	15	80.7	8	364.9
锡林郭勒盟	小针茅、冷蒿、杂类草	20 世纪 80 年代	11	10.8	45.6	11.5	316.7
		2000 年	8.8	22.5	68.5	10	567
	针茅、隐子草、杂类草	20 世纪 80 年代	12.7	15	142.7	14	250.4
		2000 年	9	24	171.5	12.8	756.7
乌兰察布市	小针茅、冷蒿、杂类草	20 世纪 80 年代	18.7	32.5	120.8	12	894.4
		2000 年	14	27	85	9	860
	小针茅、无芒隐子草	20 世纪 80 年代	9.1	19.3	208.9	11	530.8
		2000 年	6.5	17.5	32.5	8	360
	小针茅、杂类草	20 世纪 80 年代	10.5	24.8	181	12	547
		2000 年	8.8	21.4	42.5	7.5	388.6
	冷蒿、杂类草	20 世纪 80 年代	6.5	28.2	190.3	13.6	677.8
		2000 年	5	30.7	58	10.7	602.5

（二）食口性优良牧草植物的四度一量降低

生殖枝高度降低 1～5 cm，叶层高度降低 0.5～4 cm，盖度减少 0.3%～4%，多度减少 1～10 株/m²，频度减少 3%～20%，鲜草产量降低 12%～60%（表 5.10）。

因为食草动物（主要是家畜）在觅食植物时首先采食适口性优良的植物，特别是过度放牧或超载的情况下家畜均要优先抢食优良植物，优良植物的生长发育受到影响、抑制甚至破坏。所以植株变小，个体数量减少，繁殖力下降，生物量必然大幅度降低。这些现象表明荒漠草原退化趋势严重。

表 5.10　荒漠草原主要建群植物和优势植物四度一量变化对比

种类组成	时期	生殖枝高度/cm	叶层高度/cm	盖度/%	多度（株丛数）/（株/m²）	频度/%	鲜草产量	
							g/m²	占20世纪80年代比例/%
短花针茅	20世纪80年代	17.5	10.3	11.7	18.6	88.3	11.3	100
	2000年	10.1	6.3	9.5	8.3	84.4	9.9	87.61
小针茅	20世纪80年代	12.3	8.5	8.9	26.2	98.3	23.3	100
	2000年	9.3	6.2	8.3	19.2	92.5	14.8	63.52
戈壁针茅	20世纪80年代	13.4	9.7	11.4	33.2	100	18.5	100
	2000年	—	6.7	7.8	29.0	100	12.9	69.73
无芒隐子草	20世纪80年代	11.35	4.3	7.5	30.0	92.5	13.9	100
	2000年	5.8	3.4	4.5	17.6	88.6	9.6	69.06
糙隐子草	20世纪80年代	10.8	7.0	7.3	9.3	98.8	19.5	100
	2000年	9.3	6.6	5.7	12.0	98.0	14.0	71.79
冷蒿	20世纪80年代	11.3	4.2	4.9	8.3	87.1	27.3	100
	2000年	8.6	2.8	3.5	6.6	84.2	19.3	70.70
多根葱	20世纪80年代	13.4	9.6	5.1	15.1	88.1	21.9	100
	2000年	8.1	7.5	4.3	13.8	83.1	14.0	63.93
冰草	20世纪80年代	14.0	8.8	2.0	8.8	69.9	9.3	100
	2000年	12.8	8.2	1.7	5.6	48.0	3.7	39.78
羊草	20世纪80年代	21.0	15.7	4.9	40.0	92.5	18.2	100
	2000年	20.0	15.0	3.5	35.5	80.0	12.0	65.93

（三）植物种饱和度减小

植物种饱和度是指单位面积内植物种的数量，饱和度大，植物种多，饱和度小，植物种少。因此饱和度反应植物群落或植被类型的植物种类组成的丰富程度，即代表植物多样性程度。表 5.9 表明饱和度减少的情况就内蒙古荒漠草原而言西部大于东部，锡林郭勒盟减少 1～2 种，乌兰察布盟减少 2～3 种，巴彦淖尔盟减少 2～4 种，这也反映出荒漠草原在严重退化。

此外，植物频度不仅反映其分布均匀程度，而且与其多度以及饱和度紧密相关。表 5.10 所示频度和多度的减少与饱和度减小相一致，说明植物种饱和度减小的测定结论是正确的。

（四）劣质植物量增加

各项主要指标的增加幅度由于植物种类不同而各不相同，如表 5.11 所示阿尔泰狗娃花、冠芒草、猪毛菜等一、二生年生杂类草和蒿属植物的篦齿蒿、变蒿及骆驼蓬等有毒有害植物的生殖枝高度增加 1～5 cm，叶层高度增加 0.3～4 cm，盖度增加 1%～3%，多度增加 1～20 株/m²，频度增加 3%～25%，鲜草产量增加 0.5～25 倍。通常家畜不采食或很少采食劣质植物，因而与优质植物相比得到了较好的生长发育和繁衍；其量增加同样是草原退化的一项重要指标，表明草原在退化，增加的量越大退化程度越严重。

表 5.11　一二年生杂草、蒿属以及有毒有害劣质植物生物量变化对比

植物种类	时期	生殖枝高度/cm	叶层高度/cm	盖度/%	多度（株丛数）/（株/m²）	频度/%	鲜草产量 g/m²	占 20 世纪 80 年代比例%
阿尔泰狗娃花	20 世纪 80 年代	6.3	4.1	1.2	2.8	51.6	1.9	100
	2000 年	8.3	4.4	4.5	2.9	55	10	526.32
猪毛菜	20 世纪 80 年代	2.7	2.7	1.4	5.6	52.4	2.2	100
	2000 年	8.4	7.3	4	7	65.7	55.3	2513.64
篦齿蒿	20 世纪 80 年代	7.7	4.3	1.2	20.9	75.1	3.2	100
	2000 年	4.8	4.8	2.5	53	93.3	22.8	712.50
冠芒草	20 世纪 80 年代	6.3	3.6	0.9	13.9	72.5	6	100
	2000 年	8	4.8	2	18.6	81.4	9.8	163.33
骆驼蓬	20 世纪 80 年代	8	7.3	0.7	6.5	28.8	1.9	100
	2000 年	12	9.5	3	14	50	23	1210.53
变蒿	20 世纪 80 年代	17.9	3.5	2.5	4.3	70.5	6.5	100
	2000 年	16.7	3.5	3.7	5.0	76.7	17.5	269.23

（五）超旱生灌木生物量增加

超旱生灌木是荒漠草原物种组成成分，其数量增加是旱化的主要标志之一，

表明荒漠草原向更为旱化的方向发展，而红砂的增多还有盐渍化的趋势。就调查研究的几种超旱生灌木而言其生殖枝和叶层高度均增加 0.5～1.5 cm，盖度增加 0.5%～2%，多度增加 0.5～4 株/m²，频度增加 10%～30%，鲜草产量增加 0.5～2.5 倍（表 5.12）。

表 5.12　几种荒漠草原超旱生灌木生物量变化对比

植物种类	时期	生殖枝高度/cm	叶层高度/cm	盖度/%	多度（株丛数）/（株/m²）	频度/%	鲜草产量	
							g/m²	占 20 世纪 80 年代比例/%
狭叶锦鸡儿	20 世纪 80 年代	15.0	10.2	0.7	2	49.3	3.8	100
	2000 年	16.0	11.0	1.2	3	83.3	7.1	186.84
红砂	20 世纪 80 年代	13.5	13.5	0.8	2.4	30	7.8	100
	2000 年	15	15	3.0	6.5	35	18.8	241.03
刺叶柄棘豆	20 世纪 80 年代	5.3	5.3	2.8	1.4	40	2.1	100
	2000 年	6.0	6.0	4.0	2	50	4.7	223.81

（六）围封禁牧区植被恢复效果明显

新世纪以来草原区各级政府针对草原退化和沙化程度，在退化极其严重的地段强制实行禁牧，在退化严重的地段实行限制放牧，使得草地得以休息和恢复，效果明显。表 5.13 所列两种荒漠草原植被型 20 世纪 80 年代为未围封的自然状态，2000 年是围封禁牧或限制放牧的围栏内测定的数据。群落高度增加 0.5～3cm，群落盖度增加 1.5%～8%，株（丛）数提高 10%～70%，生物量增加 45%～70%。然而植物种饱和度仍小于 20 世纪 80 年代，说明植物种一旦消失，恢复比较困难，植物多样性保护非常重要。

表 5.13　围封禁牧或限制牧与 20 世纪 80 年代自然状态下的荒漠草原生物量变化比

采样地区	草地类型	年代	草群高度/cm	草群盖度/%	多度（株丛数）/（株/m²）	饱和度/种数/m²	鲜草产量	
							kg/hm²	占 20 世纪 80 年代比例/%
锡林郭勒盟	冷蒿、小针茅、杂类草	20 世纪 80 年代	8.7	12.2	151.0	13.7	586.2	100
		2000 年	9.8	21.0	175.7	12.5	934.6	159.43
	无芒隐子草、杂类草	20 世纪 80 年代	6.0	14.5	92.2	12.0	399.0	100
		2000 年	9.0	20.0	157.0	12.5	588.4	147.47
乌兰察布市	无芒隐子草、杂类草	20 世纪 80 年代	9.4	21.4	194.4	14.9	525.5	100
		2000 年	10.0	23.0	216.0	11.6	914.0	173.93

（七）主要群落草群营养成分分析

对野外调查采集的 36 份主要群落的职务样品进行营养成分分析，主要包括粗蛋白、粗脂肪、粗纤维和灰分等指标。数据表明（表 5.14），荒漠草原群落植物营养成分中居于首位的是粗纤维，占绝对干物质的 25.0%左右；粗脂肪含量最少，仅占绝对干物质的 2.8%左右；组蛋白和灰分居中，分别为 12.5%和 9.0%左右。同时，通过对比表 5.14 不同群落发现，以针茅为建群种的群落的粗蛋白营养成分含量相对较高，粗纤维含量较低；而以冷蒿为建群种的群落的粗蛋白含量相对较低，粗纤维含量较高。

表 5.14　东西苏主要群落草群营养成分分析统计（采样时间为 8 月份）

样品编号	采样地点	草地类型	土壤类型	营养成分（占绝对干物质的比例）/%			
				粗蛋白质	粗脂肪	粗纤维	灰分
105	东苏旗思格尔和公社 114°50.560′E、43°17.201′N	芨芨草、寸草苔、芦苇、碱茅	草甸土	12.82	2.89	18.38	10.89
106	东苏旗北 113°30.088′E、44°28.931′N	针茅、多根葱、小叶锦鸡儿	棕钙土	12.99	2.93	27.39	9.18
107	东苏旗北 112°17.575′E、44°51.060′N	冷蒿、克氏针茅、狭叶锦鸡儿	栗钙土	6.49	2.02	28.07	12.93
108	东苏旗白音乌拉公社白音塔拉 113°37.017′E、43°59.827′N	克氏针茅、多根葱	沙质栗钙土	15.62	2.59	21.66	9.8
109	东苏旗			18.27	2.13	24.89	18.7
110	同上			9.38	4.32	18.96	7.33
111	东苏旗达敕公社白音宝力道 112°59.473′E、44°28.829′N	冷蒿、克氏针茅	棕钙土	11.21	2.99	29.95	7.4
112	同上			10.83	3.47	24.62	13.28
113	西苏旗都仁乌力吉公社查干乌拉 113°10.032′E、42°21.446′N	克氏针茅、隐子草、冷蒿	栗钙土	8.6	2.66	25.29	13.28
114	同上			11.57	2.75	25.33	5.73
115	西苏赛汗乌力吉公社白音哈拉图 113°46.843′E、42°52.708′N	针茅（2种）、隐子草（2~3种）、锦鸡儿（2种）	风沙土	8.44	2.67	27.85	10.37
116	同上			12.72	2.59	20.47	7.42
117	同上			11.89	2.46	26.59	10.16
118	同上			14.86	3.25	25.32	9.64
119	西苏旗南 111°44′E、43°13.932′N	霸王、砂拐枣、红砂、驼绒藜、针茅、多根葱、隐子草	棕钙土	13.57	2.65	20.75	9.09

续表

样品编号	采样地点	草地类型	土壤类型	营养成分（占绝对干物质的比例）/%			
				粗蛋白质	粗脂肪	粗纤维	灰分
120	西苏旗南 112°45.513′E、42°59.709′N	阿氏旋花、一年生杂类草	棕钙土	14.7	1.74	24.14	9.92
121	从东面刚进入西苏 113°09.923′E、43°29.009′N	狭叶锦鸡儿、银灰旋花、多根葱	棕钙土	11.16	1.87	27.68	6.51
122	西苏旗南 111°50.439′E、43°04.331′N	红砂、珍珠猪毛菜、针茅、葱	棕钙土	16.3	5.47	20.77	6.81
123	西苏旗都呼木公社 112°37.317′E、42°38.954′N	针茅、无芒隐子草	棕钙土	13.82	3.29	20.2	9.77
124	西苏旗南 113°31.180′E、42°32.524′N	无芒隐子草、细叶葱、针茅、冷蒿	栗钙土	11.72	2.71	31.71	4.71
125	西苏旗南 113°36.573′E、43°N	红砂、珍珠猪毛菜与盐爪爪相间分布	棕钙土	15.8	1.97	18.38	10.32
127	西苏旗南 112°43.021′E、42°21.541′N	针茅、隐子草、多根葱	棕钙土	11.66	3.7	27.39	8.1
128	西苏旗南 113°03.746′E、41°58.103′N	针茅、百里香、隐子草、狼毒	栗钙土	10.27	2.82	28.07	9.04
129	西苏旗吉格朗图公社 112°05.471′E、42°44.519′N	针茅	棕钙土	14.31	2.19	21.66	7.17
130	西苏旗布图木吉公社白音哈毫 112°58.582′E、42°39.123′N	针茅、叉枝鸦葱	棕钙土	13.84	5.79	24.89	6.81
131	同上			12.93	1.19	18.96	14.34
132	西苏旗南 113°00.048′E、43°15.165′N	短花针茅、无芒隐子草（具灌木）	棕钙土	13.64	2.76	29.95	8.61
133	同上			13.74	2.62	24.62	7.42
134	西苏旗南 113°14.502′E、42°30.012′N	隐子草、针茅	栗钙土	12.66	2.35	25.29	5.78
135	西苏旗朱日河公社东达乌素 112°59.393′E、42°16.407′N	针茅、驼绒藜、冰草、多根葱、冷蒿、细叶葱、小叶锦鸡儿	栗钙土	12.67	1.59	25.33	6.63
136	西苏旗格日勒敖都公社 111°46.371′E、43°09.982′N	针茅、葱、小叶锦、沙木蓼	风沙土	8.73	3.21	27.85	7.26
137	西苏旗布图木吉公社白音淖尔边 113°11.532′E、42°32.928′N	多根葱、糙隐子草、木地肤	棕钙土	18.83	1.95	20.47	6.88
138	西苏旗都呼木公社大队 112°23.763′E、42°31.451′N	大针茅、蒙古冰草、蒙古扁桃、小叶锦鸡儿	具覆沙层	9.05	3.4	26.59	7.28
139	西苏旗南 112°34.570′E、42°28.830′N	短花针茅、多根葱、隐子草	棕钙土	14.81	3.83	25.32	7.7
140	同上			13.24	2.31	20.75	7.6
141	东苏旗北红格尔公社乌吉刀图 112°03.727′E、44°30.684′N	针茅、冰草、多根葱	栗钙土、棕钙土	11.76	1.6	24.14	9.59

第五节 新疆荒漠草原植物资源评价

一、新疆荒漠草原概述

新疆位于我国西北方，地域辽阔，四周环山，地势高而高差大，受海洋性湿润气候影响甚微，气候极端干旱。因而形成了岩热资源丰富，冷热变化剧烈，少雨干燥，风速大，沙暴多等气候特点，具有中亚荒漠气候特征。由于天山横贯其中部，形成了北疆为中温带，南疆为暖温带的气候。在新疆，气候条件是草地形成的决定因素。草地及其类型的形成以及地理分布规律都明显受干旱气候的影响，亚洲中部极干旱和干旱的气候条件形成了新疆荒漠带的地带性植被。荒漠（包括温性荒漠、温性草原化荒漠和高寒荒漠）是新疆植被的主体类型，其面积最大，总面积达 2691.18 万 hm²，占全疆草地总面积的 47.00%，居第一（表 5.15）。荒漠广泛分布于平原和盆地，东部与河西走廊相接，西部经中亚和西亚与北非荒漠相贯通，成为亚非荒漠的重要组成部分。

在新疆，除了广大的平原和盆地分布着浩瀚的荒漠外，由于南北纬度跨度大、地貌和地势不同，还存在大量的山地。由于山地的存在以及山体海拔高度的不同，使水热条件形成了很独特、有规律的变化。温度随山体升高而递减，降水量随山体升高而增加，形成了明显的山地垂直带气候。由于垂直气候的差异，从广大的平原、盆地到山地形成了不同的植被类型，从下而上，形成了荒漠草原化荒漠、荒漠草原、干草原、山地草甸、高寒草甸等垂直植被类型。

在植被类型上，荒漠草原作为草原带的一个亚带，广泛分布于草原带的最下部，是山地草原带向荒漠带的过渡。由于所处的地理位置（经度和纬度）不同，荒漠草原分布的海拔高度、类型和性质也不相同，就性质而言，有温性、暖性和高寒的差异。新疆的荒漠草原主要是温性荒漠草原，其次是高寒荒漠草原（表 5.16）。

（一）温性荒漠草原

温性荒漠草原是发育在温带干旱地区，以多年生旱生丛生小禾草为主，并有一定数量旱生、强旱生小半灌木和灌木参与组成的草地类型。在新疆，该类型草原主要分布在阿尔泰山、天山、昆仑山和阿尔金山等山地下部地区；在北疆，从部分山前草原分布到中低山带；在南疆，则上升到中山和亚高山带。草原面积（包括平原丘陵和山地荒漠草原）641.46 万 hm²，可利用草地面积为 585.22 万 hm²，分别占全区天然草地面积（5725.88 万 hm²）和占全区可利用草地面积（4800.22 万 hm²）

表 5.15　中国主要省区天然草地面积统计表　　　　　　　　hm²

草地类别	主要省区						
	内蒙古	新疆	西藏	甘肃	青海	宁夏	合计
温性草甸草原	8 682 506	2 317 994	208 400	94 206	1 481	65 441	11 370 028
温性草原	27 477 870	3 217 755	1715 115	3 088 432	2 117 882	782 131	38 399 185
温性荒漠草原	8 819 456	6 414 641	432 238	1 301 169	535 468	1 418 635	18 921 607
高寒草甸草原	—	—	5586 000	1 239 652	40 082	—	6 865 734
高寒草原	—	3 861 480	31941 630	—	5 820 061	—	41 623 171
高寒荒漠草原	—	628 300	8678 715	258 991	—	—	9 566 006
温性草原化荒漠	5 354 087	4 146 087	107 098	521 006	—	545 140	10 673 418
温性荒漠	16 924 818	21 205 085	45 333	4 804 418	2 038 517	42 640	45 060 784
高寒荒漠	—	1 560 594	5441 650	—	525 519	—	7 527 763
暖性草丛	—	—	11 202	—	—	—	11 202
暖性灌草丛	—	—	139 896	907 488	—	—	1 047 384
热性草丛	—	—	9 328	—	—	—	9 328
热性灌草丛	—	—	27 851	—	—	—	27 851
干热稀树灌草丛							
低地草甸	9 037 127	6 885 786	44 466	680 715	1 123 491	93 378	17 864 943
山地草甸	1 486 314	2 912 166	1367 744	3 781 282	672 040	58 538	10 278 084
高寒草甸	—	3 842 326	25341 714	1 226 847	23 208 968	—	53 619 855
沼泽	820 946	266 553	20 642	—	—	8164	1 116 350

表 5.16　新疆荒漠草原不同类型的比较

项目		类别		
		温性荒漠草原		高寒荒漠草原
		平原丘陵荒漠草原	山地荒漠草原	
总面积	面积/万 hm²	90.89	550.57	62.83
	比例%	14.17	85.83	13.99①
可用面积	面积/万 hm²	79.11	506.11	51.50
	比例%	13.52	86.48	12.73①
植被组成	建群种与优势种	沙生针茅、镰芒针茅、糙隐子草、博洛塔绢蒿、纤细绢蒿、碱韭、驼绒藜、洛氏锦鸡儿、白皮锦鸡儿等	沙生针茅、镰芒针茅、戈壁针茅、新疆针茅、东方针茅、昆仑针茅、高山绢蒿、白茎绢蒿、新疆绢蒿、博洛塔绢蒿、伊犁绢蒿、驼绒藜、猪毛菜、琵琶柴等	紫花针茅、短花针茅、座花针茅、新疆银穗草、昆仑绢蒿、高山绢蒿、垫状驼绒藜等

项目		类别		
		温性荒漠草原		高寒荒漠草原
		平原丘陵荒漠草原	山地荒漠草原	
	主要 伴生种	无叶假木贼、盐生假木贼、木本猪毛菜、木地肤、针茅、羊茅、膜果麻黄、短柱薹草等	冰草、二刺叶兔唇花、灌木紫菀木、合头草、中亚细柄茅、阿尔泰狗娃花、无芒隐子草、冷蒿、细叶鸢尾、圆叶盐爪爪、刺旋花等	黄白火绒草、异叶青兰、帕米尔委陵菜、中亚委陵菜、雪地棘豆、风毛菊、硬叶薹草等
草群 结构	草层高度/cm	15～45	20～30	5～10
	覆盖度/%	20～45	20～40	10～25
产干草量/（kg/hm²)		450	324	97
理论载畜量/ （万羊支/年)		30.85	188.53	6.78
草地组数		23	3	2
草地型数		43	25	3

说明：①占高寒草原亚带面积的比例

的 11.20%和 12.19%，仅次于荒漠和低地草甸，居第二位。温性荒漠草原是在干旱、半干旱气候条件下形成的，是山地草原带中最干旱的植被类型。年降雨量 150～300 mm，≥10 ℃积温 2000～3000 ℃，干旱度 2.5～4.0。土壤为黄土和砂砾质的淡栗钙土和棕钙土。

新疆的温性荒漠草原是山地温性干草原向温性荒漠的过度类型，在植被组成上与其他地区（如内蒙古）的荒漠草原是不同的，具有独有的特征和标志。主要表现在除了旱生多年生丛生小禾草外，还出现大量的荒漠蒿类半灌木、盐柴类半灌木和旱生灌木。旱生多年生丛生小禾草的种类成分以沙生针茅、戈壁针茅、昆仑针茅（S. roborowskyi Roshev.）、东方针茅（S. orientalis Trin.）、镰芒针茅（S. caucasica Schmalh.）、新疆针茅（S. sareptana Becker）等为建群种和优势种；荒漠蒿类半灌木以纤细绢蒿[S. gracilescens（Krasch. et lljin）Poljak.]、新疆绢蒿[S. kaschgaricum（Krasch.）Poljak.]、博洛塔绢蒿[S. borotalense（Poljak.）Ling et Y. R. Ling]、高山绢蒿[S. rhodanthum（Rupr.）Poljak.]等为建群种和优势种，这是新疆荒漠草原最明显的特征和标志。此外，盐柴类半灌木中以木蓼[A. frutescens（L.）Ewersm.]、短叶假木贼，旱生灌木中以锦鸡儿、中麻黄[E. intermedia Schrenk ex Mey.]等参与旱生丛生禾草共建草地型，参与度达 30%～50%，在草群中起显著作用。同时，还混生有数量较多的旱生小薹草、葱类及一年生植物。

在温性荒漠草原的草群中，种的丰富度、覆盖度和产草量都普遍低于干草原。草层高度一般在 10～30cm，覆盖度 15%～40%，鲜草产量 855～1200 kg/hm²。牧草质量也低于干草原，但丛生禾草仍属优等饲用植物。该类荒漠草原根据地貌和地形可分为平原、丘陵温性荒漠草原和山地湿性荒漠草原两个亚类。

1. 平原、丘陵温性荒漠草原

新疆的平原丘陵温性荒漠草原主要发育在北疆地区，呈片状分布在阿尔泰山山前倾斜平原和布克赛尔谷地及博乐谷西部等地区。植被组成以旱生多年生禾草为主。

沙生针茅、镰芒针茅、糙隐子草，蒿类半灌木中的博洛塔绢蒿、纤细绢蒿，旱生灌木中的荒漠（*C. roborovskyi* Kom.）锦鸡儿（*C. leucophloea* Pojark.）、白皮锦鸡儿以及驼绒藜、碱韭等形成了草地的建群种和优势种。这也表现出了平原丘陵温性荒漠草原在种类组成上的基本特征。

该亚类在新疆天然草地中所占的面积不大，仅 90.89 万 hm^2，占温性荒漠草原面积的 14.17%；可利用面积 79.11 万 hm^2，占温性荒漠草原可利用面积的13.52%。草原高度 15～45 cm，覆盖度 20%～45%，产干草约 450 kg/hm^2，理论载为 30.85 万只羊单位（表 5.16）。虽然草层低矮，产草量较低，但是草地质量在平原区属于较好的类型。其含 5 个草地组，8 个草地型，以丛生禾草组和蒿类半灌木丛生禾草组为主。

2. 山地温性荒漠草原

新疆的山地温性荒漠草原广泛分布在新疆的各个山区，一般处于山地草原带的下部。总的分布规律是由北向南，由西向东逐渐升高。在北疆成带状分布于低山区，在南疆居于中山区和亚高山带。在阿尔泰山中西部分布于 800～1200 m 的低山带，在东部的上线可达 1500 m；在准格尔西部山地分布于 900～1300 m，东部北塔山在 1600～2300 m；天山北坡在 1100～1700 m，东部至伊吾县到 1600～2300 m；天山南坡在 2400～3800 m；昆仑山到达 3000～3200 m，至东部阿尔泰金山达 3600～3800 m。土壤为土质和砂砾质的棕钙土以及淡栗钙土。植被组成以旱生多年生丛生禾草、蒿类和盐柴类半灌木为主。建群种和优势种中，旱生丛生禾草除沙生针茅和镰芒针茅外，还有戈壁针茅、新疆针茅、东方针茅、昆仑针茅；荒漠蒿类半灌木除博洛塔绢蒿和纤细绢蒿外，还有高山绢蒿、白茎绢蒿、新疆绢蒿、伊犁绢蒿以及盐柴类的猪毛菜、红砂等。特别是中麻黄可成为草地的主要建群种之一，此外葱类及薹草也可成为优势种。在植被组成上充分体现出了新疆荒漠草原最基本的特征。随着地区的不同，该亚类在各山地的发育成草地型组和也存在较大差异。

该亚类在新疆荒漠草原中的面积最大，达 550.57 万 hm^2，占温性荒漠草原面积的 85.83%；可利用草地面积为 506.11 万 hm^2，占温性荒漠草原可利用面积的

86.48%。草层高度 20～30cm，覆盖度 24%～40%，干草产量约 324 kg/hm²，理论载畜量为 188.53 万只羊单位。该亚类草原是新疆主要的冷季牧场。虽然生产能力不高，但是牧草质量较高。草地类型组合较复杂，共有 2 个草地组，72 个草地型，其中，丛生禾草组、蒿类半灌木丛生禾草组、盐柴类半灌木丛生禾草组和具灌木丛生禾草组是山地温性荒漠四个典型的草地组。

（二）高寒荒漠草原

高寒荒漠草原主要分布于帕米尔高原、昆仑山和阿尔金山西部高山区。在帕米尔高原分布于 3800～4000 m 的半阴坡和半阳坡；在昆仑山主要分布于内部山原东南部的高原湖盆区；在阿尔金山分布于祁曼塔格山之间的谷地和车尔臣河上源，面积较小，为 62.83 万 hm²，占高寒草原面积的 13.99%；可利用草地面积为 51.50 万 hm²，占高寒草原可利用面积的 12.73%。是草原中最寒冷的类型。地表多为砂质和砂砾质覆盖。

该亚类在植被组成上的主要特征是种类成分简单。由寒旱生丛生禾草与耐寒旱生丛生禾草中的紫花针茅（*S. purpurea* Griseb.）、短花针茅、座花针茅[*S. subsessiliflora*（Rupr.）Roshev.]、西山银穗草[*Leucopoa olgae*（Regel.）Krecz. et Bobr.]，蒿类半灌木中的昆仑绢蒿、高山绢蒿、和垫状驼绒藜[*C. compacta*（Losinsk.）Tsien et C. G. Ma]等组成。草层高度低矮，一般为 5～10 cm，覆盖度为 10%～25%，干草产量约 97 kg/hm²，理论载畜量为 6.78 万只羊单位。虽然草地质量尚好，但是草层低矮而稀疏，产草量低，草地潜力不大，也难以发挥。仅有丛生禾草组成和小莎草类组成 2 个组，共 8 个草地型。

二、荒漠草原的植物资源

植物是草地最基本的构成者和生产资料，是草地生态系统的第一生产者。因此植物资源的利用价值和生产潜力，植物的种类及组成、区系地理成分、生活型、生态类型、经济类群、在群落中的作用、饲用价值、产草量等属性，是划分草地类型影响草地生产能力的关键因素。

（一）植物区系的种类和组成

荒漠草原植物区系的种类和组成，是在干旱气候条件下，经过长期的演化和自然选择而形成的。其种类比较丰富，组成比较多样，既有荒漠草原独特的种类成分，也有大量的草原植物和荒漠结构种类的渗入。初步统计（表5.17），荒漠草原的种子植物有 304 种（包括亚类、变种和变型），隶属于 155 属 43 科。其中裸子植物种类极少，只有 2 科 2 属 6 种；被子植物种类占绝对多数，双子叶植物有 33 科 109 属 195 种，单子叶植物有 8 科 44 属 103 种。

若从科属的大小或所含种类多少分析（表 5.18），含 10 种以上的有 7 科，禾本科种类最多，藜科次之。这说明新疆草原的植物组成，既有大量典型草原种类渗入，也有典型荒漠种类渗入。禾本科的属种数占第一位，有 35 属 76 种，占总属数的 22.58%、总种数的 25.00%。其中针茅属植物达 14 种，沙生针茅、镰芒针茅、戈壁针茅等 9 种在荒漠草原的不同草地型中起着建群种和优势种的作用。藜科的属种占第二位，有 20 属 50 种，占总属数的 12.90%、总种数的 16.45%。其他依次还有菊科、豆科、石竹科、百合科和蓼科。仅这 7 个科的属种达 92 属 209 种，分别占总科数的 16.28%、总属数的 59.35%、总种数的 68.75%。其余的 36 科仅 63 属 95 种，分别占总科数的 83.72%、总属数的 40.65%、总种数的 31.25%。科占的比例很大，属种数相对占的比例较小。含 5～9 种的有 7 个科，即麻黄科、毛茛科、蒺藜科、旋花科、唇型科、莎草科和鸢尾科。含 4 种以下的有 29 科，其中单种科很多，有 14 科，如柏科、荨麻科、景天科、茄科、香蒲科、眼子菜科等（表 5.19）。

表 5.17 新疆荒漠草原植物区系组成统计表

组成植物类别		种类	属数	科数
裸子植物		6	2	2
被子植物	双子叶植物	195	109	33
	单子叶植物	103	44	8
合计		304	155	43

表 5.18 新疆荒漠草原植物主要科的属种数统计表

序号	科名	属		种	
		属数	占总属数比例/%	种数	占总种数比例/%
1	禾本科	35	22.58	76	25.00
2	藜科	20	12.90	50	16.45
3	菊科	17	10.97	31	10.19
4	豆科	8	5.16	20	6.58
5	石竹科	5	3.23	11	3.62
6	百合科	3	1.93	11	3.62
7	蓼科	4	2.58	10	3.29
8	其他	63	40.65	95	31.25
合计	43 科	155	100.00	304	100.00

表 5.19　新疆荒漠草原植物区系成分统计表

植物类别		科序号	科名	属		种	
				属数	占总属数比例/%	种数	占总种数比例/%
裸子植物		1	柏科	1	0.65	1	0.33
		2	麻黄科	1	0.65	5	1.64
被子植物	双子叶植物	3	杨柳科	2	1.29	2	0.66
		4	榆科	1	0.65	2	0.66
		5	荨麻科	1	0.65	1	0.33
		6	蓼科	4	2.58	10	3.29
		7	藜科	20	12.90	50	16.4
		8	苋科	1	0.65	1	0.33
		9	石竹科	5	3.22	11	3.62
		10	毛茛科	6	3.87	9	2.96
		11	十字花科	3	1.94	3	0.98
		12	景天科	1	0.65	1	0.33
		13	蔷薇科	2	1.29	4	1.32
		14	豆科	8	5.16	20	6.56
		15	牻牛儿苗科	2	1.29	2	0.66
		16	蒺藜科	4	2.58	5	1.64
		17	大戟科	1	0.65	2	0.66
		18	锦葵科	2	1.29	2	0.66
		19	柽柳科	2	1.29	3	0.98
		20	杉叶藻科	1	0.65	1	0.33
		21	伞形科	1	0.65	1	0.33
		22	报春花科	2	1.29	3	0.98
		23	白花丹科	2	1.29	2	0.66
		24	龙胆科	1	0.65	1	0.33
		25	萝摩科	1	0.65	1	0.33
		26	旋花科	2	1.29	6	1.97
		27	紫草科	3	1.94	3	0.98
		28	唇形科	5	3.22	6	1.97
		29	茄科	1	0.65	1	0.33
		30	玄参科	3	1.94	3	0.98
		31	列当科	2	1.29	2	0.66
		32	车前科	1	0.65	4	1.32
		33	茜草科	1	0.65	1	0.33
		34	忍冬科	1	0.65	1	0.33

续表

植物类别		科序号	科名	属		种	
				属数	占总属数比例/%	种数	占总种数比例/%
双子叶植物		35	菊科	17	10.97	31	10.20
被子植物	单子叶植物	36	香蒲科	1	0.65	1	0.33
		37	眼子菜科	1	0.65	1	0.33
		38	水麦冬科	1	0.65	2	0.66
		39	泽泻科	1	0.65	1	0.33
		40	禾本科	35	22.58	76	25.00
		41	莎草科	1	0.65	6	1.97
		42	百合科	3	1.94	11	3.62
		43	鸢尾科	1	0.65	5	1.64
合计			43 科	155	100	304	100

（二）区系地理成分

新疆地域辽阔，地处中亚、西伯利亚、蒙古和西藏的交汇处，使新疆草地植物区系具有地理成分组成上的复杂性和区域地理分布上的特异性。荒漠草原在新疆属于山地垂直地带性的植被类型，处于山地垂直带和山地草原最下部，是广大平原、盆地荒漠向典型草原过渡地带和植被类型。因此，既有荒漠的地理区系成分，又有草原的地理区系成分。据初步分析和研究，新疆荒漠草原具有 6 类植物区系地理成分，既有中亚成分、亚洲中部成分，又有地中海成分、旧大陆成分和泛北极成分。在地域分布上，天山南北的地理成分也不尽相同，北疆各山地植被主要由中亚成分、旧大陆成分和泛北极成分组成，而南疆各山地植被则以亚洲中部成分为主。

1. 世界广布成分

世界广布成分指广泛分布于世界各地区的植物种类，主要是一些沼泽、沼泽化草甸成分和农田杂草。在新疆的荒漠草原中，世界广布成分主要有水烛（*Typha angustifolia* L.）、海韭菜（*Triglochin maritimum* L.）、稗[*Echinochloa crusgalli*（L.）Beauv.]等。芦苇既是沼泽和沼泽化草甸的建群种，也是遍布于南北疆低地盐生草甸、水泛地草甸的重要组成者。最常见的农田杂草主要有狗尾草[*Setaria viridis*（L.）Beauv.]、反枝苋（*Amaranthus retroflexus* L.）等。这些世界广布成分在荒漠草原植被中起的作用不大。

2. 中亚成分

中亚成分是指分布于亚洲内陆整个干旱地区的植物种类，也是荒漠和草原的重要组成成分。在新疆也是荒漠草原的主要成分，如菊科绢蒿属超旱生半灌木类植物：白茎绢蒿[*S. terrae-albae*（Krasch.）Poljak.]、纤细绢蒿、针裂叶绢蒿[*S. sublessingianum*（Kell.）Poljak.]、伊犁绢蒿[*S. transiliense*（Poljak.）Poljak.]、新疆绢蒿、博洛塔绢蒿等；藜科盐柴类半灌木蓬[*Nanophyton erinaceum*（Pall.）Bunge]、盐生假木贼[*A. salsa*（C. A. Mey.）Benth. ex Volkens]、无叶假木贼（*A. aphylla* L.）、木本猪毛菜（*S. arbuscula* Pall.）、囊果碱蓬（*S. physophora* Pall.）、同齿樟味藜[*Camphorosma monspeliaca* L. subsp. *lessingii*（Litv.）Aellen]、白滨藜（*A. cana* C. A. Mey.）等均是本区荒漠草原的建群种、优势种或伴生种。

在山区荒漠草原中，中亚成分还有几种针茅，即针茅、新疆针茅、镰芒针茅等是荒漠草原的建群种和伴生种。瑞士羊茅（*Festuca valesiaca* Schleich ex Gaud.）是中亚成分在本区的代表种，也是组成荒漠草原的建群种。

在中亚成分中，还有一类特殊的短生、类短生禾草，如东方旱麦草[*Eremopyrum orientale*（L.）Jaub. et Spach]、旱雀麦（*Bromus tectorum* L.）、鳞茎早熟禾（*Poa bulbosa* L.）等，在山地、丘陵上形成荒漠草原的早春层片。还有一些长营养期的一年生草本植物，如角果藜（*Ceratocarpus arenarius* L.）、叉毛蓬[*Petrosimonia sibirica*（Pall.）Bunge]等也是组成荒漠草原的重要成分。此外，在本区荒漠草原的中亚成分还有菊科的黄白火绒草（*Leontopodium ochroleucum* Beauv.）、西藏亚菊[*A. tibetica*（Hook, f. et Thoms. ex C. B. Clarke）Tzvel.]，以及柽柳科的多枝柽柳（*T. ramosissima* Ledeb.）等。

3. 亚洲中部成分

亚洲中部成分是指分布于亚洲中部干旱和半干旱地区（包括戈壁荒漠区和蒙古高原、松辽平原及黄土高原的草原区）的植物种类。以旱生化的植物种属为特征，是构成荒漠和草原的基本成分，也是新疆荒漠草原，特别是南疆山地荒漠草原的重要成分。藜科盐柴类半灌木中的荒漠植物，如短叶假木贼、松叶猪毛菜、蒿叶猪毛菜（*S. abrotanoides* Bge.）、合头草（*Sympegma regelii* Bunge）等是组成荒漠草原植被的建群种。还有一些荒漠植物，如霸王、膜果麻黄（*E. przewalskii* Stapf）、白刺、戈壁藜[*Iljinia regelii*（Bunge）Korov.]、圆叶盐爪爪（*K. schrenkianum* Bunge. ex Ung.-Sternb.）、细枝盐爪爪（*K. gracile* Fenzl）、高山绢蒿、叉枝鸦葱等进入荒漠草原成为该类的伴生种或偶见种。

在本区荒漠草原中，占有主导地位的亚洲中部成分为针茅属植物，如沙生针茅、戈壁针茅、短花针茅都是南疆和北疆山地荒漠草原的建群种；西北针茅 [*S. sareptana* Becker var. *krylovii*（Roshev.）P. C. Kuo et Y. H. Sun]、座花针茅也是本区荒漠草原的主要伴生种。羊茅（*F. ovina* L.）、冰草、糙隐子草、无芒隐子草和新疆银穗草也是组成荒漠草原丛生禾草群落的建群种和优势种。因此，亚洲中部成分中的禾本科植物在本区荒漠草原植被中起着重要作用，具有重要价值。百合科中的碱韭、蒙古韭和砂韭（*A. bidentatum* Fisch. ex Prokh.）是亚洲中部广泛分布的荒漠草原种，但是在新疆荒漠草原中的分布并不广泛。此外，豆科的雪地棘豆（*O. chionobia* Bunge）、刺叶柄棘豆也是荒漠草原中的亚洲中部成分。

4. 古地中海成分

古地中海成分是指分布于整个古地中海干旱、半干旱地区（包括地中海常绿林区、亚洲荒漠区和欧亚草原区）的植物种类，是新疆荒漠草原的另一类重要的区系地理成分。一些荒漠种如红砂[*Reaumuria songonica*（Pall）Maxim.]、驼绒藜也是组成荒漠草原的建群种或优势种，沙木蓼（*A. bracteata* A. Los.）、小果白刺（*N. sibirica* Pall.）、刺旋花（*C. tragacanthoides* Turcz.）等也是组成荒漠草原的亚优势种。旱生半灌木的木地肤也是荒漠草原的建群种，具有重要的利用价值。多汁盐柴类半灌木如盐穗木[*Halostachys caspica*（Bieb.）C. A. Mey.]、盐爪爪等是荒漠草原的伴生种，在新疆荒漠草原中的古地中海成分还有芨芨草[*Achnatherum splendens*（Trin.）Nevski]、甘草、苦豆子、角果碱蓬[*S. corniculata*（C. A. Mey.）Bunge]、地肤[*Kochia scoparia*（L.）Schrad.]、骆驼蓬等。

5. 泛北极成分

泛北极成分是指广泛分布于北极区北半球温带、寒带大陆湿润条件下的植物种类，是森林、灌丛、草甸草原、草甸和高寒草甸的重要组成部分。因此，在新疆的荒漠草原中泛北极成分极少，只有禾本科的草地早熟禾（*Poa pratensis* L.）、高山早熟禾（*P. alpina* L.）、落草、止血马唐[*Digitaria ischaemum*（Schreb.）Schreb. ex Muhl.]、画眉草[*Eragrostis pilosa*（L.）Beauv.]等，其他科的还有蓬子菜（*Galium verum* Linn.）、冷蒿、黄花蒿（*Artemisia annua* Linn.）、海乳草（*Glaux maritima* L.）、柠叶藻、盐角草（*Salicornia europaea* L.）等，在荒漠草原中起的作用不大。

6. 旧大陆温带成分

旧大陆温带成分是指广泛分布于欧亚大陆温带和寒温带的植物种类，一般是山地草甸，草原和灌丛的重要成分。该类区系成分在新疆荒漠草原中的数量很少，主要有禾本科的老芒麦（*Elymus sibiricus* Linn.）、拂子茅、假苇拂子茅[*C. pseudophragmites*（Hall. f.）Koel.]等，其他科的植物主要有块根糙苏（*Phlomis tuberosa* Linn.）、箭头唐松草、阿尔泰狗娃花[*Heteropappus altaicus*（Willd.）Novopokr.]、金丝桃叶绣线菊（*Spiraea hypericifolia* L.）、离子芥[*Chorispora tenella*（Pall.）DC.]、猪毛菜、扁蓄（*Polygonum aviculare* L.）、无仙子（*Hyoscyamus niger* L.）等。

在新疆荒漠草原中的特有植物成分也极少。

（三）植物的生活型及生态类型

1. 植物的生活型

生活型是植物对外界综合环境条件的长期适应，而在外貌（如形状、大小、分支等）上反映出来的植物类型。同一类生活型具有共同的外貌，是植物对相同环境条件趋同适应的结果。不同生活型的植物其外貌特征、内部结构、适应环境的生理特征，以及生物量和饲用价值等都有较大的差异，也是划分草地类型、衡量草地生产能力的依据。据统计和分析表明（表 5.20），新疆荒漠草原植物的生活型主要有多年生草本、一年生草本、灌木、半灌木、小灌木、小半灌木、乔木、小乔木、藤本植物等类型。在 304 种植物中，多年生草本植物最多，达 160 种，占总种数的 52.63%；一年生草本植物有 22 种，占全种数的 25.33%；灌木类植物中，灌木 19 种，占总种数的 6.25%，半灌木 21 种，占 6.91%，小灌木 8 种，占 2.13%，小半灌木 7 种，占 2.30%，共计 59 种，占总种数的 18.09%；乔木 4 种，占总种数的 1.32%；草原藤木 1 种，占总种数的 0.33%；此外，还有 7 种缺生活型的信息。

多年生草本植物：共 58 种，主要属于禾本科。其中，针茅属植物就达 14 种，如沙生针茅、戈壁针茅、镰芒针茅、针茅（*S. capillata* L.）、长芒草（*S. bungeana* Trin.）、西北针茅、短花针茅、东方针茅、座花针茅等，都是建群种和优势种；羊矛属植物有 5 种，如羊茅、穗状寒生羊茅[*F. ovina* L. Subsp. *Sphagnicola*（B. Keller）Tzvel.]等；冰草属植物有 3 种，如冰草、沙生冰草和沙芦草（*A. mongolicum* Keng），以及糙隐子草、新疆银穗草、阿拉善披碱草[*Elymus alashanicus*（Keng）S. L. Chen]、中亚细柄茅[*Ptilagrostis pelliotii*（Danguy）Grub.]。菊科有 15 种，如顶羽菊[*Acroptilon repens*（L.）DC.]、银蒿（*Artemisia austriaca* Jacq.）、阿尔泰狗娃花、蓼朴子[*Inula salsoloides*（Turcz.）Ostenf.]、乳苣[*Mulgedium tataricum*（L.）DC.]等。百合科有 11 种，如蒙古韭、碱韭、山葱韭（*A. senescens* L.）等。豆科有 10 种，如斜茎黄耆（*Astragalus adsurgens* Pall.）、甘草、雪地棘豆、沙河棘豆（*O. pagobia*

Bunge)、苦豆子、新疆野豌豆（*Vicia costata* Ledeb.）等。

表 5.20　新疆荒漠草原植物生活型统计表

科名	属数	种数												
		总种数	多年生草本	一年生草本	灌木	半灌木	小灌木	小半灌木	乔木	小乔木	木质藤本	草质藤本	其他	缺信息
柏科	1	1	—	—	1	—	—	—	—	—	—	—	—	—
麻黄科	1	5	1	3	—	—	—	—	—	—	—	—	—	1
杨柳科	2	2	—	—	—	—	—	—	2	—	—	—	—	—
榆科	1	2	—	—	—	—	—	—	2	—	—	—	—	—
荨麻科	1	1	1	—	—	—	—	—	—	—	—	—	—	—
蓼科	4	10	3	4	2	—	1	—	—	—	—	—	—	—
藜科	20	50	1	28	1	13	4	3	—	—	—	—	—	1
苋科	1	1	—	1	—	—	—	—	—	—	—	—	—	—
石竹科	5	11	9	2	—	—	—	—	—	—	—	—	—	—
毛茛科	6	9	7	2	—	—	—	—	—	—	—	—	—	—
十字花科	3	3	—	3	—	—	—	—	—	—	—	—	—	—
景天科	1	1	1	—	—	—	—	—	—	—	—	—	—	—
蔷薇科	2	4	3	1	—	—	—	—	—	—	—	—	—	—
豆科	8	20	10	1	5	1	—	1	—	—	—	—	—	1
牻牛儿苗科	2	2	1	1	—	—	—	—	—	—	—	—	—	—
蒺藜科	4	5	1	1	3	—	—	—	—	—	—	—	—	—
大戟科	1	2	1	1	—	—	—	—	—	—	—	—	—	—
锦葵科	2	2	—	2	—	—	—	—	—	—	—	—	—	—
柽柳科	2	3	—	—	2	1	—	—	—	—	—	—	—	—
杉叶藻科	1	1	1	—	—	—	—	—	—	—	—	—	—	—
伞形科	1	1	—	1	—	—	—	—	—	—	—	—	—	—
报春花科	2	3	1	2	—	—	—	—	—	—	—	—	—	—
白花丹科	2	2	1	—	—	—	—	—	—	—	—	—	—	1
龙胆科	1	1	1	—	—	—	—	—	—	—	—	—	—	—
萝摩科	1	1	1	—	—	—	—	—	—	—	—	—	—	—
旋花科	2	6	2	—	—	—	2	—	—	—	—	—	—	1
紫草科	3	3	2	1	—	—	—	—	—	—	—	—	—	—
唇形科	5	6	4	1	—	—	—	—	—	—	—	—	—	1
茄科	1	1	—	1	—	—	—	—	—	—	—	—	—	—
玄参科	3	3	3	—	—	—	—	—	—	—	—	—	—	—
列当科	2	2	—	—	—	—	—	—	—	—	—	—	—	—
车前科	1	4	2	2	—	—	—	—	—	—	—	—	—	—

续表

科名	属数	种数												
		总种数	多年生草本	一年生草本	灌木	半灌木	小灌木	小半灌木	乔木	小乔木	木质藤本	草质藤本	其他	缺信息
茜草科	1	1	1	—	—	—	—	—	—	—	—	1	—	—
忍冬科	1	1	—	—	1	—	—	—	—	—	—	—	—	—
菊科	17	31	15	5	—	5	2	3	—	—	—	—	—	1
香蒲科	1	1	1	—	—	—	—	—	—	—	—	—	—	—
眼子菜科	1	1	1	—	—	—	—	—	—	—	—	—	—	—
水麦冬科	1	2	2	—	—	—	—	—	—	—	—	—	—	—
泽泻科	1	1	1	—	—	—	—	—	—	—	—	—	—	—
禾本科	35	76	58	18	—	—	—	—	—	—	—	—	—	—
莎草科	1	6	6	—	—	—	—	—	—	—	—	—	—	—
百合科	3	11	11	—	—	—	—	—	—	—	—	—	—	—
鸢尾科	1	5	5	—	—	—	—	—	—	—	—	—	—	—
合计	155	304	160	81	15	22	7	7	4	—	—	1	—	7

一年生草本植物：共 28 种，主要属于藜科。其中，藜属有 7 种，如藜（*Chenopodium album* L.）、刺藜[*Dysphania aristata*（L.）Mosyakin et Clemants]、香藜[*D. botrys*（L.）Mosyakin et Clemants]、灰绿藜（*C. glaucum* L.）等；猪毛菜属有 5 种，如紫翅猪毛菜（*S. affinis* C. A. Mey.）、猪毛菜、短柱猪毛菜（*S. lanata* Pall.）等，以及中亚滨藜（*A. centralasiatica* Iljin）、野滨藜、轴藜（*Axyris amaranthoides* L.）、雾冰藜[*Bassia dasyphylla*（Fisch. et C. A. Mey.）Kuntze]、角果藜、蒙古虫实（*Corispermum mongolicum* Iljin）、盐穗木等。禾本科有 18 种，如三芒草（*Aristida adscensionis* L.）、尖齿雀麦（*B. oxyodon* Schrend.）、虎尾草（*Chloris virgata* Sw.）、止血马唐、小画眉草（*Eragrostis minor* Host）、旱麦草[*E. triticeum*（Gaertn.）Nevski]、狗尾草等。

灌木植物：豆科 5 种，主要是锦鸡儿属植物，如刺叶锦鸡儿（*C. acanthophylla* Kom.）、白皮锦鸡儿、草原锦鸡儿（*C. pumila* Pojark.）、荒漠锦鸡儿等；麻黄科 3 种，有木贼麻黄（*E. equisetina* Bge.）、中麻黄和膜果麻黄；蒺藜科有小果白刺、白刺和霸王；蓼科有刺木蓼（*A. spinosa* L.）和木蓼[*A. frutescens*（L.）Ewersm.]；柽柳科有短穗柽柳（*T. laxa* Willd.）和多枝柽柳。

半灌木植物：藜科最多，有 13 种，如无叶假木贼、白垩假木贼（*A. cretacea* Pall.）、白滨藜、樟味藜（*C. monspeliaca* L.）、细枝盐爪爪、蒿叶猪毛菜、木碱蓬[*S. dendroides*（C. A. Mey.）Moq.]等；菊科有 5 种，如香叶蒿（*A. rutifolia* Steph. ex Spreng.）、灌木紫菀木[*Asterothamnus fruticosus*（C. Winkl.）Novopokr.]、叉枝

鸦葱、新疆绢蒿等；旋花科的鹰爪柴（*C. gortschakovii* Schrenk）和刺旋花。

小灌木植物：种类少，藜科有 4 种，如圆叶盐爪爪、垫状驼绒藜、木本猪毛菜等，菊科有白茎绢蒿和伊犁绢蒿。

其他生活型种类极少。具有多种生活型的科主要有藜科、蓼科和菊科。

2. 植物的生态类型

植物长期生活在一定的环境条件下，在这种特定环境长期作用和影响下，植物逐渐形成了对特定环境的要求和生态特性，并在形态结构和生理特性等方面形成对特定环境的生态适应，这主要通过植物的生态类型表现出来。植物的这种生态特性和生理适应是长期对特定环境条件的适应而形成的。每种植物一般只能在所适应的环境条件下生活和生存。不同结构对环境的生态特性和生态适应是不同的。具有相似的生态特性和生态适应的植物属于同一个植物生态类型。不同的生态因子所形成的结构生态类型是不同的。在新疆荒漠草原主要是水分生态类型。据统计和分析（表5.21），在304种植物中，强旱生植物有31种，占总种数的10.20%，

表 5.21　新疆荒漠草原植物生态型统计表

科名	属数	种数										
		总种数	强旱生	旱生	中旱生	旱中生	中生	湿中生	湿生	水生	其他	缺信息
柏科	1	1	—	—	—	1	—	—	—	—	—	—
麻黄科	1	5	1	3	—	—	—	—	—	—	—	1
杨柳科	2	2	—	—	—	—	2	—	—	—	—	—
榆科	1	2	—	—	—	2	—	—	—	—	—	—
荨麻科	1	1	—	—	—	—	1	—	—	—	—	—
蓼科	4	10	1	2	—	—	7	—	—	—	—	—
藜科	20	50	18	6	2	8	13	—	—	—	—	3
苋科	1	1	—	—	—	—	1	—	—	—	—	—
石竹科	5	11	—	5	1	1	1	—	—	—	—	3
毛茛科	6	9	—	—	—	1	3	—	—	—	—	5
十字花科	3	3	—	—	—	1	—	2	—	—	—	—
景天科	1	1	—	—	—	—	—	—	—	—	—	1
蔷薇科	2	4	—	1	—	1	1	—	—	—	—	1
豆科	8	20	—	9	4	—	4	—	—	—	—	3
牻牛儿苗科	2	2	—	—	1	—	1	—	—	—	—	—
蒺藜科	4	5	1	3	—	—	1	—	—	—	—	—
大戟科	1	2	—	—	—	—	1	—	—	—	—	1
锦葵科	2	2	—	—	—	—	2	—	—	—	—	—

续表

科名	属数	种数										
		总种数	强旱生	旱生	中旱生	旱中生	中生	湿中生	湿生	水生	其他	缺信息
柽柳科	2	3	1	2	—	—	—	—	—	—	—	—
杉叶藻科	1	1	—	—	—	—	—	—	—	1	—	—
伞形科	1	1	—	—	—	—	1	—	—	—	—	—
报春花科	2	3	—	—	—	—	3	—	—	—	—	—
白花丹科	2	2	—	—	—	—	—	—	—	—	—	1
龙胆科	1	1	—	—	1	—	—	—	—	—	—	—
萝藦科	1	1	—	1	—	—	—	—	—	—	—	—
旋花科	2	6	1	2	—	—	1	—	—	—	1	1
紫草科	3	3	—	1	1	1	—	—	—	—	—	—
唇形科	5	6	—	—	2	1	2	—	—	—	—	1
茄科	1	1	—	—	—	—	1	—	—	—	—	—
玄参科	3	3	—	3	—	—	—	1	—	—	—	—
列当科	2	2	—	—	—	—	—	—	—	—	2	—
车前科	1	4	—	1	—	—	3	—	—	—	—	—
茜草科	1	1	—	—	—	—	1	—	—	—	—	—
忍冬科	1	1	—	—	—	1	—	—	—	—	—	—
菊科	17	31	7	8	1	2	7	—	—	—	—	6
香蒲科	1	1	—	—	—	—	—	—	—	—	1	—
眼子菜科	1	1	—	—	—	—	—	—	1	—	—	—
水麦冬科	1	2	—	—	—	—	—	—	2	—	—	—
泽泻科	1	1	—	—	—	—	—	—	—	—	1	—
禾本科	35	76	—	35	5	12	18	—	2	—	—	4
莎草科	1	6	—	1	2	—	1	1	—	—	—	1
百合科	3	11	1	4	2	2	—	—	—	—	—	2
鸢尾科	1	5	—	2	—	—	2	—	—	—	—	1
合计	155	304	31	89	22	34	78	4	5	3	3	35

这类植物是在极端干旱条件下形成的，一般是从荒漠渗入到荒漠草原的种类。旱生植物种类最多，有 89 种，占总种数的 29.28%；中旱生植物有 22 种，占 7.24%；旱中生植物 34 种，占 11.18%；中生植物也不少，有 78 种，占 25.66%，主要是草原和草甸草原渗入到荒漠草原的植物种类；湿中生植物仅 4 种，占 1.31%，湿

生植物仅 5 种，占 1.64%；水生植物仅 3 种，占 0.99%。

（1）强旱生植物：藜科植物最多，有 18 种，如蒿叶猪毛菜、紫翅猪毛菜、木本猪毛菜、沙蓬、短叶假木贼、角果藜、驼绒藜、盐穗禾、戈壁藜等。其次是菊科，有 7 种，如博洛塔绢蒿、纤细绢蒿、叉枝鸦葱、灌木柴菀木、灌木亚菊[*A. fruticulosa*（Ledeb.）Poljak.]等。此外还有膜果麻黄、刺木蓼、红砂、霸王、鹰爪柴等。

（2）旱生植物：禾本科植物最多，有 35 种，其中针茅属植物就占 13 种，如短花针茅、本氏针茅、镰芒针茅、沙生针茅等，还有冰草、蒙古冰草、冠芒草、羊茅、瑞士羊茅、落草、新疆银穗草、糙隐子草等。豆科有 9 种，如直立黄耆、刺叶锦鸡儿、白皮锦鸡儿、冰河棘豆、苦豆子等。此外还有木贼麻黄、木蓼、白滨藜、垫状驼绒藜、心叶驼绒藜[*Krascheninnikovia ewersmanniana*（Stschegl. ex Losinsk.）Grubov]、雾冰藜、中麻黄、刺木蓼、荒漠石头花[*Gypsophila desertorum*（Bge.）Fenzl]、短枝柽柳、银灰旋花、双齿葱、蒙古韭等。

（3）中旱生植物：禾本科有 5 种，如沙生冰草、寒生羊茅、羊草等。豆科有甘草、新疆野豌豆等 4 种。次外还有蒙古虫实、沙蓬等。

（4）旱中生植物：禾本科有 12 种，如芨芨草、三芒草、尖齿雀麦、旱麦草、窄颖赖草[*Leymus angustus*（Trin.）Pilger]、冠芒草等。藜科有 8 种，如盐爪爪、黑翅地肤（*K. melanoptera* Bunge）、叉毛蓬、盐角草、猪毛菜、角果碱蓬等。此外还有叉子圆柏（*Juniperus sabina* L.）、大果榆（*Ulmus macrocarpa* Hance）等。

（5）中生植物：禾本科有 18 种，如拂子茅、虎尾草、碱蓬、小画眉草、光稃香草[*Anthoxanthum glabrum*（Trin.）Veldkamp]、多枝赖草[*L. multicaulis*（Kar. et Kir.）Tzvel.]、草地早熟禾、狗尾草等。藜科有 13 种，如中亚滨藜、轴藜、尖头叶藜（*C. acuminatum* Willd.）、地肤等。此外还有麻叶荨麻（*Urtica cannabina* L.）、苦荞麦[*Fagopyrum tataricum*（L.）Gaertn.]、两栖蓼（*Polygonum amphibium* L.）、反枝苋（*Amaranthus retroflexus* L.）、草木犀[*Melilotus officinalis*（L.）Pall.]、苦豆子、大籽蒿（*A. sieversiana* Ehrhart ex Willd.）、飞廉（*Carduus nutans* L.）、乳苣等。

（6）湿中生植物：种类很少，如玄参科的轮叶马先蒿（*Pedicularis verticillata* L.），莎草科的新疆薹草（*C. turkestanica* Regel）。

（四）有毒有害植物

1. 有毒植物

有毒植物是指在植物体内含有某种生物化学的毒性物质，家畜一旦采食或误食后，能造成家畜死亡或导致有机体长期或暂时性伤害的植物。从新疆整个天然草地分析，有毒植物的种类较多，分布较广，造成的危害也较大。据新疆植物志编辑委员会（1993）统计，常见有毒植物有 24 科 54 属 81 种。就种类而言，毛茛科中的有毒植物种类最多，有 19 种；其次是豆科，有 10 种，危害也较大。在分布上，多数种类分布于山区水分条件较好的草甸和草甸草原，少数种类分布于平原区的农田，荒地及排水不良的沼泽等，荒漠草原的有毒植物种类相对较少。据初步统计和分析，新疆荒漠草原常见的有毒植物共 29 种，隶属于 22 属 13 科，分别占新疆天然草地有毒植物科、属、种的 54.17%、40.74% 和 35.80%。其中，毛茛科种类较多，有 5 种，麻黄科、藜科和豆科各有 4 种。毛茛科种类多，豆科的小花棘豆、变异黄耆等对家畜的危害最大。有毒植物的数量及分布，除了随地区和生态环境条件不同而有差异外，与天然草地利用程度也有很大关系。过度放牧而退化的草地和居民点与饮水点等附近一般是有毒有害植物大量繁衍和生长的地区。

有毒植物的不同种类，对家畜的危害及毒害的程度也是不同的。根据有毒植物所含毒素对家畜危害程度的强弱，季节性变化和对家畜的毒害规律（富象乾等，1985），可将新疆荒漠草原有毒植物分为 4 类。

1）烈毒性常年有毒植物

这类植物含有剧毒，一年四季对家畜均有毒害作用。在新疆荒漠草原上常见的种类有豆科的小花棘豆[*Oxytropis glabra*（Lam.）DC.]和变异黄耆（*Astragalus variabilis* Bunge ex Maxim.），茄科的天仙子。其毒性十分剧烈，若家畜采食或误食后，在较短时间内就可引起中毒，甚至死亡。在荒漠草原这类植物是对家畜危害最大的烈性毒草。例如小花棘豆，是一种中生多年生草本植物，主要分布于湖盆边沿和沙丘间盐渍化低湿地、为荒漠草原的退化草地上的优势种。由于草质柔嫩无味并富含蛋白质，因此，各种家畜均采食，特别是为马所喜食。但是全草有毒，含大量硒化合物，种子和根含有生物碱等，家畜一旦采食引起中毒，严重者而致死。据在塔里木河的调查研究表明，每年为此中毒而受伤害的家畜超过 10%。

2）弱毒性常年有毒植物

这类有毒植物的毒性较前一类弱。家畜采食后常有轻微中毒症状，一般很少有因中毒而死的现象。在新疆荒漠草原上，这类植物常见的有藜科的无叶假木贼、毛茛科的凸脉飞燕草[*Consolida rugulosa*（Boiss.）Schrod.]和大戟科的地锦（*Euphorbia humifusa* Willd. ex Schlecht.）等。无叶假木贼为超旱生半灌木植物，天山南北均有分布，主要生长于干旱低山、山前洪积—冲积扇及立沟低地，全草有毒，主要含有毒藜碱、羽扇豆碱多种生物碱等。家畜采食后发病，引起食欲减退，大便不通和显醉酒状。家畜一般不食，但在春季饲草缺乏时，也会出现家畜因饥饿而采食中毒甚至死亡。

3）烈毒性季节性有毒植物

这类有毒植物同样含有剧毒。但毒素含量及对家畜的毒害作用有明显的季节性。在有毒的季节里，对家畜有与强毒性常年有毒植物一样的危害作用和后果。这类植物常见的有荨麻科的麻叶荨麻、小麦冬科的水麦冬（*Triglochin palustre* Linn.）和海韭菜等。麻叶荨麻为多年生草本植物，分布广泛，主要生于人与家畜经常活动的低地、坡地、路旁及居民点附近。在早春幼嫩时无毒，随着植株生长毒性增强，采食过量会引起家畜剧烈呕吐、腹痛等症状，而秋后家畜则可食用。

4）弱毒性季节性有毒植物

这类植物在其有毒的季节内，有毒物的含量及对家畜的毒害作用均较前一类有毒植物低、弱。家畜少量采食不致发生中毒现象，因此也是饲用植物。这类植物种类数量多，有麻黄科的木贼麻黄、中麻黄、膜果麻黄和草麻黄，豆科的苦马豆[*Sphaerophysa salsula*（Pall.）DC.]、苦豆子、藜科的盐角草和藜以及毛茛科的箭头唐松草（*Thalictrum simplex* L.）等。盐角草为一年生盐生植物，在新疆广泛分布，生于盐碱地，全草有毒，主要含盐角草碱、甜菜花青素等，家畜大量采食引起中毒和下泻。

2. 有害植物

有害植物是指植物体的茎、叶和其他器官部位带有芒、刺、钩刺等附属物，对家畜造成伤害，降低畜产品质量或使畜产品变质的植物。这类植物在新疆荒漠草原的种类不多。据初步统计和分析，常见的种类有 10 种，隶属于 7 属 6 科，主要分布于山地荒漠草原。主要有豆科的刺叶锦鸡儿、草原锦鸡儿、白皮锦鸡儿、草木犀，禾本科的针茅、西北针茅，蔷薇科的兔儿条，菊科的苍耳，蒺藜科的蒺藜，百合科的碱韭。其中，苍耳和蒺藜既是有害植物也是有毒植物。

禾本科针茅属植物在草原上起着中要作用，一些种类是草原群落的建群种和优势种，既对畜牧业有重要的价值，又对家畜产生危害。主要发生在秋季种子成熟期，颖果茎盘借助扭曲和芒柱的旋转，刺入家畜体内，引发炎症、溃疡，有时也进入内脏，严重时可造成家畜死亡。在新疆荒漠草原上对细毛羊危害最为严重的是针茅。针茅（又名长芒针茅）是一种旱生多年生疏丛禾草，主要分布于北疆。每年都有因针茅危害引起家畜伤残或死亡。此外，西北针茅对家畜的危害中也十分严重。菊科的仓耳是一种中生一年生草本植物。因其果实具有钩刺，在家畜采食或行走过程中，极易挂粘到羊毛、马鬃内，难以清除，大大降低羊毛的产量和质量。豆科锦鸡儿属植物，如刺叶锦鸡儿、白皮锦鸡儿等。主要是托叶和叶轴硬化成的针刺拉挂羊毛，使羊毛产品减产造成经济损失。此外，还有一类有害植物，如百合科的碱韭，因体内含有带劣味的化学物质，家畜采食后能使乳、肉产品变味和变质，影响乳、肉质量。

三、饲用植物及评价

（一）饲用植物的种类数量及组成

饲用植物是指凡能供牲畜直接放牧或刈割后喂养牲畜的草本植物、小半灌木、半灌木和乔木枝叶植物。该类植物是牲畜赖以生存的物质基础，是草地畜牧业发展最廉价的饲料来源，是草地生态系统中最重要的第一性生产资料，是能力交换和物质循环最重要的组成部分，对草地畜牧业的发展和环境保护具有重要的价值和作用。新疆荒漠草原是荒漠向山地草原过渡的草原类型，天然饲用植物中裸子植物仅 2 科 2 属 4 种，其余全部是被子植物。其中双子叶植物有 27 科 85 属 145 种，单子叶植物有 7 科 39 属 93 种（表 5.22）。饲用植物种数占新疆荒漠草原植物种数的 79.60%，属数的 81.29%。就科所含的属种数的数量而言，新疆荒漠草原的饲用植物主要由禾本科、藜科、菊科、豆科、百合科、石竹科和蓼科植物构成（表 5.23），这 7 个科共有 82 属 179 种，分别占饲用植物属数和种类的 65.08%、73.97%；其他 27 科仅 44 属 63 种，分别占饲用植物属数和种数的 34.92%、26.03%。

表 5.22　新疆荒漠草原饲用植物☆组成统计表

组成类别		种数	属数	科属
裸子植物		4	2	2
被子植物	双子叶植物	145	85	27
	单子叶植物	93	39	7
合计		242	126	36

☆在荒漠草原植物区系中除有毒有害及无评价信息的种类，为有评价信息的种类。

表 5.23　新疆荒漠草原饲用植物主要科属种数统计表

序号	科名	属		种	
		属数	占总属数比例/%	种数	占总种数比例/%
1	禾本科	33	26.19	72	29.75
2	藜科	20	15.87	47	19.42
3	菊科	13	10.32	23	9.51
4	豆科	8	6.35	17	7.03
5	百合科	1	0.79	9	3.72
6	石竹科	5	3.79	6	2.47
7	蓼科	2	1.59	5	2.07
8	其他	44	34.92	63	26.03
合计	34 科	126	100.00	242	100.00

1. 禾本科饲用植物

新疆的荒漠草原是山地草原带中的一个亚带，在饲用植物组成上有草原植物组成的一般特征。禾本科植物十分丰富，有饲用植物 33 属 72 种，分别占饲用植物属数和种数的 26.19%、29.75%，居饲用植物的第一位。其中，种类最多、在草地植物群落中作用最大的为针茅属植物，有 14 种，早熟禾属有 7 种，其他主要有赖草属、冰草属、雀麦属和早麦草属等。

2. 藜科饲用植物

荒漠草原是广大平原盆地荒漠向山地草原的过渡地带和类型，有不少荒漠植物种类的渗入。因此，藜科饲用植物种类也非常丰富，共有 20 属 47 种，分别占饲用植物属数和种数的 15.87%、19.42%，居第二位。其中，猪毛菜属饲用植物种类最多，有 8 种；其次是藜属有 7 种；其他主要的属有假木贼属、滨藜属、碱蓬、驼绒藜属、地肤属、盐爪爪属等。

3. 菊科饲用植物

在新疆荒漠草原饲用植物组成中居第三位，有 13 属 23 种，分别占饲用植物属数和种数的 10.32%、9.51%。其中在荒漠草原群落中起重要作用、种数最多的是娟蒿属植物，有 6 种，其次是蒿属，有 5 种，其他重要的属有亚菊属和紫菀木属等。

4. 豆科饲用植物

豆科饲用植物有 8 属 17 种，分别占饲用植物属数和种数的 6.35%、7.03%，居第四位。其中，锦鸡属饲用植物有 5 种，在草地群落中起着重要作用，并有较高的饲用价值，其次是棘豆属。

其他重要的科还有百合科葱属有 9 种，石竹科有 5 属 6 种，蓼科有 2 属 5 种。

（二）饲用植物的经济类群

经济类群是从植物的经济利用价值出发，以植物的形态特征、生态生物学特征和利用特点为基础，并结合草地经营有关知识对草地植物的分类是草地生产能力的评定和草地饲用植物评价的科学依据，对草地及其饲用植物的利用和保护具有重要的作用和价值。由于不同学者采用的划分方法的差异，因此，划分出来的经济类群也不完全一样。新疆草地饲用植物与中国草地饲用植物的划分方法和经济类群基础是一致的，主要是利用同一生活型植物在生态地理分布上比较一致，在饲用特点上有一定的共性，按植物科组分类，反映了饲用植物经济利用价值的相似性。根据这一原则对新疆草地饲用植物分类，其荒漠草原饲用植物分为 9 类。

1. 短生及类短生饲用植物

这是一类生活周期极短的植物，在一年中极短时间（1～2 个月）内完成生长发育。其中一年生的种类为短生植物，多年生的为类短生植物，也是一类春雨型植物。主要分布于荒漠、草原化荒漠和荒漠草原。

短生、类短生禾草与薹草主要有旱雀麦、东方旱雀麦、旱麦草、光穗旱麦草 [*E. bonaepartis*（Spreng.）Nevski]、胎生鳞茎早熟禾（*P. bulbosa* L. var. *vivipara* Koel.）、囊果薹草（*C. physodes* M.-Bieb.）等。

短生类短生杂草类种类很少，主要有单花郁金香[*Tulipa uniflora*（Linn.）Bess. ex Baker]、离子芥等。短生、类短生饲用植物是荒漠草原植物的重要组成部分，一般草质柔嫩，适口性好，营养价值高，对春家畜产羔和畜牧业生产具有重要作用。

2. 一年生长营养期饲用植物

这是一类生长在干旱环境中的饲用植物，对水分十分敏感，产草量与当年降水量的多少有密切关系。主要分布在荒漠、草原化荒漠，荒漠草原上的种类也不少，以藜科植物最为丰富，其次为禾本科和十字花科。

干燥一年生草本植物：是一些旱生植物，主要有角果藜、沙蓬、蒙古虫实、蓼朴子，密穗雀麦（*B. sewerzowii* Regel.）、尖齿雀麦、三芒草等。

湿润一年生草本植物：是一些中生、旱中生和耐盐中生植物，其主要种类有禾本科的狗尾草、金色狗尾草[*S. glauca*（L.）Beauv.]、画眉草、小画眉草、蔺状隐花草[*Crypsis schoenoides*（L.）Lam.]等，藜科的中亚滨藜、野滨藜、西伯利亚滨藜（*A. sibirica* L.）、轴藜、杂配轴藜（*A. hybrida* L.）、尖头藜、刺藜、灰绿藜、地肤等，其他科的有女娄菜（*Silene aprica* Turcz. ex Fisch. et Mey.）、独行菜（*Lepidium apetalum* Willd.）、反枝苋、蒺藜等。

多汁一年生草本：主要代表植物是藜科的盐角草、碱蓬、短柱猪毛菜、叉毛蓬、角果碱蓬等。一年生长营养期饲用植物中大多数种类营养价值较高，含有较高的粗蛋白质和极少的粗纤维，适口性好，特别是骆驼最喜食，春秋两季均可提供饲草。

3. 多年生禾本科饲用植物

多年生禾本科牧草在饲用植物中占有首要地位，主要分布荒漠草原、典型草原、草甸草原、高寒草原和草甸等草地中。在荒漠草原的种类比较丰富，据初步统计，在33属72种禾本科饲用植物中，多年生牧草有22属55种。

小丛禾草：是株高在30cm以下的小型密丛或疏丛旱生禾草。其代表植物有沙生针茅、无芒隐子草、中亚细柄茅等，是荒漠草原的建群种和优势种。此外还有冰草、羊草、落草、糙隐子草、昆仑针茅、座花针茅等。这些小丛生河槽草层低矮、枝叶细小、干燥而柔软，粗蛋白质含量高，饲用价值很高，是最适宜放牧利用的饲用植物。

密丛禾草：是主要分布在高寒荒漠草原上的一些旱生、寒旱生禾草。主要代表植物有针茅、西北针茅、新疆针茅、寒生针茅、狭穗针茅（*S. regeliana* Hack.）、新疆银穗草等。种类不多，主要为荒漠草原的伴生种，极少可成为建群种或优势种。株丛稠密，饲用价值高，宜作放牧利用。

疏丛禾草：株丛高，一般在60～100 cm，或更高，多为中生或旱中生植物。在新疆荒漠草原中牧草种类极少，主要有老芒麦（*E. sibiricus* Linn.）、披碱草（*E. dahuricus* Turcz.）、新疆早熟禾等，多生于水分条件极好的低湿地区。

根茎禾草：植株较高大，中生植物，主要分布于荒漠草原低市环境或沼泽化地区。主要代表植物有窄颖赖草、赖草、多枝赖草、羊草、拂子茅、假拂子茅、芦苇、小獐毛[*Aeluropus pungens*（M. Bieb.）C. Koch]等，其中羊草是最有引种栽培的优良牧草。

大丛粗糙禾草：种类极少，主要是芨芨草属中的一些种类，有芨芨草、小芨芨草[*A. caragana*（Trin. et Rupr.）Nevski]。草质粗糙，但对盐渍化环境有较强的适应性。

4. 多年生豆科饲用植物

豆科植物在草地中占有重要的地位，在新疆天然草地中豆科牧草的数量仅次于菊科而居第二位，但在荒漠草原的植物组成中仅居第四位。有8属20种，其中饲用植物仅8属17中。其中，细茎豆科饲用植物主要有斜茎黄耆、草木犀、新疆野豌豆等；粗茎豆科牧草主要有甘草、苦马豆和苦豆子等；小豆科牧草有雪地棘豆。这些种类在荒漠草原群落中的作用不大，一般为伴生种。

5. 多年生莎草类饲用植物

这类主要是莎草科植物，也包括灯心草科、香蒲科植物，多为中生、湿生植物或水生植物，在新疆荒漠草原中这类植物的种类不多。小莎草类牧草主要有薹草属的草原薹草、短柱薹草，在山地荒漠草原成为亚优势种或优势种，植株纤细柔软，再生速度快，耐牧性强，饲用价值也高，是很好的放牧型牧草。大莎草类牧草在新疆荒漠草原的稀薄低湿环境有分布，主要有水烛。

6. 多年生杂草类饲用植物

这是在荒漠草原中除禾本科、豆科和莎草科以外的多年生饲用植物，组成复杂，类型多样，饲用价值也差异较大。

细茎杂类草牧草：是一些中生、旱生或耐盐生杂草类。主要植物有箭头唐松草、蓬子菜（*Galium verum* Linn.）、块根糙苏；天山鸢尾（*I. loczyi* Kanitz）、细叶鸢尾（*I. tenuifolia* Pall.）、马蔺[*I. lactea* Pall.var.*chinensis*（Fisch.）Koidz.]等。多属中等以下牧草，饲用价值较低。

粗大杂草类：植株一般在 50 cm 以上，多生于湿润草地、农田、沟渠边缘。有波叶大黄（*Rheum rhabarbarum* L.）、麻叶荨麻等。植株粗糙，饲用价值低。

小杂类草牧草：主要是一些寒中生杂类草。主要有黄白火绒草，饲用价值不大。

干燥杂类草牧草：多为旱生杂类草，主要二裂委陵菜（*Potentilla bifurca* L.）、高原委陵菜（*P. pamiroalaica* Juzep.）、二刺叶兔唇花[*L. diacanthophyllus*（Pall.）Benth]、阿尔泰兔唇花（*L. bungei* Benth.）、阿尔泰狗娃花、顶羽菊、火绒草[*L. leontopodioides*（Willd.）Beauv.]、叉枝鸦葱等。是一类品质中等，适宜小畜利用的放牧牧草。

多汁杂草类牧草：在荒漠草原只有小花瓦莲[*Rosularia turkestanica*（Regel et Winkl.）Berger]，饲用价值不大。

葱类牧草：葱属植物在荒漠草原的种类较多，常成为优势种或主要伴生种。主要植物有碱韭（*A. polyrhizum* Turcz. ex Regel）、天山韭（*A. deserticolum* M. Pop.）、矮韭（*A. anisopodium* Ledeb.）、蒙古韭、山韭、野韭（*A. ramosum* L.）等。这些植物含有较高的粗蛋白质和粗脂肪营养价值高，适口性好，是一类具有独特利用价值的优良牧草。在秋季完后具有催肥抓膘作用，具有独特的饲用效果。

7. 半灌木饲用植物

半灌木在新疆荒漠草原植物组成中虽然种类较少、占的比例不大，但在荒漠草原群落中起着重要作用。一些种类成为群落的建群种和优势种。据初步统计和分析新疆荒漠草原有半灌木植物 21 种，占植物种数的 6.91%，主要分布在藜科和菊科，分别为 13 种和 5 种。随着生态环境不同，半灌木植物的种类也不一样，草地的经济利用价值也有差异。

蒿类半灌木牧草：在新疆荒漠草原上，蒿类半灌木是以菊科的绢蒿属植物为主，也包括在生态地理分布和饲用价值上相近的一些其他半灌木植物。如亚菊科属及蒿属中的少数种类，以及藜科的骆驼藜属和地肤属植物。多数种类为强旱生、旱生植物。主要代表植物有博洛塔绢蒿、伊犁绢蒿、纤细绢蒿、新疆绢蒿、高山绢蒿、白茎绢蒿、灌木亚菊[*A. fruticulosa*（Ledeb.）Poljak.]、冷蒿、骆驼藜、木地肤等。这类植物在新疆荒漠草原的植物群落中是建群种或优势种，起着极其重要的作用，具有十分重要的经济利用价值。半灌木绢属植物在饲用价值上具有明显的季节性特点，特别是在早春和球冬季为小畜最喜食，马、骆驼也喜食或乐食。适口性好，粗蛋白质和粗脂肪含量较高营养价值较高。在秋季具有抓膘育肥作用，灌木亚菊、冷蒿、骆驼藜和木地肤等都是优良的饲用植物，具有催肥抓膘作用。

盐柴类半灌木牧草：是指分布在荒漠草原上，以藜科植物为主，包括柽柳和红砂属的种类，是一类旱生半灌木，在体内含有较高的可溶性盐分（表5.24）。其主要植物有短叶假木贼、松叶猪毛菜、木本猪毛菜、蒿叶猪毛菜、合头草，小蓬，戈壁藜，白滨藜，樟味藜，以及红砂等。其中，短叶加木贼、蒿叶猪毛菜、松叶猪毛菜、合头草等都是荒漠草原的建群种或优势种，在群落中起着重要作用。这类饲用植物比蒿类半灌木更耐旱和耐土壤瘠薄，其粗蛋白质、粗灰分及钙的含量比较高，具有独特的营养价值，一般骆驼喜食。利用率较低，在早春、晚秋和冬初利用具有重要价值。

表 5.24　几种盐柴类半灌木牧草化学成分组成　%

牧草名称	物候期	水分	占干物质比例					钙	磷
			蛋白质	粗脂肪	粗纤维	无氮浸出物	粗灰分		
无叶假木贼	开花	7.26	10.69	2.85	7.02	51.39	20.25	1.01	0.69
盐生假木贼	开花	8.70	9.11	2.24	12.41	48.25	19.92	2.62	0.08
短叶假木贼	开花	9.99	9.49	0.68	20.50	39.30	22.04	3.19	0.08
小蓬	开花	5.19	14.01	0.80	21.13	36.72	22.15	2.43	0.10
合头草	开花	5.68	17.98	2.43	12.40	40.06	21.45	1.08	0.11
白滨藜	开花	6.50	10.63	1.81	16.90	38.50	25.66	0.93	0.27
樟味藜	结实	7.81	12.50	4.58	21.70	39.13	14.28	1.12	0.27
木本猪毛菜	开花	7.24	14.66	1.33	15.41	39.33	22.03	1.06	0.11
戈壁藜	开花	5.20	17.50	1.49	12.84	41.76	21.21	1.75	0.10
琵琶藜	营养	8.51	11.12	1.22	11.86	44.12	23.17	0.77	0.11
圆叶盐爪爪	开花	6.14	12.03	2.14	12.18	32.65	34.86	0.75	0.06
圆叶盐爪爪	结实	7.06	9.15	3.62	27.88	20.31	31.98	0.45	0.13
盐爪爪	开花	6.38	9.79	2.50	31.81	19.87	29.65	1.06	0.17
盐穗木	现蕾	8.52	8.97	2.12	11.72	39.27	30.40	1.48	0.07
囊果碱蓬	结实	6.36	15.87	1.22	17.16	31.98	27.14	0.47	0.18

多汁盐柴类半灌木牧草：这是体内含有较高水分和盐分，枝叶呈肉质状积盐的强旱剩藜科半灌木植物。常于小禾草组成荒漠草原植物群落。主要代表植物有盐穗木、盐爪爪、圆叶盐爪爪、细枝盐爪爪、囊果碱蓬等。这类植物只有在秋季霜冻以后适口性有所提高，营养价值较低。

垫状半灌木（垫状小灌木）牧草：是一类分布于高山地带中的一类垫状半灌木植物，是高寒荒漠草原主要植物成分，也是高寒荒漠草原夏季家畜放牧利用的主要饲用植物。饲用价值较高的植物有垫状驼绒藜、西藏亚菊、高原委陵菜、小丛生棘豆（*O. caespitosula* Gontsch. ex Vass. et B. Fedtsch.）等。

8. 灌木类饲用植物

在各种草地类型均有分布。据初步统计，在新疆荒漠草原，灌木类植物有 19种，占植物种类的 6.25%，其中，豆科、麻黄科、蒺藜科、蓼科和柽柳科的灌木植物较多，水分生态类型多样，既有旱生，也有中生、旱中生植物。

无叶灌木类牧草：是指叶片退化，并以绿色枝条进行光合作用的一类强旱生或旱生植物。在荒漠草原中麻黄可成为建群种，其次还有膜果麻黄、木贼麻黄。饲用价值低，反为骆驼的优良饲料。

肉质灌木类牧草：是指叶片呈肉质或半肉质的一类强旱生和耐盐旱生灌木。其代表种有西伯利亚白刺、白刺、霸王、木碱蓬等，白刺属植物在饲用价值上略高于霸王属植物，嫩枝和小叶为骆驼所采食，适口性较好，但饲用价值低。

小叶灌木类牧草：是指株丛较高大，叶型较小的一类中旱生和旱生灌木。在新疆荒漠草原上豆科锦鸡儿属的灌木种类较多，可成为草地群落中的建群种和优势种，如草原锦鸡儿、北疆锦鸡儿（*C. camilli-schneideri* Kom.）、洛氏锦鸡儿、昆仑锦鸡儿（*C. polourensis* Franch.）和刺叶锦鸡儿，在群落起着重要作用，蔷薇科的兔儿条也是建群种。这类植物还有蓼科的灌木蓼和刺木蓼等。锦鸡儿属灌木含有较高的粗蛋白质和粗脂肪，营养价值较高，对小家畜有特殊的放牧利用价值。兔儿条的营养价值比锦鸡儿属灌木更高。木蓼属灌木植物的饲用价值较低。

鳞叶灌木类牧草：是指叶片退化呈鳞状的一类灌木植物。在荒漠草原的种类少，主要是柽柳科的夏绿鳞叶灌木，如多枝柽柳和短穗柽柳，柏科的常绿鳞叶灌木如叉子圆柏等。该类植物一般饲用价值都较低。

此外，新疆荒漠草原的灌木类饲用植物还有小灌木类牧草如刺旋花等。

9. 乔木类饲用植物

这类植物的树叶和枝条可供家畜饲用。在新疆荒漠草原的种类极少，只有阔叶乔木如杨树、榆树等。其营养价值较高，饲用和利用价值较大。

（三）饲用植物评价

草地是着生有草本植物或兼有灌丛和稀疏树木，可供放牧或刈割，进而喂养牲畜的土地（章祖同和刘起，1992），也就是着生有饲用植物的土地。这是在漫长的地质历史时期形成的自然资源。草地类型不同，其饲用植物种类、数量及组成也不同。饲用植物种类不同，不仅在形态、生态生物学等方面有差异，而且其经济利用价值也不同。因此，对饲用植物利用价值进行评定不仅是草地类型分类、草地等级评定、草地畜牧业区划、草地培养改良以及实现家畜科学饲养的科学依据，还是饲用植物种质资源发掘利用和有效保护的科学依据。

饲用植物评价主要是指对经济利用价值的评定。经济利用价值的评定又主要决定于饲用植物饲用价值和生产价值。一般来说，凡是饲用价值高，生产价值大的饲用植物，其经济利用价值也就大，反之则小。

饲用价值：一般表现在饲用植物的营养价值、适口性和消化率。营养价值高的饲用植物，其适口性好，消化率高。知识衡量某种饲用植物质量优劣的重要依据。营养价值决定于饲用植物所含营养成分和营养物质量的高低。营养物质包括粗蛋白质、粗脂肪、粗纤维、无氮浸出物和粗灰分等营养成分。一般认为粗蛋白质、粗脂肪量越高，粗纤维含量越低，其营养价值就高。适口性是指牲畜对某种饲用植物的喜好程度，一般草质柔嫩、营养价值高的植物适口性就好。绝大多数豆科和禾本科植物，其营养价值和适口性是一致的；也有些植物因体内含有某种物质如香豆素或味苦，虽然营养价值高，但适口性差，这不是绝对的。同时，饲用植物评定也要分析消化率，了解各种营养成分被牲畜消化的比例。饲用植物中各种营养成分的消化差异较大。消化率高的植物饲用价值就大。这些都是评价饲用植物饲用价值的依据。

生产价值：饲用植物的生产价值主要表现在天然草地的参与度、出现率、产草量、生态幅度及引种栽培的前途等方面，是衡量经济利用价值量的依据。通常在天然草地上参与度大、出现率、产草量、利用率高，生态幅度广，有引种栽培前途的饲用植物，其生产价值就大。

根据章祖同和刘起（1992）书中关于饲用植物的饲用价值和生产价值的综合评价内容和标准，将中国天然草地的饲用植物分为五个等级，既优等、良等、中等、低等和劣等。据初步统计和研究表明，新疆荒漠草原242种饲用植物中，有优等饲用植物43种，良等的种类最多有85种，中等次之有76种，低等34种，劣等仅4种（表5.25、表5.26、表5.27）。优良饲用植物（优等和良等）达128种，占饲用植物种数的一半以上，表明新疆荒漠草原饲用植物的经济利用价值比较高。

表 5.25　新疆荒漠草原饲用植物等级统计表

序号	科名	植物种数	饲用植物等级					
			优等	良等	中等	低等	劣等	小计
1	禾本科	76	24	42	6	—	—	72
2	藜科	50	3	11	23	10	—	47
3	菊科	31	2	9	7	4	1	23
4	豆科	20	4	6	4	3	—	17
5	百合科	11	8	1	—	—	—	9
6	石竹科	11	—	—	5	1	—	6
7	蓼科	10	1	—	3	1	—	5
8	其他	95	1	16	28	15	3	63
合计	43 科	304	43	85	76	34	4	242

表 5.26　新疆荒漠草原饲养植物评价等级统计表

序号	科名	饲用植物总数	优等		良等		中等		低等		劣等	
			种数	占总种数比例/%	种数	占总种数比例/%	种数	占总种数比例/%	种数	占总种数比例/%	种数	占总种数比例/%
1	禾本科	72	24	55.81	42	49.41	6	7.90	—	—	—	—
2	藜科	47	3	6.89	11	12.94	23	30.26	10	29.41	—	—
3	菊科	23	2	4.65	9	10.59	7	9.21	4	11.77	1	25.00
4	豆科	17	4	9.30	6	7.04	4	5.26	3	8.82	—	—
5	百合科	9	8	18.60	1	1.18	—	—	—	—	—	—
6	石竹科	6	—	—	—	—	5	6.58	1	2.94	—	—
7	蓼科	5	1	2.33	—	—	3	3.95	1	2.94	—	—
8	其他	63	1	2.33	16	18.82	28	36.84	15	44.12	3	75.00
合计	34 科	242	43	100.00	85	100.00	76	100.00	34	100.00	4	100.00

表 5.27　新疆荒漠草原饲用植物等级统计表

科序号	科名	属数	种数						
			总种数	优等	良等	中等	低等	劣等	缺信息
1	柏科	1	1	—	—	—	1		
2	麻黄科	1	5	—	—	—	2	1	2
3	杨柳科	2	2	—	1	1	—		
4	榆科	1	2	—	—	2	—		
5	荨麻科	1	1	—	—	1	—		
6	蓼科	4	10	1	—	3	1		5
7	藜科	20	50	3	11	23	10		3
8	苋科	1	1	—	—	1	—		
9	石竹科	5	11	—	—	5	1		5
10	毛茛科	6	9	—	—	—	—		9
11	十字花科	3	3	—	—	2	1		

续表

科序号	科名	属数	种数						
			总种数	优等	良等	中等	低等	劣等	缺信息
12	景天科	1	1	—	—	—	—	—	1
13	蔷薇科	2	4	—	2	1	—	—	1
14	豆科	8	20	4	6	4	3	—	3
15	牻牛儿苗科	2	2	—	—	2			
16	蒺藜科	4	5	—	—	1	3		1
17	大戟科	1	2	—	—	—	—		2
18	锦葵科	2	2	—	—	—	1		1
19	柽柳科	2	3	—	3	—	—		
20	杉叶藻科	1	1	—	—	1	—		
21	伞形科	1	1	—	—	—		1	
22	报春花科	2	3	—	—	1	1		1
23	蓝雪科	2	2	—	—	—	1		1
24	龙胆科	1	1	—	—	1	—		
25	萝摩科	1	1	—	1	—	—		
26	旋花科	2	6	—	—	3	1		2
27	紫草科	3	3	—	—	1	1		1
28	唇形科	5	6	—	—	1	2	1	2
29	茄科	1	1	—	—	—	—		1
30	玄参科	3	3	—	—	3	—		
31	列当科	2	2	—	—	—	—		2
32	车前科	1	4	—	4	—	—		
33	茜草科	1	1	—	—	—	1		
34	忍冬科	1	1	—	—	—	—		1
35	菊科	17	31	2	9	7	4	1	8
36	香蒲科	1	1	—	1	—	—		
37	眼子菜科	1	1	—	—	1	—		
38	水麦冬科	1	2	—	—	—	—		2
39	泽泻科	1	1	—	—	1	—		
40	禾本科	35	76	24	42	6	—	—	4
41	莎草科	1	6	1	1	3	—		1
42	百合科	3	11	8	1	—	—		2
43	鸢尾科	1	5	—	—	4	—		—
	合计	155	304	43	85	76	34	4	62
	各等级占总数比例/%	—	—	14.15	27.96	25.00	11.18	1.31	20.40

1. 优等饲用植物

这是一类经济利用价值最大的饲用植物。在新疆荒漠草原有 43 种，占饲用植物种数的 17.72%。其中禾本科的种数最多，达 24 种，占优等饲用植物的比例最大，达 55.81%。主要植物有冰草、沙生冰草、蒙古冰草，羊茅、穗状寒生羊茅，布顿大麦草（*Hordeum bogdanii* Wilensky）、羊草、老芒麦、草地早熟禾，还有无芒隐子草、粗隐子草、沙生针茅、短花针茅等。百合科植物有 8 种，占优等种数的 19.60%，如矮韭、蒙古韭、碱韭、山韭等。豆科有 4 种占 9.30%，如斜茎黄耆、新疆野豌豆、冰河棘豆等。藜科有 3 种占 6.98%，如驼绒藜、心叶驼绒藜和木地肤。菊科有 2 种，占 4.65%，如冷蒿和灌木亚菊，即草原篙草。

2. 良等饲用植物

在饲用植物中种类最多、占比最大，有 85 种，占饲用植物种数的 35.12%。其中禾本科种类最多，达 42 种，占良等饲用植物的 49.41%，主要植物有小芨芨草、芨芨草、三芒草、尖齿雀麦、密穗雀麦、旱雀麦，披碱草、小画眉草、画眉草，光穗旱麦草、旱麦草、窄颖赖草、赖草，新麦草[*Psathyrostachys juncea*（Fisch.）Nevski]、中亚细柄草，星星草[*Puccinellia tenuiflora*（Griseb.）Scribn. et Merr.]，阿拉善鹅观草、冠芒草，针茅、镰芒针茅、西北针茅、东方针茅、昆仑针茅、座花针茅等。藜科的种类也比较多，有 11 种，占良等的 12.94%。主要植物有沙蓬，蒙古虫实、盐穗木、戈壁藜、小蓬、叉毛蓬、猪毛菜、刺沙蓬、囊果碱蓬等。菊科有 9 种，占良等种数的 10.59%，主要植物有香叶蒿，博洛塔绢蒿、纤细绢蒿、高山绢蒿、白茎绢蒿、伊犁绢蒿等。豆科有 6 种，占 7.04%，主要植物有小叶锦鸡儿、甘草、雪地棘豆、苦豆子等。此外，还有百合科的滩地韭，苋科的凹头苋（*A. blitum* L.），蔷薇科的二裂委陵菜、帕米尔委陵菜，柽柳科的红砂、短穗柽柳、多枝柽柳，萝摩科的地梢瓜[*Cynanchum thesioides*（Freyn）K. Schum.]，车前科的车前（*Plantago asiatica* L.）、平车前（*P. depressa* Willd.）、小车前（*P. minuta* Pall.）、盐生车前（*P. maritima* L. subsp. *ciliata* Printz.）。

3. 中等饲用植物

种类数量仅次于良等饲用植物，有 76 种，占饲用植物种数的 31.41%。藜科占比最大，有 23 种，占中等饲用植物种数的 30.26%。主要植物有短叶假木贼，白滨藜、中亚滨藜、三齿滨藜、滨藜、西伯利亚滨藜、雾冰藜、樟味藜、垫状驼绒藜、刺藜、灰绿藜、盐爪爪、细枝盐爪爪、圆叶盐爪爪、地肤、蒿叶猪毛菜、木本猪毛菜、松叶猪毛菜、角果碱蓬、碱蓬、合头草等。菊科有 7 种，占

9.21%，主要植物有顶羽菊、西藏亚菊、黄花蒿、灌木柴菀木、蓼朴子、叉枝鸦葱、新疆绢蒿。禾本科有 6 种，占 7.90%，主要有拂子茅、止血马唐、毛穗新麦草[*P. lanuginosa*（Trin.）Nevsk]等。石竹科 5 种，占 6.58%，主要有石竹（*Dianthus chinensis* L.）、女娄菜、山蚂蚱草（*Silene jenisseensis* Willd.）等。豆科有 4 种，占 5.26%，有刺叶锦鸡儿、白皮锦鸡儿、草原锦鸡儿、洛氏锦鸡儿。此外，还有蒺藜科的霸王，旋花科的银灰旋花、田旋花（*C. arvensis* L.）和鹰爪柴，莎草科的沙地薹草（*C. sabulosa* Turcz.）、短柱薹草、鸢尾科的马蔺、天山鸢尾、石生鸢尾和细叶鸢尾。

4. 低等饲用植物

种类相对较少，只有 34 种，占饲用植物种数的 14.05%。其中，藜科种数最多，有 10 种，占低等饲用植物种数的 29.41%，主要有轴藜、角果藜、平卧藜[*Chenopodium karoi*（Murr）Aellen]、盐角草、柴翅猪毛菜、木碱蓬等。菊科有 4 种，占 11.77%，有银蒿、阿尔泰狗娃花、驴耳风毛菊。此外，还有麻黄科的木贼麻黄，其他科的刺木蓼、刺叶柄棘豆、小丛生棘豆、西伯利亚白刺、白刺、骆驼蓬、刺旋花等。

5. 劣等饲用植物

已经被评价的种类少，仅 4 种，占饲用植物的 1.65%，如膜果麻黄、迷果芹[*Sphallerocarpus gracilis*（Bess.）K. -Pol.]、多裂叶荆芥（*Nepeta multifida* Linnaeus）和大籽蒿。

四、荒漠草原的主要草地群落

植物的种类组成是形成植物群落的基础，任何草地植物群落都是由一定的植物种类所组成。每种植物都属于一定的生态型，具有一定的形状和大小，对周围的生态环境都有一定的要求和反应。因此，不同种类的植物在群落中所处的地位和起的作用是不同的。建群种和优势种在群落中的个体数量多、盖度大、生活能力较强、生物量高，决定了群落的结构和外貌特征，在群落生态系统中控制着能量流动和物质循环，对群落环境的形成起着主导的作用。因此，建群种和优势种是划分和识别草地类型的主要依据，是形成草地生产能力的关键因素。统计和分析表明（表 5.28），组成新疆荒漠草原草地的建群种和优势种（包括亚优势种）有 50 种，隶属于 11 科 26 属。

禾本科：荒漠草原草地建群种和优势种最多的科，有 7 属 17 种，占总属数的 26.92%、总种数的 34.00%。其中，针茅属植物就占 10 种，都是旱生或寒旱生多年生丛生优良禾草，都属于中亚成分或亚洲中部成分，广泛分布在平原丘陵、山地和高寒荒漠草原。特别是山地荒漠草原草地建群种和优势种就有 8 种（表 5.29），如沙生针茅、镰芒针茅、戈壁针茅、东方针茅、昆仑针茅和新疆针茅等。沙生针茅和镰芒针茅也是平原丘陵荒漠草原的主要建群种和优势种，紫花针茅、座花针茅和短花针茅是高寒荒漠草原主要建群种和优势种。

表 5.28　新疆荒漠草原建群种和优势种组成统计表

类别		科	属		种	
			属数	占总属数比例/%	种数	占总种数比例/%
裸子植物		柏科	1	3.85	1	2.00
		麻黄科	1	3.85	2	4.00
被子植物	双子叶植物	藜科	5	19.22	7	14.00
		蔷薇科	1	3.85	1	2.00
		豆科	2	7.69	7	14.00
		柽柳科	1	3.85	1	2.00
		旋花科	1	3.85	1	2.00
		菊科	5	19.22	10	20.00
	单子叶植物	禾本科	7	26.92	17	34.00
		莎草科	1	3.85	2	4.00
		百合科	1	3.85	1	2.00
合计		11	26	100.00	50	100.00

菊科：其种数在建群种和优势种中居第二位，有 5 属 10 种，占总属数的 19.22%、总种数的 20.00%。都为半灌木或小半灌，强旱生或旱生植物，均属于蒿类半灌木群，都是山地荒漠草原种和优势种。其中，绢蒿属就占 7 种，主要为中亚成分。博洛塔绢蒿和纤细绢蒿也是平原丘陵荒漠草原的建群种和优势种，高山绢蒿也是高寒荒漠草原的建群种和优势种。

豆科：有 2 属 7 种，占总属数的 7.69%、总种数的 14.00%。其中，锦鸡儿属植物就占 6 种，都是旱生灌木，属小叶灌木类经济类群，都是山地荒漠草原的建群种和优势种，白皮锦鸡儿和洛氏锦鸡儿也是草原丘陵荒漠草原草地的建群种和优势种。

藜科：主要是荒漠草地的植物种类，在荒漠草原的建群种和优势种有 5 属 7 种，占总属数的 19.22%、总种数的 14.00%。多属于强旱生半灌木，其中驼绒藜不仅经济利用价值高，而且分布最广泛，在丘陵、山地和高寒荒漠草原都可成为建群种和优势种。垫状驼绒藜仅在高寒荒漠草原成为建群种和优势种。其他如蒿类半灌木的木地肤，盐柴类半灌木的蒿叶猪毛菜、松叶猪毛菜、短叶假木贼和合头草都是山地荒漠草原的建群种和优势种。

表 5.29　新疆荒漠草原建群种和优势种一览表

类别	科名	种名	地理成分	生活型	水分生态分布	经济类群	饲用等级	平原丘陵荒漠草原	山地荒漠草原	高寒荒漠草原
裸子植物	柏科	新疆圆柏		小灌木	旱中生	小灌木类	低		+	
	麻黄科	中麻黄		灌木	旱生	灌木类	低		+	
		蓝麻黄		灌木	旱生	灌木类	低		+	
被子植物	藜科	短叶假木贼	3G	小半灌木	强旱生	盐柴类	低		+	
		驼绒藜	4G	半灌木	强旱生	蒿类半灌木	优	+	+	+
		垫状驼绒藜		半灌木	寒旱生	杂类半灌木	中			+
		木地肤	4G	小半灌木	旱生	蒿类半灌木	优		+	
		蒿叶猪毛菜	3G	半灌木	强旱生	盐柴类半灌木	中		+	
		松叶猪毛菜	3G	小灌木	强旱生	盐柴类半灌木	中		+	
		合头草	3G	半灌木	强旱生	盐柴类半灌木	中		+	
	蔷薇科	兔儿条	6G	灌木	旱中生	小叶灌木类	中		+	
	豆科	刺叶锦鸡儿		灌木	旱生	小叶灌木类			+	
		库车锦鸡儿		灌木		小叶灌木类			+	
		白皮锦鸡儿		灌木	旱生	小叶灌木类	中	+	+	
		昆仑锦鸡儿		灌木		小叶锦鸡儿			+	
		草原锦鸡儿		灌木	旱生	小叶灌木类	中		+	
		洛氏锦鸡儿		灌木	旱生	小叶灌木类	中	+	+	
		刺叶柄棘豆	3G	小半灌木	旱生	蒿类半灌木	低			+
	柽柳科	红砂	4G	小灌木	强旱生	盐柴类半灌木	良		+	
	旋花科	刺旋花	4G	半灌木	旱生	小叶灌木类	低		+	
	菊科	灌木亚菊		小半灌木	强旱生	蒿类半灌木	优		+	
		冷蒿		小灌木状草本	广旱生	蒿类半灌木	优		+	
		灌木紫菀木		半灌木	强旱生	蒿类半灌木	中		+	
		灌木短舌菊		半灌木		蒿类半灌木			+	
		博洛塔绢蒿	2G	小灌木状草本	强旱生	蒿类半灌木	良	+	+	
		纤细绢蒿	2G	小灌木状草本	强旱生	蒿类半灌木	良	+	+	
		新疆绢蒿	2G	半灌木	旱生	蒿类半灌木	良		+	
		高山绢蒿	3G	半灌木	旱生	蒿类半灌木	良		+	+
		白茎绢蒿	2G	小灌木	强旱生	蒿类半灌木	良		+	
		伊犁绢蒿	2G	半灌木	强旱生	蒿类半灌木	良		+	

续表

类别	科名	种名	地理成分	生活型	水分生态分布	经济类群	饲用等级	平原丘陵荒漠草原	山地荒漠草原	高寒荒漠草原
被子植物	禾本科	冰草	3G	多年生草本	旱生	丛生禾草类	优		+	
		糙隐子草	3G	多年生草本	旱生	丛生禾草类	优	+	+	
		羊茅	3G	多年生草本	旱生	丛生禾草类	优	+	+	
		穗状寒生羊茅		多年生草本	寒旱生	丛生禾草类	优		+	+
		新疆银穗草	3G	多年生草本	旱生	丛生禾草类	良		+	
		中亚细柄茅		多年生草本	旱生	丛生禾草类	良		+	
		阿拉善鹅观草		多年生草本	旱生	丛生禾草类	良		+	
		短花针茅	3G	多年生草本	旱生	丛生禾草类	优		+	+
		针茅	2G	多年生草本	旱生	丛生禾草类	良		+	
		镰芒针茅	2G	多年生草本	旱生	丛生禾草类	良	+	+	
		沙生针茅	3G	多年生草本	旱生	丛生禾草类	优	+	+	
		戈壁针茅	3G	多年生草本	旱生	丛生禾草类	优		+	
		紫花针茅	3G	多年生草本	寒旱生	丛生禾草类	优			+
		座花针茅	3G	多年生草本	寒旱生	丛生禾草类	良			+
		东方针茅	3G	多年生草本	旱生	丛生禾草类	良		+	
		昆仑针茅		多年生草本	旱生	丛生禾草类	良		+	
		新疆针茅	2G	多年生草本	旱生	丛生禾草类	良		+	
	莎草科	草原薹草		多年生草本	旱生	小莎草科	优		+	
		硬叶薹草		多年生草本	旱生	小莎草科	中			+
	百合科	碱韭	3G	多年生草本	强旱生	葱类	优	+	+	

注：植物区系地理成分代号符号：1G－世界广布成分，2G－中亚成分，3G－亚洲中部成分，4G－古地中海成分，5G－泛北极成分，6G－旧大陆成分，7G－特有植物。

此外，在荒漠草原中其他科的建群种和优势种还有麻黄科的中麻黄和蓝麻黄，莎草科的草原薹草和硬叶薹草，柽柳科的红砂，旋花科的刺旋花，百合科的碱韭和柏科的新疆圆柏。上述这些建群种和优势种组成了山地、平原丘陵和高寒荒漠草原的不同草地组和草地型。

（一）丛生禾草草地

丛生禾草草地属于荒漠草原亚类中的一个草地组。在荒漠草原分布最广，面积最大约 391.34 万 hm²，是最重要的草地类型（表 5.30）。其建群种和优势种是以针茅属（Stipa）植物及其他丛生小禾草为主，与蒿类半灌木组成 22 个草地型。

表 5.30　丛生禾草组在不同荒漠草原亚类中的概述

项目		亚类名称		
		平原丘陵荒漠草原亚类	山地荒漠草原亚类	高寒荒漠草原亚类
分布		阿尔泰山前倾斜平原和布克谷地	全疆山地	帕米尔高原、昆仑山和阿尔金山西部
草原面积/万 hm^2		26.02	255.94	109.38
主要建群种和优势种		沙生针茅、糙隐子糙、东方针茅	沙生针茅、戈壁针茅、镰芒针茅、短花针茅、昆仑针茅、新疆针茅、东方针茅	短花针茅、座花针茅、紫花针茅、新疆银穗草、高山绢蒿、昆仑绢蒿、垫状驼绒藜
主要伴生种		博洛塔绢蒿、细叶绢蒿、短柱薹草、盐生假木贼、木地肤、驼绒藜	糙隐子草、冰草、二刺叶兔唇花、灌木紫菀木、二裂委陵菜、碱韭、木地肤、短叶假木贼	高山早熟禾、南黄耆、庞生棘豆、短叶薹草、二裂委陵菜、赫定刺矶松、西藏亚菊等
草群结构	草层高度/cm	10～10	15～35	5～20
	覆盖度/%	20～30	15～45	15～25
鲜草产量/（kg/hm^2）		600～750	675～1125	450～675
草地型数		4	22	47

注：数据来源《中国草地资源数据》1994。

1. 山地温性荒漠草原亚类中的丛生禾草草地

面积最大，约 255.94 万 hm^2，占草地组面积的 65.40%，是荒漠草原质量最好的草地，丛生禾草多属优等牧草，蒿类牧草营养价值高（表 5.31）。春季萌发早，秋季种子粗蛋白质和粗脂肪含量丰富，属优良春秋牧场和冬牧场。建群种和优势种是以针茅属植物中的小羽芒组的沙生针茅、戈壁针茅、镰芒针茅和须芒组的东方针茅、短花针茅等强旱生植物和其他旱生小禾草为主，与蒿类半灌木组成各种草地型。沙生针茅是荒漠草原的主要建群种，通常以单优种或与蒿类、葱类和盐柴类半灌木组成的沙生+纤细绢蒿型、杀生针茅+博洛塔绢蒿型、沙生针茅+新疆绢蒿型、沙生针茅+刺叶柄棘豆+高山绢蒿型以及沙生针茅+碱韭型为主。常见的伴生种有羊茅、戈壁针茅、冰草、驼绒藜、木地肤等饲用价值高的牧草。草层高度 10～20 cm，覆盖度 10%～30%，鲜草产量 450～1050 kg/hm^2，最有经济利用价值。由戈壁针茅为建群种组成的草地型面积不大，主要是戈壁针茅+灌木亚菊型，伴生种主要有驼绒藜、碱韭、合头草、中亚细柄茅等。草群稀疏，草层高度 5～15 cm，覆盖度 20%～25%，鲜草产量约 450 kg/hm^2。镰芒针茅与蒿类组成的草地型主要有镰芒针茅+博洛塔绢蒿、镰芒针茅+高山绢蒿型，伴生种主要有冰草、草原薹草（*C. liparocarpos* gaudin）、驼绒藜、碱韭等。

表 5.31　几种小丛禾草化学成分组成　　　　%

| 牧草名称 | 物候期 | 水分 | 占干物质比例 | | | | | 钙 | 磷 |
			粗蛋白质	粗脂肪	粗纤维	无氮浸出物	粗灰分		
沙生针茅	开花	7.37	8.21	1.90	27.38	48.72	6.42	0.32	0.09
	结实	8.76	6.36	2.97	26.85	48.04	7.02	0.29	0.04
	干枯	5.54	5.10	3.30	32.22	49.31	4.53	0.35	0.07
戈壁针茅	结实	10.15	6.79	1.56	31.56	40.48	9.46	0.26	0.08
东方针茅	孕穗	7.65	8.83	1.84	32.71	43.12	5.85	0.36	0.09
镰芒针茅	开花	10.98	9.15	2.24	24.30	46.50	6.83	0.32	0.09
	结实	7.08	5.43	4.28	29.60	47.77	5.84	0.74	0.06
短花针茅	结实	8.34	10.14	3.90	26.21	44.89	6.52	0.58	0.12
昆仑针茅	抽穗	9.77	11.39	3.75	28.88	39.41	6.80	0.30	0.09
沙生冰草	开花	8.25	12.56	2.41	31.50	39.90	5.35	0.35	0.13
冰草	营养	8.63	12.42	2.34	29.06	40.93	6.62	0.42	0.07
	孕穗	7.18	13.87	2.57	33.02	36.70	6.66	0.48	0.07
	开花	7.72	12.45	2.14	23.50	48.45	5.56	0.28	0.15
	结实	7.73	8.06	2.87	38.21	36.17	6.96	0.58	0.08
糙隐子草	开花	6.50	10.27	3.19	33.09	37.73	8.73	0.32	0.17
菭草	抽穗	8.58	10.07	2.33	31.69	41.64	5.67	0.31	0.11
	结实	7.73	8.85	5.55	33.11	35.19	9.57	0.33	0.04
羊茅	抽穗	7.97	8.71	2.63	28.09	43.61	8.99	0.25	0.12
	开花	7.14	6.73	2.84	33.68	43.06	6.55	1.37	0.13
	果后营养	7.23	10.05	1.39	33.83	36.46	11.04	0.32	0.11
针茅	抽穗	6.42	10.24	2.70	25.55	50.20	4.89	0.65	0.17
	开花	7.65	9.88	2.07	32.73	43.32	4.35	0.06	0.13
	结实	8.70	8.11	3.08	35.76	35.09	9.26	0.17	0.07
	干枯	7.01	5.38	2.82	28.38	50.01	6.40	0.29	0.05
西北针茅	抽穗	7.39	12.44	2.14	26.39	45.63	6.01	0.47	0.05
	结实	8.35	6.93	2.45	30.85	46.37	5.05	0.32	0.04
寒生针茅	抽穗	8.38	10.73	2.85	30.40	41.31	6.33	1.33	0.21
穗状寒生羊茅	开花	7.31	8.15	2.32	29.60	47.57	5.05	0.27	0.08
新疆银穗草	开花	7.32	8.92	1.31	37.71	36.94	7.80	0.60	0.03

草层高度 10～20 cm，覆盖度 20%～25%，鲜草产量 675～1350 kg/hm²。生产价值高。新疆针茅与蒿类、葱类组成的草地型主要有新疆针茅+纤细绢蒿型、新疆针茅+碱韭型和新疆针茅+薹草+糙隐子草型。伴生种主要有冰草、针茅、羊茅、驼绒藜等饲用价值高的牧草。经济利用价值最大，草层高度 10～30 cm，覆盖度 10%～35%，鲜草产量达 735～1950 kg/hm²。其他草地型还有昆仑针茅+高山绢蒿型和东方针茅+博洛塔绢蒿型。

2. 平原丘陵温性荒漠草原亚类的丛生禾草草地

面积占该亚类面积的 54.00%。牧草质量高，是所在地的优良春季牧场。草地组成单纯，建群种和优势种以沙生针茅为主，和糙隐子草、东方针茅、戈壁针茅等组成沙生针茅+糙隐子草型、糙隐子草+碱韭型和糙隐子草+木独夫+薹草型等。伴生种主要有博洛塔绢蒿、纤细绢蒿、新疆薹草、盐生假木贼、木地肤、驼绒藜等。草层高度一般在 10～15 cm，覆盖度 20%～30%，鲜草产量为 600～750 kg/hm²。

3. 高寒荒漠草原亚类的丛生禾草草地

面积约 109.38 hm²，占该亚类草地面积的 87.80%。是该亚类草地中面积最大、最重要的草地类型。建群种和优势种有短花针茅、座花针茅、紫花针茅、新疆银穗草、高山绢蒿、昆仑绢蒿、垫状驼绒藜等。组成短花针茅型、短花针茅+高山绢蒿型、短花针茅+驼绒藜+高山绢蒿型、座花针茅+高山绢蒿型和紫花针茅+垫状驼绒藜型、紫花针茅+刺叶柄棘豆+昆仑绢蒿等 2 个草地型。伴生种主要有高山早熟禾、小丛生棘豆、硬叶薹草（*C. sutschanensis* Kom）、二裂委陵菜、西藏亚菊等。草层高度 5～20 cm，覆盖度 15%～25%，鲜草产量 450～675 kg/hm²。

（二）蒿类半灌木丛生禾草草地

该草地组面积比较大，约 87.71 万 hm²，仅分布在温性荒漠草原（表 5.32）。在温性荒漠草原中，又主要分布在山地温性荒漠草原亚类，在该亚类中多分布于丛生禾草草地的下部较干燥的地段。在草地植物群落的组成和外貌上，具有温性荒漠草原的典型特征和景观。其建群种和优势种以蒿类半灌木与丛生禾草为主，共同组建和形成具有灰绿色景观的 10 个草地型。

1. 山地温性荒漠草原亚类的蒿类半灌木丛生禾草草地

分布较广，面积较大，约 84.34 万 hm²，占该草地组面积的 96.16%。蒿类半灌木植物和丛生禾草为该草地组的建群种和优势种。其中，蒿类半灌木植物有新疆绢蒿、博洛塔绢蒿、纤细绢蒿、白茎绢蒿、冷蒿、灌木亚菊、灌木紫菀木和伊犁绢蒿等；丛生禾草以沙生针茅为主，其次有镰芒针茅、新疆针茅、东

表 5.32　蒿类半灌木丛生禾草组在不同荒漠草原亚类中的概述

项目		亚类名称	
		平原丘陵荒漠草原亚类	山地荒漠草原亚类
分布		博乐谷地和布克谷地	天山北坡中部和南坡、阿克苏以东以及准格尔西部山地
草地面积/万 hm²		3.37	84.34
主要建群种和优势种		新疆绢蒿、纤细绢蒿、戈壁针茅、沙生针茅、新麦草等	蒿类半灌木：新疆绢蒿、博洛塔绢蒿、纤细绢蒿、白茎绢蒿、冷蒿、灌木亚菊、灌木紫菀木、伊犁绢蒿等；丛生禾草：沙生针茅、镰芒针茅、新疆针茅、羊茅、冰草等
主要伴生种		糙隐子草、驼绒藜、短叶假木贼、木地肤、碱韭等	刺旋花、二刺叶兔唇花、黄耆、碱韭、木地肤、阿尔泰狗娃花、二裂委陵菜等
草群结构	草层高度/cm	10～20	10～20
	覆盖度/%	30～45	25～40
鲜草产量/（kg/hm²）		870	675～960
草地型数		1	9

方针茅、昆仑针茅、羊茅和冰草等。常见的伴生种有刺旋花、二刺叶兔唇花、黄耆[*A. membranaceus*（Fisch.）Bunge]、碱韭、木地肤、阿尔泰狗娃花和二裂委陵菜等。组成植物群落的建群种和优势种，多数种类是粗蛋白质含量在 10.0%以上，粗脂肪在 5.0%以上的优良饲用植物（表 5.33），因此饲用价值和生产价值都很高，是小畜良好的放牧场。其典型的草地型主要有新疆绢蒿+沙生针茅

表 5.33　几种蒿类半灌木牧草化学成分组成　　　　%

牧草名称	物候期	水分	占干物质比例					钙	磷
			蛋白质	粗脂肪	粗纤维	无氮浸出物	粗灰分		
伊犁绢蒿	现蕾	9.22	7.08	5.35	33.95	40.14	4.26	0.42	0.11
博洛塔绢蒿	开花	8.16	8.87	5.86	26.80	48.22	2.09	0.68	0.18
新疆绢蒿	开花	8.84	10.07	3.86	27.99	42.27	6.79	0.83	0.26
高山绢蒿	现蕾	6.15	7.45	2.76	25.44	51.05	7.15	0.68	0.64
白茎绢蒿	现蕾	10.01	10.76	5.32	19.33	46.83	7.75	0.70	0.15
冷蒿	开花	9.83	10.33	5.49	24.34	44.41	5.60	0.39	0.15
灌木亚菊	开花	7.33	14.97	8.78	22.40	38.22	8.30	1.09	0.24
驼绒藜	开花	10.66	13.69	1.72	26.58	38.55	8.80	1.08	0.16
	结实	8.45	9.41	2.16	30.11	40.63	9.42	1.21	0.16
木地肤	营养	8.47	14.91	1.46	25.10	39.66	10.40	1.35	0.15
	开花	9.21	10.67	1.85	25.42	43.98	8.87	0.71	0.16
	结实	5.60	7.39	1.08	30.91	44.76	10.26	1.03	0.06

型，面积较大。常见伴生种主要有冰草、针茅、驼绒藜、木地肤等优良饲用植物。草地的饲用价值高，草层高度 10～20 cm，覆盖度 20%～30%，最高达 50% 鲜草产量 750～960 kg/hm²。博洛塔绢蒿+草原薹草型的草层高度 5～20 cm，总盖度可达 25%～40%，鲜草产量 450～840 kg/hm²。

2. 在平原丘陵温性荒漠草原亚类的蒿类半灌木丛生禾草草地

面积 3.37 万 hm²，占该草地组面积的 3.84%。面积很小，典型的草地类型，仅 1 个草地型，即博洛塔绢蒿+羊茅型。草群的组成主要有新疆绢蒿、纤细绢蒿、戈壁针茅、沙生针茅和新麦草等，伴生种主要有糙隐子草、驼绒藜、短叶假木贼、木地肤、碱韭等。在群落组成上，优良饲用植物多，草地质量和利用价值高。草层高度 10～20 cm，覆盖度 30%～45%，鲜草产量 870～1095 kg/hm²。

（三）盐柴类半灌木丛生禾草草地

1. 山地温性荒漠草原亚类的盐柴类半灌木丛生禾草草地

是一个分布较广，面积较大的草地组，草地面积约 46.53 万 hm²，主要分布于准格尔西部山地、天山北坡中部、北塔山和东疆天山低山带以及山间谷地等地区，是地势较低而山地草原化荒漠过渡地区。草群组成的盐柴类以驼绒藜为主（新疆维吾尔自治区畜牧厅，1993），其次有松叶猪毛菜、蒿叶猪毛菜、短叶假木贼和白滨藜等。常见的伴生种主要有短花针茅、无芒隐子草、灌木亚菊、灌木紫菀木、细叶鸢尾、博洛塔绢蒿、新疆绢蒿、圆叶盐爪爪、红砂、碱韭等。盐柴类植物体内可溶性盐分、粗灰分和钙的含量高达 20%～25%，可补充牲畜对矿物质营养的需求。蛋白质含量也较高，多数种类在 10%～12% 之间（表 5.24），但草质较粗糙，适口性较差。驼绒藜是一种饲用价值高、适口性好的优等饲用植物，与丛生禾草组成的草地型主要有：

（1）驼绒藜+沙生针茅草地型：面积较大，分布较广，但是分布分散。草群层次分明，上层为驼绒藜，草层高 40～50 cm，下层为丛生禾草，高 5～15 cm，总盖度 20%～30%，鲜草产量 615～750 kg/hm²，是最有经济利用价值的草地。

（2）驼绒藜+阿拉善鹅观草草地型：主要伴生种有锦鸡儿、沙生针茅、中亚细柄茅、冰草、刺旋花、刺棘豆等。草层高度 10～35 cm，覆盖度 10%～35%，鲜草产量约 855 kg/hm²。

（3）其他草地型还有松叶猪毛菜+戈壁针茅草地型，蒿叶猪毛菜+沙生针茅草地型，短叶假木贼+沙生针茅草地型，红砂+沙生针茅草地型等。常见的伴生种有驼绒藜、刺旋花、中亚细柄茅等。草层高度一般在 25～35 cm，覆盖度 10%～30%，鲜草产量是 1050～2700 kg/hm²。盐柴类植物适口性较差，仅山羊与骆驼采食，饲用价值不高。

2. 平原丘陵温性荒漠草原亚类的盐柴类半灌木丛生禾草草地

在该亚类仅有驼绒藜+糙隐子草草地型，面积较大，类型简单，但经济利用价值较大。

（四）具灌木丛生禾草草地

1. 山地温性荒漠草原亚类的具灌木丛生禾草草地

山地具灌木丛生禾草草地是灌丛草地中具有代表性、价值较高的一个草地组。分布较广，面积较大，约 98.89 万 hm²，居该亚类的第二位。多分布在盐柴类丛生禾草草地上部的坡度较大、石质化强的阳坡，大致与无灌木的丛生禾草草地和蒿类半灌木草地分布在同一水平带上，但不具地带性意义。其主要特征是在上述两组无灌草地上生长着有郁闭度在 0.1～0.4 之间的灌木层片。灌木层片的建群种由具叶灌木和无叶灌木植物组成。具叶灌木植物主要有刺叶锦鸡儿、洛氏锦鸡儿、草原锦鸡儿、库车锦鸡儿、白皮锦鸡儿和刺旋花等，具叶灌木类锦鸡儿一般高 90～110 cm，刺旋花高约 30 cm，无叶灌木有中麻黄和蓝麻黄（*E. glauca* Regel.），一般高 40～50 cm。除灌木层片外，其下层与丛生禾草草地和蒿类半灌木草地相似。丛生禾草草地主要有沙生针茅、镰芒针茅、东方针茅、戈壁针茅、阿拉善鹅观草和中亚细柄茅等，其他植物主要有博洛塔绢蒿、新疆绢蒿、冷蒿、木地肤、针茅、羊茅、灌木亚菊、草原薹草、阿尔泰狗娃花、二刺叶兔唇花等。该草地组主要有 15 个草地型，草层一般高 10～20 cm，总盖度 20%～40%，鲜草产量 675～1050 kg/hm²。由于草地坡度较大，草的质量较差（表 5.34），下层禾草虽然质量较好，但存在具刺灌木，因此，草地利用受到限制，一般适于山羊放牧。

表 5.34　几种无叶灌木类牧草化学成分组成　　　　%

牧草名称	物候期	水分	占干物质比例					钙	磷
			蛋白质	粗脂肪	粗纤维	无氮浸出物	粗灰分		
沙枣枣	开花	7.84	9.43	1.08	22.21	51.74	7.70	1.55	0.10
	结实	7.60	7.68	0.84	24.49	48.85	10.54	1.29	0.12
昆仑沙枣枣	开花	10.52	12.25	3.40	22.37	44.28	7.18	1.45	0.15
木贼麻黄	开花	8.49	8.06	2.16	27.59	45.92	7.78	2.07	0.09
中麻黄	开花	8.92	6.17	2.44	22.39	52.40	7.68	1.64	0.07
膜黄麻黄	结实	7.70	9.08	2.26	24.71	49.81	6.44	1.55	0.09

牧草名称	物候期	水分	占干物质比例					钙	磷
			蛋白质	粗脂肪	粗纤维	无氮浸出物	粗灰分		
洛氏锦鸡儿	开花	10.66	11.05	1.67	36.72	33.63	6.27	1.13	0.11
草原锦鸡儿	开花	8.01	11.56	1.31	34.96	39.64	4.52	1.08	0.12
	结实	6.06	11.73	1.94	33.49	41.34	5.44	1.03	0.10
刺叶锦鸡儿	开花	7.58	11.01	1.09	38.23	35.85	6.24	1.32	0.08
兔儿条	结实	9.55	12.47	1.80	19.59	51.22	5.37	0.62	0.16

由锦鸡儿属植物与丛生禾草所组成的草地型是该草地组分布最广、面积最大的草地类型，草层覆盖度一般在15%～20%，鲜草产量750～1350 kg/hm²，并具有明显的区域性特点。代表性草地型如下：

（1）草原锦鸡—镰芒针茅+博洛塔绢蒿型，广泛分布在天山北坡和博格达山南坡；

（2）白皮锦鸡儿—沙生针茅型，面积较大，主要分布在准格尔西部山地；

（3）洛氏锦鸡儿—镰芒针茅型；

（4）刺叶锦鸡儿—镰芒针茅型；

（5）库车锦鸡儿—中亚细柄茅型。

麻黄属植物中中麻黄分布较广，与丛生禾草组成的草地型分布在天山北坡、东疆山地大小哈再里克山地以及哈尔雷克山的北部山地。由蓝麻黄与丛生禾草组成的草地型分布更广。草层高度10～20 cm，覆盖度20%～30%，鲜草产量450～750 kg/hm²。代表性草地型如下：

（1）中麻黄—沙生针茅型；

（2）中麻黄—镰芒针茅型；

（3）中麻黄—戈壁针茅型；

（4）中麻黄—阿拉善鹅观草型；

（5）蓝麻黄—沙生针茅型。

2. 平原丘陵温性荒漠草原亚类的具灌木丛生禾草草地

主要分布在该亚类中的洪积扇冲积沟，常与无灌木的丛生禾草组和蒿类半灌木丛生禾草组交错分布。主要草地型有2个：

（1）白皮锦鸡儿—镰芒针茅+博洛塔绢蒿型；

（2）洛氏锦鸡儿—镰芒针茅型。

在新疆荒漠草原除了以上4个主要草地组之外，还有以下几个草地组。

（五）具灌木蒿类半灌木丛生禾草草地

主要分布在山地温性荒漠草原亚类。其特点是在蒿类半灌木丛生禾草草地上，生长着郁闭度较大的灌木层片，因此，是一类具灌木的蒿类半灌木丛生禾草草地组。灌木类植物主要有四锦鸡儿的草原锦鸡儿、洛氏锦鸡儿、昆仑锦鸡儿、库车锦鸡儿以及中麻黄和兔儿条等。蒿类半灌木植物主要菊科的博洛塔绢蒿、新疆绢蒿、高山绢蒿、冷蒿、灌木亚菊、灌木紫菀木等。常见的丛生禾草有羊茅、沙生针茅、东方针茅、镰芒针茅以及羊茅和阿拉善鹅观草等。并组成以下的草地型：

（1）草原锦鸡儿－新疆绢蒿＋羊茅型；

（2）草原锦鸡儿－冷蒿＋阿拉善鹅观草型；

（3）草原锦鸡儿－灌木亚菊＋沙生针茅型；

（4）草原锦鸡儿－灌木紫菀木＋沙生针茅型；

（5）草原锦鸡儿－灌木亚菊＋东方针茅型；

（6）洛氏锦鸡儿－冷蒿＋沙生针茅型；

（7）洛氏锦鸡儿－灌木亚菊＋沙生针茅型；

（8）昆仑锦鸡儿－高山绢蒿＋沙生针茅型；

（9）库车锦鸡儿－新疆绢蒿＋沙生针茅型；

（10）中麻黄－冷蒿＋沙生针茅型；

（11）中麻黄－灌木亚菊＋镰芒针茅型；

（12）兔儿条－博洛塔绢蒿＋羊茅型。

（六）具灌木盐柴类半灌木丛生禾草草地

该草地组主要分布在山地温性荒漠草原亚类。其特点是在盐柴类半灌木丛生禾草草地上生长着灌木植物层片。灌木类植物有库车锦鸡儿、洛氏锦鸡儿和草原锦鸡儿等。盐柴类半灌木植物有驼绒藜和合头草等，禾草有沙生针茅和阿拉善鹅观草等。由这些植物组成的主要草地型有以下3个：

（1）库车锦鸡儿－驼绒藜＋沙生针茅型；

（2）洛氏锦鸡儿－合头草＋沙生针茅型；

（3）草原锦鸡儿－合头草＋阿拉善鹅观草型。

（七）小莎草草地

仅分布在高寒荒漠草原亚类。草地面积 15.20 万 hm²，多呈片状分布在阿克赛钦盆地及其东部盆地边缘，在库木库盆地西北部和东部小沙子湖边缘也有分布。优势种有硬叶薹草和垫状驼绒藜。伴生种主要有紫花针茅、弱小见绒草、棘豆等。

由这些植物组成的高寒草地型仅 1 个，即硬叶薹草＋垫状驼绒藜。草层高度 5～10 cm，盖度 10%～15%，鲜草产量约 585 kg/hm²。利用价值不大。

（八）具灌木蒿类半灌木小莎草草地

该草地组仅在山地温性荒漠草原亚类有零星分布，面积较小。灌木植物有刺叶锦鸡儿和白皮锦鸡儿，盐柴类半灌木植物有博洛塔绢蒿和新疆绢蒿，小莎草为草原薹草，并组成 2 个草地型：

（1）刺叶锦鸡儿－博洛塔绢蒿＋草原薹草；

（2）白皮锦鸡儿－新疆绢蒿＋草原薹草型。

五、重要植物种类的保护

（一）保护的价值和重要性

荒漠草原是亚洲中部特有的草原类型，也是草原植被中最干旱的类型。年降雨量少，蒸发量大，大气和土壤干燥，自然条件十分严酷。在这种环境条件下生长的植物类型经过长期自然选择和演化，形成了应对这种严酷环境的生态特性和在这种严酷环境下生长和发育的生态适应性，具有很强的生存能力。每一种植物在荒漠草原生态系统中都有一定的作用和地位，具有生存的价值和生存的权利。同时，每一种植物也都依赖于这一生态系统而生存，与周围环境形成统一体。这是大自然对人类的恩赐，人类为生存和发展有权利合理利用这些植物，也有义务善待和有效保护这些植物。

荒漠草原草地在新疆草地畜牧业中占有重要地位，在草地生态系统中具有重要作用。草地面积达 704.29 万 hm²，占全区草地面积的 12.30%，可利用面积的 13.26%，是新疆重要的草地畜牧业基地。在荒漠草原上生长的 304 种草地植物蕴藏着丰富的遗传基因，是天然的基因库。特别是 242 种饲用植物资源，是牲畜赖以生存的物质基础，是发展草地畜牧业的廉价饲料来源。其他还有丰富的饲用植物，如扁蓄、皱叶酸膜（*Rumex crispus* L.）、藜、地肤、反枝苋、苦荞麦等；药用植物如甘草、木贼麻黄、中麻黄、肉苁蓉（*Cistanche deserticola* Ma）、列当（*Orobanche coerulescens* Steph.）、车前等；工业原料植物如纤维植物芦苇、芨芨草、刺叶柄棘豆、多枝柽柳等；以及多种可用于保护环境的植物，观赏植物和蜜源植物。荒漠草原上的这些绿色植物一方面是人类生存和发展的重要植物资料，另一方面，在草地群落与环境能量流动和物质循环中形成的生态系统或生态资源又具有涵养水分、保持水土、防止土壤侵蚀、放风固沙、调节气候、美化环境和净化空气等生态功能，为人类从事生物科学研究提供了丰富的遗传材料，为研究植物物种起源、演化、分类和亲缘关系等提供了良好场所。因此，荒漠草原地具有重要的经济价值、生态价值和科学价值。

　　然而，随着人口增加和经济发展，人类活动加剧，对草地进行掠夺式放牧和粗放管理，加之气候变化，进而加速了草地退化（包括沙化和盐渍化）。荒漠草原植被覆盖率降低，植被稀疏，以致一些草地沙化成裸地，草地生态系统失去平衡，植物生长发育条件和生存环境遭到严重破坏，以致一些植物的个体数量急剧减少、分布区缩小，在草群中逐渐消失。近年来，随着草地生态环境保护力度增加，尽管草地退化有所遏制，但草地退化状况尚未根本改变，保护草地植物的形势依然非常严峻，亟待采取有效措施进行保护。

（二）重点保护的植物种类

1. 中国植物特有种

　　植物特有种（endemic species）一般指仅产于某一地区，而其他地区没有自然分布的植物种（包括亚种、变种和变型）。中国植物特有种是只产于中国境内而其他国家或地区没有自然分布的植物种，是我国宝贵的植物资源。根据《中国植物志》（中国植物志编辑委员会，2004）、《新疆植物志》（新疆植物志编辑委员会，1993）以及有关文献资料的整理和分析，自然分布于新疆荒漠草原的中国特有种有 7 种，其中，禾本科有 4 种，菊科有 2 种和藜科 1 种。

　　1）沙芦草（蒙古冰草）（*Agropyron mongolicum* Keng）

　　多年生旱生丛生禾草。主要分布于新疆的富蕴、福海、阿勒泰、布尔津等县，甘肃、陕西、内蒙古、山西等省区也有。多生于山地的低山、丘陵和山麓地带的沙瓤土和沙地，是温性草原化荒漠的建群种和温性山地荒漠草原的伴生种。优等饲用植物，现已引种栽培和选育，是沙瓤土或沙地退化草场改良的优良草种。

　　2）阿拉善鹅观草［*Elymus alashanica*（Keng）S. L. Chen］

　　多年生旱生疏丛禾草。主要分布于新疆的青河、福海、裕民、博乐等县，甘肃、宁夏、内蒙古等省区也有。生于海拔 300～3100 m 的石质阳坡，是组成温性山地荒漠草原的建群种和优势种，为良等饲用植物。

　　3）昆仑针茅（*Stipa roborowskyi* Rosher）

　　多年生旱生密生禾草。主要分布于新疆若羌、塔什库尔干和策勒县，青海和西藏也有。生长于阿尔金山、昆仑山和帕米尔高原海拔 2600～3400m 的山地，是组成山地温性荒漠草原的建群种，温性草原的优势种和温性草原化荒漠的亚优势种，为良等饲用植物。

4）博洛塔绢蒿［*Seriphidium borotalense*（Poljak）Ling et Y. R. Ling］

强旱生小半灌木。主要分布于新疆北部的天山和阿尔泰山，生于海拔 1000～1500 m 的砾质山坡及洪积扇地区，是温性荒漠草原、草原化荒漠和荒漠的主要建群种和优势种，为良等饲用植物。

5）香藜［*Chenopodium bolrys*（L.）Mosyakin et Clemants］

中生一年生草本。主要分布于新疆阿勒泰、奇台、乌鲁木齐、石河子、伊宁、糖河等地区，蒙古、中亚、伊朗也有。生长于海拔 400～1900 m 的农田河水渠旁、撂荒地山间谷地、干旱山坡及沙质坡地，是荒漠草原和荒漠伴生种。

2. 新疆植物地方种

新疆植物地方种是指在中国境内只产于新疆，而其他省区不产的种类。虽然这类植物在中亚或其他一些国家也有自然分布，但在我国仅在新疆才有自然分布，也是我国宝贵的植物资源，在生物科学研究或利用上都有重要价值。这类植物自然分布于新疆荒漠草原上的种类比较丰富，也应作为重点保护的种类。

禾本科：种类较多，有 9 属 14 种，如毛穗新麦草、多枝赖草、东方旱麦草、寒生羊茅、新疆早熟禾、密穗雀麦、喜马拉雅针茅（*S. himalaica* Roshev）、小芨芨草等。其中，不少种类是饲用植物或农作物的野生近缘植物，具有遗传育种潜力。

豆科：有 2 属 8 种，主要是锦鸡儿属植物，如库车锦鸡儿、昆仑锦鸡儿、伊犁锦鸡儿、新疆锦鸡儿，棘豆属的冰河棘豆和雪地棘豆等。锦鸡属种的一些种类是荒漠草原的建群种和优势种，有重要经济利用价值。

菊科：有 2 属 8 种，主要是绢蒿属种的一些种类，如伊犁绢蒿、纤细绢蒿、博洛塔绢蒿、白茎绢蒿，以及香叶蒿等。博洛塔绢蒿等盐柴类植物多数种类是荒漠草原的建群种和优势种，也具有重要经济价值。

藜科：有 8 属 8 种，主要有心叶驼绒藜、白滨藜、角果藜、樟味藜、木碱蓬、叉毛蓬等。

其他还有蓼科的刺木蓼，莎草科的草原薹草和短柱薹草等。

该类植物中多数种类在植物区系地理成分上属于中亚成分、亚洲中部成分和古地中海成分，对研究植物的起源和演化等具有科学价值。

3. 栽培牧草的野生类型及野生近缘种

草地野生植物是栽培牧草的天然基因库。栽培牧草来源于野生牧草，是通过对野生牧草进行引种、栽培和选育形成的。栽培牧草的野生类型是指自然分布于某一地区，其形态特征与某种栽培牧草相同的同一种野生牧草。栽培牧草的野生近缘种一般指在同一属植物中与某种栽培牧草在形态和遗传上有近缘关系和近缘关系相近的牧草种类。栽培牧草自然分布在新疆荒漠草原上的野生类型和野生近缘种比较丰富。

1）禾本科

羊茅属（*Festaca* L.）：世界著名栽培牧草草地羊茅（*F. pratensis* Huds）在新疆荒漠草原分布的野生近缘种主要有寒生羊茅、羊茅、瑞士羊茅和沟羊茅等。

早熟禾属（*Poa* L.）：世界著名栽培牧草草地早熟禾（*P. pratense* L.）在新疆荒漠草原上有其野生近缘种，如昆仑早熟禾（*P. litwinowiana* Ovcz.）、膜颖早熟禾（*P. membranigluma* D. F. Cui）等。

冰草属（*Agropyron* Gaertn）：国外普遍种植的栽培牧草冰草［*A. cjistatam*（L）Gaertn］在新疆荒漠草原上既有其野生种也有野生近缘种，如沙生冰草和沙芦草。目前种两种叶已引种、栽培和选育。

新麦草属（*Psathyrostachys Nevski*）：栽培牧草新麦草［*P. juncea*（Fisch）Nevski］在新疆荒漠草原上既有野生类型新麦草，也有其野生近缘种如紫药新麦草［*P. juncea* subsp. *Hyalantha*（Rupr.）Tzvel］和毛穗新麦草。

披碱草属（*Elymus* L.）：在国内种植的栽培牧草老芒麦（*E. sibiricas* L.）在新疆荒漠草原上既有野生类型老芒麦，也有野生近缘种如披碱草。

2）豆科

草木犀属（*Melilotus* Mill）：作为饲用及绿肥的黄花草木犀［*M. officinalis*（L.）Pall］在新疆荒漠草原有野生近缘种草木犀。

野豌豆属（*Vicia* L.）：国内外种植的栽培牧草山野豌豆（*V. amoena* Fisch. ex DC.）在新疆荒漠草原有野生近缘种新疆野豌豆。

3）藜科

驼绒藜属［*Ceratoides*（Torun）Gagnebin］：在国外半干旱地区种植的驼绒藜［*C. latens*（J. F. Gmel）Reveal.et Halmgrem］在新疆荒漠草原既有野生类型驼绒藜也有野生近缘种心叶驼绒藜和垫状驼绒藜。

地肤属（*Kochia* Roth）：现已栽培的木地肤［*K. prostrata*（L.）Schrad］在新疆荒漠草原有野生类型。

4）菊科

莴苣属（*Lactuca* L.）：作为青饲料栽培的山莴苣（*L. indica* L.）在新疆荒漠草原有野生近缘种紫花山莴苣。

5）苋属

苋属（*Amaranthus* L.）：国内外普遍种植的繁穗苋（*A. panicutats* L.）在新疆

荒漠草原有野生近缘种反枝苋。

4. 珍惜植物种类

珍惜植物一般包括珍贵和稀有的植物。主要指具有特殊经济价值和科研价值或分布区很狭窄、很小，个体数目极少或罕见的植物种类。这类植物在新疆荒漠草原自然分布的很少，主要是一些单种属植物，对植物分类学和植物地理学研究具有较大的科学价值。藜科植物种类较多，主要有盐角草、盐穗木、角果藜、樟味藜、合头草、戈壁藜、小蓬等；菊科的栉叶蒿[*Neopallasia pectinata*（Pall.）Poljak.]；此外，还有石竹科的荒漠石头花是荒漠草原生态特征种，菊科的叉枝鸦葱是荒漠草原的特有种等，都应重点保护。

（三）保护的途径和建议

新疆荒漠草原重要植物种质资源保护的首要任务是要保护草地植被及其生态环境，改善和恢复草地生态系统，使能量流动和物质交换形成两性循环，到达生态平衡。因此，必须减少人类干扰，禁止掠夺式利用。以草定畜，合理放牧、合理利用植物资源，严禁滥垦滥挖破坏草地植被，遏止草地继续退化（沙化和盐碱化）趋势，使荒漠草地植物有良好的生存空间和环境，这是保护荒漠荒漠草地生物多样性最根本的途径。此外，还可以采取其他的保护途径和方式。

1. 建立荒漠草原自然保护区

在新疆荒漠草原上，选择重点保护植物种类比较集中和有代表性的地段进行围封，采取原生境保护方式，建立自然保护区。恢复草地植被，保护重要植物和珍惜植物的生存环境，使这些植物在保护区内能正常生长、发育和繁衍后代。

2. 建立资源圃和植物园

采用异地保护方式，选择与荒漠草原气候和自然条件类似的地区，设置围栏，建立植物资源圃和植物园。将在野外采集到的这类植物种子或其他繁殖体，在圃和园内通过播种、育苗和移植，并开展有关研究工作，使之能正常生长、发育和繁衍后代。

3. 建立植物基因库

利用现代科学技术，建立低温低湿的种质储存库。在荒漠草原植物调查基础上，有目的地采集该类重点保护植物的种子或其他繁殖体，通过田间试种、繁殖种子和初步鉴定，如植物基因库保存和管理，对植物进行保护。这是最经济、最简单和最有效的保护途径和方式，这也是异地保护方式之一。

第六节　宁夏、甘肃、青海、西藏荒漠草原植物资源评价

　　宁夏、甘肃、青海和西藏的荒漠草原属于亚洲中部草原区中一个独立、特殊的草地类型。宁夏与内蒙古毗邻，其荒漠草原与内蒙古的荒漠草原接壤；甘肃（河西走廊及祁连山）、青海和西藏与新疆毗邻，其荒漠草原与新疆荒漠草原接壤。在荒漠草原的类型、植物资源种类和组成、有毒有害植物、主要草地群落和珍稀植物种类等方面分别与内蒙古河新疆相近或一致。现将宁夏、甘肃、青海和西藏的荒漠草原类型，植物资源区系，饲用植物，有毒有害植物，草地主要植物群落以及珍稀植物的保护进行概述。

一、荒漠草原简述

（一）温性荒漠草原

　　这是一类发育于温带干旱地区的草原类型。主要由多年生旱生丛生禾草组成，并有一定数量的旱生、强旱生小半灌木、灌木。主要分布于宁夏的北部，甘肃中部，青海和西藏的南部、东南部。宁夏的荒漠草原分布区平均海拔在 1400～2000 m，甘肃则升到 1500～2300 m，到西藏喜马拉雅山和藏西河谷最高可达到4600 m。温性荒漠草原是中温型草原带中最干旱的类型，气候处于干旱和半干旱区的边缘，具有强烈的大陆性气候特点。年降水量平均 150～250（300）mm，干燥度达 2.5～3 以上；年平均气温 2～5（6.5）℃，≥10℃积温 2200～3000 ℃，最高达 3400 ℃。日照充足，全年多风。土壤主要为棕钙土、淡栗钙土、灰钙土和漠钙土。植物群落外貌一般呈现低矮、稀疏、季相单调的特征。草地植物群落的建群种和优势种主要为强旱生或旱生多年禾草、小灌木和小半灌木植物。常见的伴生种主要有植株低矮的杂类草和夏雨型一年生植物。

　　宁夏、甘肃、青海和西藏温性荒漠草原的草地总面积 368.75 万 hm²，草地可利用总面积为 323.41 万 hm²（表 5.35）。生产能力较低，草群高度一般为 10～30 cm，植被覆盖度 15%～45%，植物 10～15 种/m²，草地平均产干草 455 kg/hm²，最高达 1030 kg/hm²，最低仅 172 kg/hm²，但营养价值较高，粗蛋白质和粗灰分含量较高，在我国草地畜牧业中占有一定地位。根据地貌、地形及群落结构和特征又分为平原丘陵温性荒漠草原亚类、山地温性荒漠草原亚类和沙地荒漠草原亚类。

表5.35　宁、甘、青、藏温性荒漠草原草地面积及分布

省区	草地面积		草地可利用面积	
	面积/万 hm²	占草地面积比例/%	面积/万 hm²	占草地可利用面积比例/%
宁夏	141.86	38.47	122.68	37.94
甘肃	130.12	35.29	112.85	34.89
青海	53.55	14.52	51.14	15.81
西藏	43.22	11.72	36.74	11.36
合计	368.75	100.00	323.41	100.00

（二）高寒荒漠草原

高寒荒漠草原是高寒草原与高寒荒漠的过渡类型，是在高原亚寒带和寒带的寒冷干旱气候条件下形成的，由强旱生多年生草本植物和小半灌木组成。除新疆，集中分布在甘肃和西藏境内。气候寒冷干旱，风大，风频，年平均气温 0～4 ℃，年降水量 100～200 mm，≥0 ℃的积温不足 1000 ℃。土壤为寒钙土。草地植物低矮，西藏和甘肃高寒荒漠草原草地总面积 893.77 万 hm²，可利用面积 723.71 万 hm²（表5.36）。植被稀疏，草地植物组成极为简单。一般植物 5～10 种/m²，草层高 5～10 cm，覆盖度 10%～30%。在草地植物群落中起主要作用的是一些矮生禾草、蒿类半灌木、根茎薹草和垫状半灌木。草地生产能力低，平均产草量为 195 kg/hm²，变幅在 117～439 kg/hm²，其中，禾草和莎草类牧草占总产量的 40%～60%。这类草地生长期短，耐牧性差。

表5.36　甘、藏高寒荒漠草原草地面积

省区	草地面积		草地可利用面积	
	面积/万 hm²	占草地面积比例/%	面积/万 hm²	占草地可利用面积比例/%
西藏	867.87	97.10	700.17	96.75
甘肃	25.90	2.90	23.54	2.25
合计	893.77	100.00	723.71	100.00

二、植物资源概述

中国的荒漠草原是亚洲中部草原的组成部分。分布在内蒙古、新疆、宁夏、甘肃、青海和西藏。除了内蒙古和新疆的荒漠草原外，宁夏的温性荒漠草原与内蒙古接壤，主要是沙地和平原丘陵温性荒漠草原；其植物区系种类和组成，地理区系成分，生活型与生态类型，有毒有害植物都与内蒙古西部荒漠草原类似。甘肃的温性荒漠草原的植物资源状况与新疆类似。青海和西藏主要是高寒荒漠草原，

属垂直分布的山地草原类型，与新疆类似。但是，它们虽然在植物区系等方面有共同和类似之处，但也有一些植物种类是内蒙古和新疆荒漠草原所没有的。在植物群落的建群种和优势种以及主要伴生种方面也有一定的差异。

（一）禾本科植物

宁夏、甘肃、青海和西藏荒漠草原的禾本科种类与内蒙古和新疆有共同之处。旱生丛生禾草在草地群落中仍起较大的作用。针茅属植物中的石生针茅（小针茅）、短花针茅、克氏针茅、戈壁针茅、紫花针茅、长芒草（本氏针茅）、无芒隐子草、白草（中亚白草）（*Pennisetum flaccidum* Griseb.）、芨芨草、沙鞭，以及一年生的夏雨型植物锋芒草和冠芒草在草地植物群落中仍占重要地位，是建群种和优势种；在另一些草地植物群落中成为常见的伴生种。其他一些禾本科植物则在草地植物群落中为常见伴生种，主要有糙隐子草、中华隐子草[*C. hackelii*（Honda）Honda]、冰草、狗尾草、小画眉草、沙生针茅、大针茅（*S. grandis* P. Smirn.）、青海固沙草[*Orinus kokonorica*（Hao）Keng]、硬质早熟禾（*P. sphondylodes* Trin.）、鹅观草[*Elymus kamoji*（Ohwi）S. L. Chen]、雪地早熟禾[*P. albertii* Regel subsp. *kunlunensis*（N. R. Cui）Olonova et G. Zhu]等。

（二）豆科植物

豆科植物在宁夏、甘肃、青海和西藏荒漠草原植被中的种类也十分丰富。一些种类为草地植物群落的建群种和优势种，以及常见伴生种，但大量的种类为偶见种。

在荒漠草原植被中，锦鸡儿属的狭叶锦鸡儿、柠条锦鸡儿、中间锦鸡儿、牛枝子、甘草、苦豆子是沙地温性荒漠草原植物群落的主要建群种和优势种；刺叶柄棘豆是平原丘陵温性荒漠草原的优势种和建群种；变危锦鸡儿是高寒荒漠草原的建群种和优势种。在这些建群种中，一些植物如牛枝子、刺叶柄棘豆等在另一些建群种中则为常见伴生种或偶见种。

豆科植物中常见的伴生种主要有：黄耆、小叶锦鸡儿、细枝岩黄耆（*Hedysarum scoparium* Fisch. et Mey.）是温性荒漠草原的常见伴生种；多叶棘豆[*O. myriophylla*（Pall.）DC.]、冰川棘豆（*O. proboscidea* Bunge）是高寒荒漠草原的伴生种。

（三）菊科植物

菊科是植物中最大的科之一，分布十分广泛，在荒漠草原上也是植物种类最丰富的科之一。其中偶见种数量最多，常见伴生种次之，建群种和优势种的种类占少数。

在宁夏、甘薯平原丘陵温性荒漠草原中，菊科的主要建群种有女蒿、冷蒿、薯状亚菊、灌木亚菊。黑沙蒿在宁夏沙地温性荒漠草原中属于建群种和优势种，在高寒荒漠草原中不起主要作用。

菊科植物在平原丘陵荒漠草原的常见伴生种主要有阿尔泰狗娃花、叉枝鸦葱、黑沙蒿、米蒿（达赖蒿）等，薯状亚菊和冷蒿在一些植物群落中也为常见伴生种。在高寒荒漠草原的常见伴生种主要有飞廉（*Carduus nutans* L.）、半卧狗娃花（*H. semiprostratus* Griers.）、西藏风毛菊（*Saussurea tibetica* C. Winkl.）等。

（四）藜科植物

随着我国荒漠草原从东北向西南气候旱化和盐渍化程度越来越高，藜科植物的种类也越来越多，但宁夏和甘肃与新疆相比相对要少一些，在草地植被中的作用也小一些。

藜科植物中只有刺沙蓬在平原丘陵温性荒漠草原的草地植物群落是建群种或优势种。

藜科植物中的蝶果虫实是平原丘陵温性荒漠草原的常见伴生种，驼绒藜和合头草则是山地温性荒漠草原的常见伴生种。

（五）其他科植物

在宁夏、甘肃、青海和西藏荒漠草原中其他科植物种类丰富、组成复杂，但在草地植被中多数为伴生种和偶见种，为建群种和优势种的很少。

在平原丘陵温性荒漠草原中，只有鸢尾科的大苞鸢尾可成为建群种和优势种；在山地温性荒漠草原植物群落中，只有蔷薇科的蒙古扁桃可成为建群种和优势种；在沙地温性荒漠草原中，只有蒺藜科的骆驼蓬（*Peganum harmala* L.）可成为建群种和优势种。

其他科植物在荒漠草原中的常见伴生种主要有碱韭、西山委陵菜（*P. sischanensis* Bge. ex Lehm.）、小车前、兔唇花、牛心朴子（*Cynanchum komarovii* Al. Iljinski.）、地锦、红砂等。在山地温性荒漠草原的常见伴生种主要有阿尔泰狗娃花、冷蒿、多裂委陵菜（*P. multifida* L.）等。在高寒荒漠草原的常见伴生种主要有十字花科的高原芥（*Christolea crassifolia* Camb.）、燥原荠[*Ptilotricum canescens*（DC.）C. A. Mey.]、燥原荠；蔷薇科的二裂委陵菜等。

三、饲用植物及其评价

我国的荒漠草原地处亚洲中部内陆腹地，呈水平地带性分布于草原区内，呈垂直地带性分布于荒漠区内。从东向西、向西南，分布在内蒙古、宁夏、甘肃、新疆、青海和西藏。在这些分布区内，内蒙古和新疆的荒漠草原无论是草地面积和草地可利用面积大小，还是草地植被类型和植物种类多样性程度，在我国荒漠草原中都占首要地位，是最重要的两个省区。宁夏与内蒙古接壤，甘肃、青海和西藏与新疆接壤，宁夏、甘肃、青海、西藏荒漠草原植被类型和植物种类大多在内蒙古和新疆荒漠草原内都有，相互都有密切联系。因此，宁夏、甘肃、青海、西藏荒漠草原饲用植物种类及其评价的内容和方法等都是一致或基本相同的。根据对宁夏、甘肃、青海、西藏荒漠草原植被的建群种、优势种和常见伴生种的统计和分析，主要分为优等、良等、中等和低等饲用植物。

（一）优等饲用植物

禾本科植物种类最多，如小针茅、短花针茅、冰草、沙芦草、青海同沙草以及一年生夏雨型的锋芒草[*Tragus racemosus*（L.）All.]和冠芒草；菊科的冷蒿、箸状亚菊和灌木亚菊；豆科的细枝岩黄耆（花棒）和冰川棘豆；藜科的驼绒藜；百合科的碱韭等。其中，多数种类是草地植物群落的建群种和优势种。

（二）良等饲用植物

在饲用植物中良等饲用植物种类丰富。其中，禾本科植物种类也最多，主要有长芒草（本氏针茅）、克氏针茅、戈壁针茅、紫花针茅、大针茅、沙生针茅；无芒隐子草、糙隐子草、中华隐子草、中亚白草、芨芨草、沙鞭、硬质早熟禾以及一年生的狗尾草和小画眉草等。豆科的牛枝子、狭叶锦鸡儿、中间锦鸡儿、小叶锦鸡儿和黄耆等；藜科的刺沙蓬、沙蓬（沙米）、蝶果虫实（*C. patelliforme* Iljin）等；菊科的黑沙蒿和米蒿等；蔷薇科的二裂委陵菜；柽柳科的红砂；车前科的条叶前车；莎草科的青海薹草（*C. qinghaiensis* Y. C. Yang）等。其中的不少种类也是宁夏、甘肃、青海、西藏荒漠草原植被的建群种和优势种。

（三）中等饲用植物

在已统计的建群种、优势种和常见伴生种中，中等饲用植物种类不多，主要有菊科的女蒿[*Hippolytia trifida*（Turcz.）Poljak.]、阿尔泰狗娃花、叉枝鸦葱，豆科的柠条锦鸡儿（柠条）、甘草，藜科的合头草、垫状驼绒藜，蔷薇科的多裂委陵菜、山西委陵菜等，禾本科的鹅观草等。

（四）低等饲用植物

在已统计的建群种、优势种和常见伴生种中，低等饲用植物更少，主要有豆科的刺叶柄棘豆，蒺藜科的骆驼蓬，蔷薇科的蒙古扁桃，萝摩科的牛心朴子，菊科的刺飞廉、半卧狗娃花，唇形科的兔唇花和大戟科的地锦等。虽然饲用价值不大，但是，有的种类如刺叶柄棘豆和骆驼蓬是荒漠草原地型的建群种或优势种。

从我国荒漠草原植物区系的种类和组成分析，宁夏、甘肃、青海、西藏与内蒙古和新疆荒漠草原植物种类，无论是建群种和优势种或是伴生种或是偶见种都有一定的共性。但是，在宁夏、甘肃、青海和西藏的荒漠草原植被中，有些种类是内蒙古和新疆荒漠草原植被中所没有的或极罕见的种类。这些植物主要有禾本科的中华隐子草、青海固沙草、雪地早熟禾、鹅观草等；豆科的柠条锦鸡儿、变色锦鸡儿（*C. versicolor* Benth.）、细枝岩黄耆、轮叶棘豆、冰川棘豆等；十字花科的高原芥、燥原荠等；菊科的米蒿（达赖蒿）、刺飞廉、半卧狗娃花、西藏凤毛菊等；藜科的蝶果虫实；蔷薇科的西山委陵菜等。

四、荒漠草原的主要植物群落

草地是一种可以再生的自然资源，是牲畜饲料的来源和发展草地畜牧业的基地。在草地分类上，宁夏、甘肃、青海和西藏荒漠草原被分为温性荒漠草原和高寒荒漠草原，温性荒漠草原草地类又分为三个草地亚类。

（一）平原丘陵温性荒漠草原草地亚类

该亚类草地是构成温性荒漠草原类的主体，主要分布在甘肃和宁夏。草地总面积 170.23 万 hm^2，其中，甘肃 117.24 万 hm^2，占 68.87%，宁夏 52.99 万 hm^2，占 31.13%；草地可利用总面积为 147.96 万 hm^2，其中，甘肃 101.82 万 hm^2，占 68.82%，宁夏 46.14 万 hm^2，占 31.18%（表 5.37）。

表 5.37　平原丘陵温性荒漠草原亚类的面积和分布

省区	草地面积		草地可利用面积	
	面积/万 hm^2	占草地面积比例/%	面积/万 hm^2	占草地可利用面积比例/%
甘肃	117.24	68.87	101.82	68.82
宁夏	52.99	31.13	46.14	31.18
合计	170.23	100.00	147.96	100.00

地貌类型以高平原、台地、山麓和山前倾斜平原，以及石质丘陵为主。土壤以棕钙土为主，也有淡栗钙土、淡棕钙土和灰钙土。有机质含量 0.5%～1.5%，腐殖质层厚 20～30 cm，钙积层出现较高，pH 8.5 左右。在甘肃和宁夏平原丘陵温性荒漠草原草地亚类的植物群落中，仍以矮生禾草为主，还有杂类草、小灌木和小半灌木，具有明显的荒漠草原的特征。草本层高 3～22 cm，灌木层一般高 5～35 cm，

覆盖度 20%～50%，植物种类 7～25 种/m^2，干草 456 kg/hm^2，最高可达 827 kg，最低 306 kg。主要有以下几个草地型。

1. 小针茅、无芒隐子草草地型

该类型的生境以高平原为主，分布于宁夏贺兰山山前平原。草群结构特征是以小针茅为主体，无芒隐子草和短花针茅也占优势地位，其他草本植物、灌木和小灌的作用不显著。当土壤表层砾石增强，无芒隐子草被女蒿和冷蒿所取代；当土壤盐碱化增高时，葱类植物成为优势种与丛生禾草形成复合群落。

草层高 1～13 cm，覆盖度 10%～20%，植物 9～10 种/m^2，草地产干草 440 g/hm^2，多年生草本植物占 90.1%，其余为灌木、小半灌木和一年生植物。小针茅和无芒隐子草都属于优良牧草，草地质量二等。

2. 短花针茅、冷蒿草地型

该草地类型分布广泛，分布在宁夏和甘肃，在宁夏主要分布在中南部的黄土丘陵干旱阳坡。土壤为灰钙土和淡灰钙土，生境条件相对较好。其群落的分布区和结构明显表现出该草地型为温性草原与温性荒漠的过渡，草原植物成分的参与度明显提高。短花针茅与冷蒿是主要的建群种和优势种。主要伴生种有阿尔泰狗娃花、克氏针茅、长芒草、牛枝子、糙隐子草、碱韭、山西委陵菜、条叶车前、兔唇花等。草层高度 6～15 cm，覆盖度 17%～25%，有植物 10～13 种/m^2，草地产干草 635 kg/hm^2，其中，多年生草本植物占 64.3%，灌木占 35.6%。草地的生产能力相对较高，牧草品质也较高，短花针茅四季均可放牧利用，冷蒿为优良牧草，有催肥和催乳作用，是四季均可放牧利用的二等草地。

此外，在宁夏中部和东部地区、海拔 1300～1900 m 的缓坡丘陵、低山丘陵、山麓和山前倾斜平原也广泛分布着由短花针茅分别与牛枝子、菭状亚菊、刺叶柄棘豆、刺旋花为共建种组成的草地型。

3. 大苞鸢尾、杂类草草地型

该草地型在宁夏主要分布于中部黄河以东地区海拔 1200～1360m 的平坦滩地和丘间平地上，表面有覆沙。整个草地以大苞鸢尾为建群种并与多种优势种和亚优势种，如根茎型禾草：中亚白草，大型禾草：芨芨草，垫状刺灌木：刺叶棘豆，丛生禾草：克氏针茅、无芒隐子草、短花针茅等组成草地型。常见伴生种有刺沙蓬及夏雨型禾草、锋芒草和冠芒草等。草层高度 10～30 cm，覆盖度一般为 20%～55%，植物 3～9 种/m^2，最多达 16 种/m^2，草地产干草 617 kg/hm^2，其中，多年生草本植物占 80%，灌木占 11.6%，一年生草本植物占 8.4%。大苞鸢尾在青嫩时家畜不采食，霜后适口性增强，可用作冬春放牧草地，为三等草地。

4. 牛枝子、杂类草草地型

该草地型主要分布在宁夏东南部，海拔 1460～1760 m 的低山丘陵阴坡、阳坡和滩地，表面有覆沙及小砾石。由于分布区的生境条件相对较好，植物种类比较丰富。常见的伴生植物有叉枝鸦葱、牛心朴子、沙芦草、蓍状亚菊、冷蒿等；一年生的草本植物有地锦、蝶果虫实以及夏雨型小禾草、狗尾草、锋芒草、小画眉草等。草层一般高 5～20 cm，覆盖度一般为 40%，植物 10～15 种/m²，草地产干草 499 kg/hm²。作为建群种的豆科牧草子属优等饲养植物是利用价值最高的牧草之一，属二等草地。同时，在坡度较大的丘陵地，牛枝子的建群作用降低，而狭叶锦鸡儿优势地位增大，形成具锦鸡儿的牛枝子草地。

5. 蓍状亚菊、短花针茅草地型

该草地型在宁夏主要分布在北部地区，海拔 1200～1670 m 的低山丘陵阴坡、阳坡。土壤为灰钙土或淡栗钙土。以蓍状亚菊、短花针茅为建群种和优势种的草地型，植物组成相对丰富。其常见伴生种有阿尔泰狗娃花、冷蒿、碱韭、刺叶柄棘豆、红砂等。草层一般高 6～20 cm，覆盖度一般为 30%～40%，最高达 60%，最低为 12%，草地产干草 340 kg/hm²，草地质量属三等草地，一般可为小畜放牧利用。

此外，以蓍状亚菊为建群种的荒漠草原草地位于我国气候趋于干旱的荒漠草原西部偏南地带，可以渗入到草原化荒漠，形成具藏锦鸡儿的蓍状亚菊草地。

6. 灌木亚菊、针茅草地型

该草地型主要分布于甘肃的景泰、古浪及河西走廊的山前丘陵地带，宁夏的西部，山前倾斜平原和山麓地带。以灌木亚菊、针茅类植物为建群种和优势种，其常见伴生种有冷蒿、米蒿、糙隐子草、冰草、黄耆、小叶锦鸡儿、细枝岩黄耆、短花针茅等。草层一般高 10～21 cm，覆盖度一般为 30%，草地产干草 388 kg/hm²，其中，杂类草占 72.0%，豆科占 20.0%，禾本科仅占 8.0%，因此，草地质量较差，属于三等草地。

（二）山地温性荒漠草原草地亚类

该亚类草地在宁夏分布于西北部，在甘肃分布于北部，在青海分布于东北部，在西藏分布于西部。在草原区位于山地垂直带的基部，在荒漠区位于山地基部的草原化荒漠的上部，是山地草地中仅次于山地荒漠的最干旱的草地类型。草地总面积 122.76 万 hm²，其中，宁夏 25.99 万 hm²，占该亚类草地总面积 21.17%，青海 53.55 万 hm²，占 43.62%，西藏 43.22 万 hm²，占 35.21%；草地可利用总面积为 110.82 万 hm²，其中，宁夏 22.94 万 hm²，占该亚类草地可利用总面积 20.70%，甘肃 101.82 万 hm²，占 68.82%，青海 46.15 万 hm²，占 46.15%，西藏 36.74 万 hm²，占 33.15%（表 5.38）。

表 5.38　山地温性荒漠草原亚类的面积和分布

省区	草地面积		草地可利用面积	
	面积/万 hm²	占草地面积比例/%	面积/万 hm²	占草地可利用面积比例/%
宁夏	25.99	21.17	22.94	20.70
青海	53.55	43.62	51.14	46.15
西藏	43.22	35.21	36.74	33.15
合计	122.76	100.00	110.82	100.00

山地温性荒漠草原分布的各山地，由于所处生物气候带及山体走向的不同，分布的海拔高度有显著不同。总体上是自东向西，从南向北逐渐抬升。生态环境以干燥、少雨、风大为基本特征。土壤以砾质、砂砾质的山地棕钙土、山地栗钙土为主，有机质含量在 1.0% 以下。草地植被是以强旱生的矮丛生禾草与小灌木和蒿类半灌木组成不同的草地型。草层高一般在 6～20（30）cm，覆盖度一般为 10%～20（40）%，草地产干草平均为 362 kg/hm²。主要有以下的草地型：

1. 沙生针茅草地型

该草地型是温性荒漠草原亚类中分布最广、草地面积最大的草地类型。在西藏分布于阿里地区的一些河谷、干沟和山坡上，海拔 3800～4600 m，土壤为亚高山草原土。以沙生针茅为建群种的单一植物群落中，青海固沙草也可成为优势种。其常见伴生种有二裂委陵菜、阿尔泰狗娃花、轮叶棘豆、西藏大戟（*Euphorbia tibetica* Boiss.）和燥原荠等。草层高 5～10（30）cm，覆盖度 10%～30%，草地产干草 318 kg/hm²，草地质量较高，属于二等草地，是很好的秋季放牧场。

2. 戈壁针茅、蒙古扁桃草地型

该草地型在宁夏主要分布于贺兰山北段东、西坡的浅山地带，在青海和甘肃的祁连山也有一定面积分布。以戈壁针茅、蒙古扁桃为建群种和优势种，其常见伴生种有沙生针茅、驼绒藜、碱韭、合头藜等。草层高 5～15 cm，覆盖度 20%～25%，草地产干草 679 kg/hm²，优良饲用植物较多，草地质量较好，为二等草地，全年均可放牧利用。

3. 短花针茅草地型

该草地型在宁夏主要分布于贺兰山北段浅山石质低山区。在青海主要分布于青海环湖东部的黄土高原地区，向北可深入到甘肃祁连山低山区。短花针茅可以形成单一草地群落，也可与其他半灌木、蒿类半灌木组成草地。其常见伴生种有沙生针茅、无芒隐子草、青海固沙草、冷蒿、阿尔泰狗娃花、大针茅、硬质早熟禾、中华隐子草、多裂委陵菜等。草层高 10～30cm，覆盖度 25%～30%，植物 10～20 种/m²，种类相对较丰富，草地产干草 642 kg/hm²，草地质量较高，属二等草地，适宜全年放牧。

（三）沙地温性荒漠草原草地亚类

该亚类是发育在温性荒漠草原沙地上，一类由各种适应沙地生长的植物组成的草地类型。正常草地植被的建群种和优势种在群落结构等方面与其他荒漠草原有共同之处，有许多典型荒漠草原植物区系成分均适应沙地环境条件；但也有不同之处，其群落结构、演替及经营利用方式上具有独特性。该亚类除了分布于内蒙古和新疆外，在宁夏的黄河平原东部的盐池、灵武、陶乐等地，以及甘肃西部地区也有分布。草地总面积 75.76 万 hm²，其中，宁夏 62.88 万 hm²，占草地总面积 83.00%，甘肃 12.88 万 hm²，占 17.00%。草地可利用总面积为 64.61 万 hm²，其中，宁夏 53.59 万 hm²，占可利用总面积的 82.94%，甘肃 11.02 万 hm²，占 17.06%（表 5.39）。

表 5.39　沙地温性荒漠草原亚类的面积和分布

省区	草地面积		草地可利用面积	
	面积/万 hm²	占总草地面积比例/%	面积/万 hm²	占总草地可利用面积比例/%
宁夏	62.88	83.00	53.59	82.94
甘肃	12.88	17.00	11.02	17.06
合计	75.76	100.00	64.61	100.00

沙地温性荒漠草原的地貌、地形比较复杂，土壤类型多样，以风沙土为主，还有一些沙质栗钙土、淡栗钙土、棕钙土、灰钙土，有机质含量较低，在 0.5%以下。草地特点是植物种类较少，3～14 种/m²，草群覆盖度 30%～50%；草层层次结构明显，第一层主要由黑沙蒿、乌柳、柠条锦鸡儿和狭叶锦鸡儿组成，灌木层高一般 35～50（100）cm；下层以小半灌木和多年生、一年生草本植物组成，常见的植物主要有长芒草、隐子草、中亚白草、沙鞭、牛枝子及一年生的沙蓬、沙芥、沙引草等。主要代表性草地型如下：

1. 黑沙蒿、沙鞭草地型

该草地型在宁夏主要分布于盐池、陶乐等县的平坦沙地和固定沙地上。以黑沙蒿、沙鞭为建群种和优势种，植物种类较少，平均 3～4 种/m²，草层盖度 29%～35%，草层高 40～64 cm，干草产量约 818 kg/hm²，其中，灌木占 62.1%，多年生草本植物占 37.9%，草地质量较差，属三等草地。

2. 具锦鸡儿的黑沙蒿草地型

该草地型在宁夏主要分布于灵武、盐池、陶乐、中宁等县的覆沙果和固定、半固定沙丘。植物种类组成相对丰富，植物 4～6 种/m²，草层高 14～28 cm，覆盖度 25%～40%，干草产量约 784 kg/hm²，其中，灌木占 22.4%，半灌木占 53.7%，多年生草本植物占 19.9%，一年生草本植物占 4.0%，草地质量属三等草地。

此外，还有黑沙蒿与中亚白草组成的草地型。

（四）高寒荒漠草原亚类

该亚类是高寒草原与高寒荒漠的过渡类型。除新疆外，集中分布于西藏，甘肃也有，但面积较少。草地总面积 893.77 万 hm²，其中，西藏 867.87 万 hm²，占草地总面积的 97.10%，甘肃 25.90 万 hm²，占 2.90%。草地可利用面积 723.71 万 hm²，其中，西藏 700.17 万 hm²，占草地可利用面积的 96.75%，甘肃 23.54 万 hm²，占 3.25%（表 5.40），其他详细内容在第一节已叙述。典型草地型有 3 个：

表 5.40　高寒荒漠草原亚类的面积和分布

省区	草地面积		草地可利用面积	
	面积/万 hm²	占总草地面积比例/%	面积/万 hm²	占总草地可利用面积比例/%
西藏	867.87	97.10	700.17	96.75
甘肃	25.90	2.90	23.54	3.25
合计	893.77	100.00	723.71	100.00

1. 紫花针茅、垫状驼绒藜草地型

该草地型除分布在新疆外，集中分布于西藏境内的昆仑山及可可西里山山源，海拔 4400～5200 m 的洪积扇，高原宽谷地，台地及湖盆外缘。以紫花针茅和垫状驼绒藜为建群种和优势种。常见伴生种有高原芥、轮叶棘豆、冰川棘豆、刺飞廉、半卧狗娃花、灰白燥原荠等。草层分化不明显，高 5～10 cm，覆盖度 20%～40%，干草产量约 137 kg/hm²，其中，禾草站 50% 以上，半灌木占 20% 以上，草地质量为三等草地，以放牧藏小羊和藏绵羊为主，适宜暖季放牧利用。

2. 具变色锦鸡儿的紫花针茅草地型

该草地型集中分布在西藏阿里地区日喀则地区境内海拔 4500～5000 m 的山地阳坡，中积台地及高原宽谷地。其建群种和优势种为深绿色的变色锦鸡儿和灰绿色的紫花针茅。常见伴生种有二裂委陵菜、鹅观草、轮叶棘豆、半卧狗娃花、雪地早熟禾、西藏风毛菊等。草地层次分化明显，上层为灌木，高 10～30cm，下层为草本植物层，高 5～10 cm，覆盖度 30%～60%，干草产量 349 kg/hm²，其中，可食灌木占 70%，禾草占 10%以上，草地质量较差，属三等草地，为重要的冷季牧场。

3. 青藏薹草（*C. moorcroftii* Falc. ex Boott）、垫状驼绒藜草地型

该草地型集中分布在西藏与新疆交界的昆仑山南坡，海拔 4800～5300 m 的高原湖盆外缘，高原面和高山上。草地的建群种和优势种为青藏薹草和垫状驼绒藜，常见伴生种有簇芥、冰川棘豆、燥原荠、紫花针茅等。由于高原气候寒冷、干旱，因此，植被稀疏，植物组成极简单，植物 3～5 种/m²，草层高 5～10 cm，覆盖度 5%～10%，干草产量 176 kg/hm²，草地质量很差，属四等草地，放牧利用的价值较低。

五、重要植物种类的保护

详细内容同第五章第五节"五、重要植物种类的保护"。宁夏、甘肃、青海荒漠草原建群种和优势种名录见表 5.41，宁夏、甘肃、青海荒漠草原伴生种名录见表 5.42。

表 5.41　宁夏、甘肃、青海荒漠草原建群种和优势种名录

平原丘陵温性荒漠草原	山地温性荒漠草原	沙地温性荒漠草原	高寒荒漠草原
小针茅（石生针茅）	戈壁针茅	甘草	紫花针茅
短花针茅	蒙古扁桃	苦豆子	垫状驼绒藜
克氏针茅		牛枝子	变色锦鸡儿
长芒草（本氏针茅）		狭叶锦鸡儿	青藏薹草
无芒隐子草		柠条锦鸡儿	
中亚白草		中间锦鸡儿	
芨芨草		中亚白草	
锋芒草		沙芦草	
冠芒草		沙鞭	
女蒿		黑沙蒿	

平原丘陵温性荒漠草原	山地温性荒漠草原	沙地温性荒漠草原	高寒荒漠草原
冷蒿		沙蓬	
菨状亚菊		骆驼蓬	
灌木亚菊			
刺叶柄棘豆			
刺沙蓬			
大苞鸢尾			

表 5.42　宁夏、甘肃、青海荒漠草原伴生种名录

平原丘陵温性荒漠草原	山地温性荒漠草原	沙地温性荒漠草原	高寒荒漠草原
克氏针茅	阿尔泰狗娃花	黑沙蒿	高原芥
短花针茅	冷蒿	中亚白草（白草）	灰色燥原芥
沙芦草	多裂委陵菜		燥原芥
冰草	驼绒藜		簇芥
糙隐子草	合头草		轮叶棘豆
狗尾草	沙生针茅		冰川棘豆
小画眉草	大针茅		刺飞廉
锋芒草	无芒隐子草		半卧狗娃花
牛枝子	青海固沙草		西藏凤毛菊
刺叶柄棘豆	硬质早熟禾		二裂委陵菜
黄耆	中华隐子草		鹅观草
小叶锦鸡儿			雪地早熟禾
细枝岩黄耆			紫花针茅
阿尔泰狗娃花			
叉枝鸦葱			
菨状亚菊			
冷蒿			
达赖蒿			
蝶果虫实			
红砂			
条叶车前			
山西委陵菜			
兔唇花			
老鹳草（牛心朴子）			
地锦			
碱韭			

参 考 文 献

富象乾, 常秉文. 1985. 中国北部天然草原有毒植物综述. 中国草原与牧业, 3:18-24.

刘钟龄. 1960. 内蒙古草原区植被概貌. 内蒙古大学学报, 2: 47-74.

新疆维吾尔自治区畜牧厅. 1993. 新疆草地资源及其利用. 乌鲁木齐: 新疆科技卫生出版社.

新疆植物志编辑委员会. 1993. 新疆植物志. 乌鲁木齐: 新疆科技卫生出版社.

胥洪军, 张洪江. 2014. 新疆主要有害植物分布及概述. 草业与畜牧, 5: 21-30.

章祖同, 刘起. 1992. 中国重点牧区草地资源极其开发利用. 北京: 中国科学技术出版社.

中国植物志编辑委员会. 2004. 中国植物志. 北京: 科学出版社.

第六章　应用 MODIS 数据对荒漠草原
生物量监测的研究

第一节　荒漠草原生物量监测研究中植被指数
选择的研究综述

一、引　言

　　荒漠草原分布在气候干旱的草原区，气候特点是夏季炎热、冬季寒冷，降水稀少，蒸发强烈，干燥风多。在这样的生境条件制约下，整个草群外貌呈现低矮、稀疏、季相单调的特征。荒漠草原这个特殊自然地带不仅拥有辽阔的放牧地，还是一个天然植物区系宝库，保存着其他类型草原所没有的植物种。荒漠草原的生产力虽然相对较低，但是在我国草地畜牧业经济中占有一定的地位。经过千百年的自然选择，在荒漠草原上形成了许多遗传性状稳定、品质优良的地方家畜品种，而这些珍贵、优良家畜品种的产生、形成与发展无一不与当地草原的自然特点和经济特征息息相关（《中国草地资源》编委会，1996）。20 世纪 80 年代中期开始，遥感技术和卫星数据被应用在草原资源的调查中，克服了传统的草地资源研究方法耗时长、效率低，尤其不适宜大范围和难以抵达地区的调查的缺点。目前草地遥感的常用方法主要是植被指数（Moloney and Chico，1998）。

二、植被指数研究进展

（一）植被指数的定义、原理

　　经验性的植被指数是根据叶子的典型光谱反射率特征得到的（梅安新和彭望禄，2001）。由于叶绿素和类胡萝卜素的吸收，在蓝色（470 nm）和红色（670 nm）波段最敏感，有两个明显的吸收谷；在绿色波段（550 nm）附近，由于叶绿素对绿光的反射形成一个反射率为 10%～20% 小的峰值。在 700～800 nm 之间是一个陡坡，反射率急剧增高；而几乎所有的近红外（NIR）辐射都被散射掉了（反射和传输），在 800～1300nm 之间形成一个高的，反射率达 40%或更大的反射峰，很少吸收（图 6.1）。而且散射程度因叶冠的光学和结构特性而异。因此红色和近红外波段的反差（对比）是对植物量很敏感的度量。无植被或少植被区反差最小，中等植被区反差是红色和近红外波段的变化结果，而高植被区则只有近红外（NIR）波段对反差有贡献，红色波段趋于饱和，不再变化。卫星上载有对地观测传感器，他们是根据其所观测的对象的光谱特性而特别制造的；而根据卫星接收的可见光和近红外光波段的光谱数据经线性和非线性的组合计算出的多种参数就是植被指数。

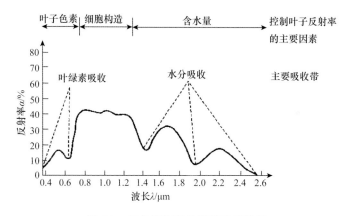

图 6.1　绿色植物有效光谱响应特征

（二）植被指数概述

　　遥感图像上的植被信息主要来自于植被冠层对太阳光谱的反射强度，植物叶子的叶绿素含量的多少是度量光合作用能力以及干物质积累程度的重要指示。植物在近红外波段光谱反射比的大小，正反映了植被叶绿素的含量以及将来干物质的结果，即植被遥感信息直接指示植物活生物量以及干物质的积累。不同光谱通道的信息，可以与植被的不同意义或状况有各种不同的相关性。因此，把这些遥感数据经过分析运算而得到的某些数值，往往可能提供更好的植被信息，这便是引出植被指数概念的理论基础（Muldavm et al.，2001）。设计植被指数的意义在于其能反映绿色植物生长状况和分布的特征，植被指数是无量纲的便于地球上所有绿色生物群体都适用的植被观测量（Paruelo et al.，1997）。

1. 比值植被指数（RVI）

$$RVI=R_{ir} / R_r \tag{6.1}$$

RVI 是由 Jordan 在 1969 年提出的第一个植被指数，其中 R_{ir} 为遥感影像中近红外波段的反射值，R_r 为遥感影像中的红光波段反射值。

对于浓密植物，反射的红光辐射很小，RVI 将无界增长。RVI 对植被覆盖度反应灵敏，能很好地反应叶面积指数的变化，但大气效应显著。

2. 差值植被指数（DVI）

$$DVI = R_{ir} - R_r \qquad\qquad (6.2)$$

DVI 是 Richardson 等在 1977 年提出的。此指数没有考虑大气影响、土壤亮度和土壤颜色，也没有考虑土壤、植被间的相互作用，表现了严重的应用限制性，因为这是针对特定的遥感器（Landsat MSS）并为明确特定应用而设计的。

3. 归一化差值植被指数（NDVI）

$$NDVI = (R_{ir} - R_r) / (R_{ir} + R_r) \qquad\qquad (6.3)$$

1978 年 Deering 提出 NDVI，将比值限定在[-1，1]范围内。由于 NDVI 可以消除大部分与仪器定标、太阳角、地形、云阴影和大气条件有关辐照度的变化，增强了对植被的响应能力，因此是目前已有的多种植被指数中应用最广的一种。

但是 NDVI 也有其不足之处：对大气效应不灵敏，当植被浓密到一定程度（叶面积指数大于 2）时，NDVI 达到饱和，不能进一步如实反映其变化，原因之一是红光通道容易饱和，之二是 NDVI 算式本身固有的容易饱和的缺陷（Hurcom and Harnson，1986；王正兴等，2003）。

4. 垂直距离型植被指数（PVI）

$$PVI = R_{ir} \times \cos\theta - R_r \times \sin\theta \qquad\qquad (6.4)$$

式中，R_{ir} 与 R_r 分别为植被—土壤系统近红外与红色波段的反射率因子测值；θ 为土壤线与 R_r 坐标轴之间的夹角。PVI 的提出是以存在土壤线为前提，实验表明，对每一种土壤而言，其红色波段与近红外波段的垂直视反射率因子值随土壤含水量及表面粗糙度的变化近似满足线性关系，并称它为土壤线（梅安新和彭望禄，2001）。

此植被指数特点：PVI 具有较好的消除土壤背景干扰的能力；PVI 具有线性可加性，能适用于混合像元的分解处理；PVI 对大气效应反应不灵敏。

5. 土壤可调植被指数（SAVI）

$$SAVI = (R_{ir} - R_r)(1 + L) / (R_{ir} + R_r + L) \qquad\qquad (6.5)$$

许多观测显示 NDVI 对植被冠层的背景亮度非常敏感，叶冠背景因雨、雪、落叶、粗糙度、有机成分和土壤矿物质等因素影响使反射率呈现时空变化。当背景亮度增加时，NDVI 也系统性地增加。在中等程度的植被如潮湿或次潮湿土地覆盖类型 NDVI 对背景的敏感最大。为了减少土壤和植被冠层背景的干扰，Huete（1988）提出了土壤调节植被指数（Huete A R，1988）。

6. 修正的土壤调节植被指数（MSAVI）

$$\text{MSAVI} = \{2R_{ir} +1-[\ (2R_{ir} +1)\ ^2 -8\ (R_{ir}-R_r)\ ]\ ^{1/2}\}/2 \qquad (6.6)$$

继土壤可调植被指数之后，Huete 又提出的 MSAVI（Qi, 1994；Purevdor et al., 1998）。

7. 抗大气植被指数（ARVI）

$$\text{ARVI} = (R^*_{ir}R^*_{rb}) / (R^*_{ir}+R^*_{rb}) \qquad (6.7)$$

$$R^*_{rb} = R^*_r - \gamma\ (R^*_b - R^*_r) \qquad (6.8)$$

为了减少大气对 NDVI 的影响，Kanfman 和 Tanre（1992）提出 ARVI，根据大气对红光通道的影响比近红外通道大得多的特点，在定义 NDVI 时，通过蓝光和红光通道的辐射差别修正红光通道的辐射值，以有效减少植被指数对大气的依赖。其中式中 R^* 是预先经过了分子散射和臭氧订正的反射率，γ 为大气调节参数。研究表明，ARVI 对大气的敏感性比 NDVI 约减小 4 倍。由于 γ 是决定 ARVI 对大气调节程度的关键参数，并取决于气溶胶的类型，Kanfman 推荐的 γ 为常数 1 仅能消除某些尺寸气溶胶的影响，有很大的局限性；且 ARVI 要先通过辐射传输方程的预处理来消除分子和臭氧的作用，进行预处理时需要输入的大气实况参数往往是难以得到的，给具体应用带来困难。

8. 新的抗大气影响植被指数（IAVI）

$$\text{IAVI} = \{R_{ir} - [\ R_r - \gamma\ (R_b - R_r)\ ]\ \}/\{\ R_{ir} + [\ R_r - \gamma\ (R_b - R_r)\ ]\ \} \qquad (6.9)$$

为了改进了 ARVI 的 γ 始终等于 1 的计算方法，同时也不必采用辐射传输模型进行预处理，张仁华等（1996）在 ARVI 的基础上，运用大气下向光谱的同步观测实例值以及大气辐射传输方程得到纠正 NDVI 的关键参数，这样公式中 γ 值的变化范围为 0.65～1.21。根据实际观测研究表明，大气对 IAVI 影响误差为 0.4%～3.7%比 NDVI 的 14%～31%有明显减少（张仁华等，1996）。

9. 增强型植被指数（EVI）

$$\text{EVI} = (R_{ir} - R_r)(1+L) / (R_{ir}+C_1R_r-C_2R_B+L) \qquad (6.10)$$

基于土壤和大气的影响是相互作用的事实，引入一个反馈项来同时对二者进行订正，这就是 EVI。它利用了背景调节参数 L 和大气修正参数 C_1、C_2 同时减少背景和大气的作用。EVI 的设计避免了基于 RVI 的饱和问题，同时，利用蓝光和红光对气溶胶的差异，采用"AIVI"进一步减小了气溶胶的影响，采用"SAVI"减少了土壤背景的影响，耦合以上两种植被指数，开发了同时减少大气和土壤背景影响的"EVI"。EVI 的合成，是以 MODIS 数据为基础，优先选择晴天时传感器视角小的像元。EVI 在这些方面的改进为遥感定量研究提供了更好的基础。其中，R_{ir}、R_r 和 R_B 分别是对应 MODIS 近红外 2 波段、红光 1 波段和蓝光 3 波段的光谱反射率，L 是背景调整项，C_1 和 C_2 是拟合系数，$L=1$，$C_1=6$，$C_2=7.5$（王正兴等，2003）。

（三）植被指数存在的问题及解决方法

现实情况下影响植被指数的因素有很多，主要是大气、土壤背景、卫星传感器定标精度和双向反射等。

1. 大气影响

扭曲的红光和近红外的反射值，在红光波段增加了辐射，而在近红外波段降低了辐射，导致植被指数减小（田庆久和闵祥军，1998）。对于大气影响，必须恢复已经被大气扭曲的红光和近红外的反射值，才能保证植被指数真实可信。ARVI 的产生就是为了解决大气干扰的问题。

2. 土壤背景的影响

土壤亮度对植被指数有相当大的影响。许多植被指数的发展就是为了控制土壤背景的影响。土壤背景和环境反射率的空间变化与土壤结构、构造、颜色和湿度有关。由于土壤背景的作用，当植被覆盖稀疏时，红波段辐射将有很大的增加，而近红外波段辐射将减小，致使比值指数和 PVI 都不能对植被光谱行为提供合适的描述（田庆久和闵祥军，1998；刘玉洁和杨忠东，2001）。除了土壤亮度外，土壤颜色也是影响植被指数的一个重要因素。土壤颜色变化使土壤线加宽，并且依赖于波长轴。由颜色形成噪音阻止了植被覆盖的探测，该噪音与由土壤特性变化而造成植被指数的增加有关。土壤颜色对于低密度植被区的反射率具有较大影响，尤其在干旱环境下对植被指数的计算影响更严重（田庆久和闵祥军，1998；刘玉洁和杨忠东，2001）。

对于土壤背景的影响，必须对其分割才能观测真实的植被变化。前人已经做了许多关于植被指数修正的有益研究，这些植被指数的建立使我们有多种选择，便于我们找到更能满足我们需要的植被指数。

3. 卫星传感器定标

传感器定标对用植被指数探测植被相当重要，而且有利于用不同遥感器得到的植被指数进行统一比较。传感器对辐射的敏感性是随时间而衰减的，为了尽量减少因性能衰减而带来的误差就必须进行辐射定标。利用多源数据进行综合研究是很好的办法，但对植被指数综合估算比较必须要求遥感器辐射定标（田庆久和闵祥军，1998；刘玉洁和杨忠东，2001）。

这类问题不是我们通过对植被指数的计算形式的修正能够解决的，需要对传感器进行适当的改正。

三、MODIS 植被指数

基于研究区域的范围以及研究所需精度，我们选择 MODIS 数据作为我们的数据源，主要基于 MODIS 的 250 m 的分辨率以及免费接受使用。MODIS 的 NDVI 产品是对当前 NOAA AVHRR NDVI 产品的改进产品，既是仪器设计和仪器特性改进的结果，也是过去 10 年植被指数研究成果的结晶。已经有许多人提出了旨在提高 NDVI 对植物生物物理学参数估计能力的新的植被指数定义。MODIS 植被指数产品是在已有的植被指数基础上改进设计的，以便适用于全球范围，并增强其对植被的敏感度，减少大气、观测角、太阳角、云等外部因素和叶冠背景等非植被内在因素的影响，提供时间、空间连续的可以比较的全球植被信息（刘玉洁和杨忠东，2001；Wan et al.，2001）。

四、MODIS 影像信息提取中存在的问题及解决方法

MODIS 影像存在如下问题：MODIS 影像"蝴蝶结"的去除、影像的校正和感兴趣的信息的提取等。

（一）"蝴蝶结"的去除

由于每扫描一次地球会自转一定距离，MODIS 扫描仪扫描行之间有一个小的错动。MODIS 扫描角度为±55°，对应地面宽度为 2330 km。由于地球曲率的影响和扫描角度的增大，越向边缘像元尺寸越大，在最边缘处一个扫描行的宽度已增大到 20 km，相邻的扫描行之间已有 10 km 的重叠，于是就产生了"蝴蝶结"现象。对于 1 km 分辨率的 MODIS 数据而言，在角度大约 25°时开始有重叠，分辨率 250 m 的数据在 17°时就有了重叠。美国 RSI 公司的 IDL（interactive data language）交互式数据语言中提供了几十个函数可对 HDF 数据进行读写处理，极大地方便了普通用户。利用 IDL 语言编写的 modistools 工具包含了几个 IDL 函数，并被打包为一个编译了的模块，可作为 ENVI 软件的扩展使用对 HDF 文件进行处理以去除"蝴蝶结"现象（中国科学院地理所与中国科学院遥感卫星地面站联合 modis 共享平台，2005）。

（二）影像的校正

去除 MODIS 图像的"蝴蝶结"现象之后就可进行其图像的校正，一般有 Built GLT 和 Export GCP 两种方法。需要说明的是，采用 Built GLT 方法时需要逐点计算，对于 MODIS 250 m 数据来说要计算 5416×4080 个点，在计算机上耗时较长；采用 Export GCP 方法时只需计算 1354×1020 个点，在同样机器上时间只需 Built GLT 方法的十分之一。因此计划采用 Export GCP 方法校正，作为 ENVI 软件扩展使用的 modistools 工具，采用 Export GCP 方法对经过"蝴蝶结"纠正的图像做几何精校正（中国科学院地理所与中国科学院遥感卫星地面站联合 modis 共享平台，2005；郭广猛，2002）。

（三）信息的提取

通过遥感图像空间、辐射、光谱增强，信息融合，掩膜、分离技术等技术的摸索，提取出感兴趣的信息，达到对影像满意的结果。

五、MODIS 植被指数选择

植被指数是遥感技术监测全球植被的有效方法，对于荒漠草原的监测我们也采用此方法。草地植被是由不同植物群落组成的，他们具有各自的结构和种类组成，拥有自己的生境。同时，草地植被还具有季节动态的特点，每个物种都按生物的内在规律完成生活史。因而，在草地宏观估产研究中，针对不同草场类型和不同的物候期，要用不同的植被指数去描述。有资料表明，在植被覆盖较低的干旱、半干旱地区，NDVI 对植被的检测能力明显下降，不能很好地反映干旱、半干旱地区植被盖度和土地覆盖的变化。

针对荒漠草原的生长季节炎热，降水稀少，蒸发强烈，干燥风多，多数时间天气晴朗；草地的植被丰富度、盖度、草群高度及生物量等指标较低的特点。选择荒漠草原的植被指数主要是解决土壤背景的影像，突出低覆盖度的植被信息。

通过前文对不同植被指数的概述，综合比较后选择 MODIS-NDVI、MODIS-

SAVI、MODIS-MSAVI、MODIS-EVI 植被指数。笔者拟利用得到的植被指数经过与地面样方数据的拟合得到数学模型，线性模型是我们希望的，但也不排除非线性模型（如：指数形式、对数形式、幂形式等）。我们将利用统计学的方法，确定相关度高的模型作为我们的结果，而与模型相对应的植被指数则是适合的植被指数。再利用野外调查资料对结果验证得到准确的适于反复应用的经得起定量检测的结果。

六、结　　语

目前已经有的资料显示，我国荒漠草原研究的文献报道不多，只是在文献中涉及荒漠草原的内容（赵冰茹，2004；安卯柱，2002；黄敬峰等，2000），而没有针对荒漠草原做出的研究，我们将在较大尺度上对我国的荒漠草原进行评价，弥补这方面研究的不足。所得到的结果能够对草地资源提出科学的决策、合理的规划设计方案。现代高新科技的应用，可使草原得到更科学的管理，更合理的使用和建设，为畜牧业向现代化迈进奠定基础。

第二节　研究意义及现状

一、研　究　意　义

草原资源是全球陆地绿色植物资源中面积最大的一类再生性自然资源，总面积达 671 700 万 hm^2，占世界陆地总面积的 52.17%。我国是世界上第二大草原资源国，天然草原面积达 40 000 万 hm^2，约占国土总面积的 41%，是农田面积的 4 倍（刘起，1998；许志信，2000）。目前，此类草原资源在人为和自然因素的影响下，正面临着逐年退化、面积日益缩小的严峻态势，草地生态危机日益加剧，已严重影响到牧区经济的发展和人类的生存环境（任继周，1993；贾慎修，2002）。

草原资源的巨大环境意义和经济效益已引起人们的高度重视，而怎样合理利用草原资源成为国内外学者的研究重点。传统的草原资源研究方法大多为实地考察。这种方法有众多局限性，如耗时长、效率低，尤其不适宜大范围或难以抵达地区的调查。相比之下，遥感技术具有宏观、快速、经济，提供的信息量大而丰富，对研究对象既不接触也不破坏，便于计算机加工分析，可定量、定性、定时、定位研究某一事物的效应，近几十年来被人们在草地科学中广泛加以应用和研究（贾慎修，1983）。由此不断探求利用这一先进技术和手段，建立以绿度指数、叶面积和生物量变化为基础，以电磁波理论和草地生物生态学为原理，借助计算机和地理信息系统及数理统计的功能，通过地面资料与航空航天影像的印证，现时和历史的气象、环境、草地等参数的趋势分析，经一系列专门化处理之后，对草原资源进行调查、评估、分类、制图、动态监测、大面积估产、灾害预报和科学管理及经营等，其生产意义和社会经济效益是不言而喻的。因此，自从遥感卫星影像于 20 世纪 60 年代问世以来，各种各样的卫星影像数据已被广泛地运用于草原资源研究。时至今日，遥感在草原资源应用上的深度和广度上都有了很大进展（李建龙，1996；查勇，2003）。

我国温性荒漠草原主要分布于阴山山脉以北的内蒙古高原中部偏西地区，在北方人民生活及草地生态系统中发挥着重要作用。但温性荒漠草原地处干旱、半干旱地带，具强烈的大陆性气候特点，常年受蒙古高压气团控制，海洋季风影响很小，干旱少雨、风大、沙多，生境条件极为严酷，是生态系统极其脆弱的草原地带，加之长期以来，人类对本区草原资源的掠夺性利用，对草地生态环境的大肆破坏，使原本脆弱的生态环境更加恶化。特别是近 20 年来，生态环境的承载能力越来越低，草原荒漠化面积不断扩大，草原退化日趋严重，草原景观日趋破碎，植被盖度、密度及植物多样性明显下降，沙尘暴猖獗，土壤侵蚀严重，水源分布逐年减少。这些都是严重制约本区乃至我国畜牧业生产稳定发展的重要因素，同时也对我国北方人民的生存环境构成严重威胁（《中国草地资源》编委会，1996）。

我国对荒漠草原的研究还不够深入，因而利用 EOS-MODIS 数据对荒漠草原区草原生物量进行遥感估算和动态监测，以便对研究区的生物量变化和生态灾荒作出及时反应，为有关部门制定宏观调控政策及应急策略提供科学依据。此项研究是科技部支持项目"荒漠草原区植物资源及生态环境监测评价"的专题"牧草生物量动态监测及草畜平衡测算"的部分研究成果，其结果将最终集成到荒漠草原区植物资源与生态环境监测评价系统中。同时，荒漠草原的生物量与资源及其环境变化进行遥感监测研究是摸清荒漠草原资源时间、空间动态变化，建立本区植物资源与环境监测评价系统，翔实、全面地揭示荒漠草原的资源与环境现状、评价其动态变化状况，形成的成果不但对草地科学研究理论有重要意义，对本区草原资源的合理利用、草原生态工程建设的更加科学化和合理化以及草地生态环境的有效治理都具有重大的现实意义。

二、国内外研究现状

世界上许多国家将卫星资料用于草地植被的遥感监测。其遥感信息源在时间、空间序列上的连续性及宏观效应为应用遥感技术进行草地动态监测与估产提供了条件，而草原资源遥感监测的主要内容是草原的生态环境和生物量的季节动态变化。与常规方法相比，草原遥感监测与估产不仅提高其效益，而且资料连续、真实，实时性和动态性强，有其独到之处，深受人们重视。

在国外，自 1978 年美国发射气象卫星以后，气象卫星资料的应用进入定量化实用分析阶段。在 20 世纪 80 年代初，许多发达国家就开始将改进的气象卫星甚高分辨率辐射仪（AVHRR）资料应用于草原植被遥感监测（李建龙，1996）中，如日本采用多个遥感平台系统进行了地物光谱仪、MSS 和 TM 试验，用试验区的产量资料与卫星光谱绿度资料建立了估产监测模式（林培，1990）。同时，新西兰已用 NOAA——7 资料计算的 NDVI 和 RVI 监测草原资源动态变化，并确定了草地初级生产力（Taylor，1985）。Taylor（1985）对新西兰草地牧草生长的季节和年际变化分析结果说明，NOAA 资料能及时反映大面积草地牧草生长的季节和年际变化规律，与牧草月生长量的相关系数达 0.81（Tueller，1989）。Justice 和 Hiemaux（1986）采用 AVHRR 影像来监测尼日尔荒漠草原中的草地生物量。利用 AVHRR 影像数据并结合地面观察，Wylie 等（1991）估算了尼日尔在 1986～1988 年间草地产量，制作了每个雨季末的生物量分布图。Weiss 等（2001）利用 AVHRR 获取了 NDVI，然后再将月平均 NDVI 转换成变化系数，从而将植被指数转换为生物量。Prince 和 Tucke(1986)利用 MSS 第 7 与第 5 波段的比值推算了草地植被生物量。Merrill 等（1993）利用 MSS 影像数据估算了美国黄石公园的绿色草地生物量，所得的线性回归方程的相关系数只有 0.63，影响精度的主要因素是裸露地与绿草地、枯草地的比率。Williamson 和 Eldridge（1993）用 MSS 数据调查了澳大利亚新南威尔士的中西部半干旱区的草地生物量、覆盖率及绿色度。Anderson 等（1993）从 TM 影像上估测了美国科罗拉多州一个半干旱试验草场地上生物量，Friedl 等（1994）利用 TM 影像估算了美国堪萨斯州东北部的一个试验场的草地生物量。Todd 等（1998）也利用 TM 影像估算了科罗拉多州东部的地上生物量利用遥感方法来估算牧场的产草量依赖于植被吸收和反射率，这些特性都会随牧场的状况而改变。而另一方面，遥感图像只有一定的时间分辨率，它们不一定都能描述牧场中短期内的变化，在估算产量时难免有局限性（Dyer et al.，1991）。Samimi 与 Kraus（2004）应用 TM 和 ETM 对非洲南部的生物量估测建立区域化的模型。与以上这些应用不同的是，Pickup（1995）只从降雨和蒸发两个因子来建立估算草地生产力的模型，然后用从遥感影像中提取的植被指数对模型进行校正，与其他模型相比，这样的模型在适当处理后很容易地应用到不同地区。

20 世纪 80 年代，我国应用遥感数据监测草原资源开始兴起，如徐希孺等（1985）研究了用 NOAA 资料推算内蒙古自治区锡林郭勒盟草场产草量的方法。丁志和童庆禧（1986）也用气象卫星图像资料进行了塔里木河中、下游地区草场生物量测量方法的研究。樊锦沼（1990）应用同步观测的 NOAA 卫星资料与草地产量资料进行相关分析，动态监测和预报了内蒙古呼伦贝尔盟草地的牧草产量变化，建立了估产模型。李博（1993）、李博和史培军（1995）以内蒙古锡林郭勒草原资源为研究对象系统地研究了我国北方地区草地的属性特征，并建立了我国第一个北方草原资源及草畜平衡动态监测的运行系统。

李建龙及合作者运用确定性强的遥感、环境和牧草产量信息，借助于 GIS 系统和各种加工处理软件，对草畜平衡动态监测与调控研究（李建龙，1995；李建龙和史培军，1995；李建龙和蒋平，1995；李建龙，1996，李建龙，1998；李建龙和蒋平，2003a，2003b）。黄敬峰及合作者应用光谱观测资料、牧草产量资料及 NOAA/AVHRR 资料，探讨天山北坡中段天然草场反射光谱的基本特征，用气象卫星资料监测天然草场牧草产量的最佳植被指数模式，建立牧草产量监测模型（黄敬峰，1995；黄敬峰等，1999；黄敬峰等，2000；黄敬峰等，2001）。陈全功等（1994）、梁天刚和陈全功（1996）利用 NOAA/AVHRR 资料结合同期地面测产及其他资料对新疆昌吉回族自治州的草地进行监测、分级、制图、估产，并对季节牧场载畜量进行了初步平衡分析。

王兮之等（2001）利用遥感、地理信息系统并结合植被生态学基本原理，以甘南藏族自治州高寒草甸生态系统为研究对象，进行了草地生产力估测模型构建与降水量空间分布模式确立的方法研究。利用气象卫星 NOAA 数据，提取了甘南全州的 NDVI 值，并结合实际采样点的植物地上部分生物量鲜重实测数据，进行统计回归分析（线性回归和指数回归），建立了生产力估测模型，证实了 NDVI 值与地面初级生产力之间的正相关关系。胡新博（胡新博，1996）分析了新疆几种主要草地类型光谱与其产量在生长季节的变化规律，较细致地分析、研究了 NDVI、RVI、PVI 与牧草产量、光谱的关系，为微观解剖和研究光谱与产量的关系提出了新的思路和研究方法。杨云贵（1997）研究了草地地上生物量、叶面积指数和叶绿素的季节动态，摸清了牧草及草地群落的生长发育规律。朱进忠等（1998）提出的局部结构法是利用像元本身与周围像元之间的关系进行分类的一种方法，利用该方法分析 TM 卫星图像，进行草地牧草产量估测，能有效提高估测的可靠性。李良序（张连义，2006）利用气象卫星进行了 PVI 与草地产量监测模型的研究，发现利用 PVI 建立草地产量监测模型能够有效地克服 RVI 和 NDVI 的一些不足，避免了因草地类型不同带来的复杂性，使整个建模工作更加客观化。

陈力军（2002）应用光能利用率概念模型估算植被第一性生产力，这种遥感模型能够以面代点，比较真实地反映陆地植被 NPP 的时空分布状况，其中对我国草地生产力的监测与我国植被分布的地理规律性相符。牛志春和倪沼祥（2003）对青海湖环湖地区草地植被生物量建立遥感监测模型，确定三次方模型为监测此地区的最佳模型。

美国于 1999 年 12 月发射的 TERRA 卫星提供的 EOS-MODIS 数据较以前的 NOAA/AVHRR 数据有更高的空间分辨率和稳定性，而且红光和近红外波幅较窄，有效地克服了近红外区水汽吸收的影响，更适于宏观上进行较大面积的草原资源的调查和监测（李登科，2003；刘玉洁和杨忠东，2001；葛成辉和刘闯，2000）。

当前，多学科应用 MODIS 数据进行了有益研究（覃先林和易浩若，2003；季荣和张霞，2003；吕建海和陈曦，2004；郭广猛和赵冰茹，2004），在草原资源研究上的应用也逐渐增多。如赵冰茹等（2004）利用卫星遥感数据 MODIS 数据结合地面调查数据对锡林郭勒草地的植被指数的时空变化的研究，较详尽地反映草原在其生长期内各个阶段植被指数的变化，进而反映生长状况。刘爱军及合作者用 MODIS-NDVI 对草原生产力进行研究，得到 MODIS-NDVI 与草产量有较好的相关关系，根据 MODIS-NDVI 各值域所代表的草原生产力，得到内蒙古全区天然草原鲜草产量，进而对内蒙古天然草原进行生产力监测及载畜能力测算（刘爱军等，2003；刘爱军和王晶杰，2004；邢旗等，2005）。冯蜀青等（2004）利用 EOS/MODIS 进行牧草产量监测的研究，钞振华（2004）利用 MODIS 建立了新疆阿勒泰地区天然草地的遥感估产模型。武鹏飞（2003）、李聪（2005）应用 EOS/MODIS 植被指数在乌鲁木齐天山北坡的不同草地类型上建立了植被指数与生物量的估测模型。

上述研究工作充分证明了运用遥感技术结合牧草产量资料对草原进行生物量估产的可行性，我们应用荒漠草原草产量资料及 EOS/MODIS 遥感资料，建立荒漠草原的草产量监测模型，对位于生态脆弱带的荒漠草原的生物量进行实时的监测，在宏观上确定当前时期的草原生物量的高低，对于制定合理地放牧利用、禁牧保护和调整牧区牲畜总量有重要的参考意义，对减轻草场压力，让草原获得休养生息，以此促进生态建设。

第三节　研究区概况

　　温性荒漠草原类发育在温带干旱地区，分布于温性典型草原带往西的狭长区域内，东西跨经度 39°（75°～114°E），长约 4920 km，南北跨度 10°（37°～47°N），包括的行政区域有内蒙古自治区中西部、宁夏回族自治区北部、甘肃省中部、青海东北部，新疆维吾尔自治区全境山地以及西藏自治区南部山地的部分地段（图 6.2）。总面积 18 921 607hm²，可利用面积 17 052 421 hm²，分别占全国草原总面积和可利用面积的 4.82%和 5.15%。

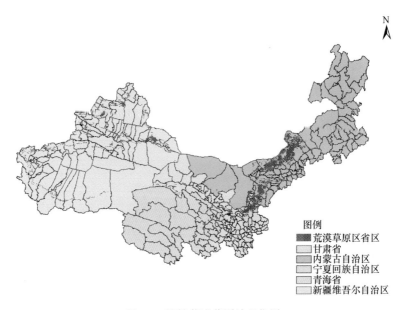

图例
■ 荒漠草原区省区
□ 甘肃省
□ 内蒙古自治区
□ 宁夏回族自治区
□ 青海省
□ 新疆维吾尔自治区

图 6.2　温性荒漠草原地理位置

　　本研究选择温性荒漠草原的三个亚类，即平原、丘陵荒漠草原亚类，沙地荒漠草原亚类和山地荒漠草原亚类中具有代表性的典型区进行研究。在行政区划分上主要位于内蒙古自治区中部和新疆维吾尔自治区的山地。

一、平原丘陵荒漠草原亚类概况

　　该亚类草原是构成温性荒漠草原类的主体，草地面积为 966 068 hm²，占该类草原总面积的 51.06%，可利用面积为 8 759 237 hm²，占该类草地可利用面积的 50.05%。

　　平原丘陵荒漠草原亚类研究区选取内蒙古自治区中部地区的旗县，包括苏尼特左旗、苏尼特右旗、二连浩特市、四子王旗、达尔罕茂明安联合旗、乌拉特前旗、乌拉特中旗、乌拉特后旗、杭锦旗、鄂托克旗、鄂托克前旗等旗县（图 6.3）。

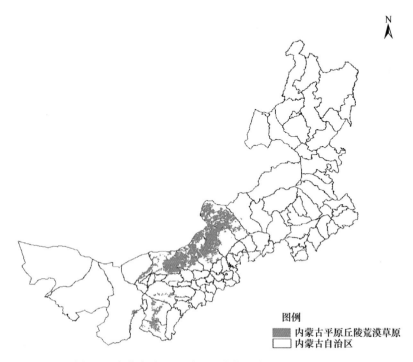

图 6.3　内蒙古地区平原、丘陵荒漠草原亚类地理位置

该亚类荒漠草原属温带半干旱区大陆性气候，干旱多风，年平均气温为 4.6～9 ℃，≥10℃ 年积温 2100～3500 ℃，年降水量为 150～450 mm，生长季（4～9月）降水量主要集中在 7 月、8 月、9 月三个月，约占全年降雨量的 60%～70%。

构成该亚类草原的地貌类型以石质丘陵、层状高平原、台地、山麓和山前倾斜平原为主。土壤以棕钙土为主，也有数量较多的淡栗钙土、淡棕钙土和灰钙土。土壤母质多为砂砾质和砾质以及残积、洪积物，土壤表层风蚀、剥蚀作用较强，地表常具厚薄不同的覆沙和砾石，有机质含量在 0.5%～1.5%，腐殖质层厚 20～30cm，钙积层出现较高，pH 约为 8.5。

平原丘陵荒漠草原亚类的草群中有矮生禾草石生针茅、短花针茅、沙生针茅和无芒隐子草等；旱生杂类草有多根葱、大苞鸢尾；小灌木、小半灌木有狭叶锦鸡儿、刺叶柄棘豆、女蒿、冷蒿、蓍状亚菊、牛枝子、灌木亚菊、小花亚菊等。群落具明显的荒漠草原特征，其中小针茅草原横贯内蒙古东西，广泛分布于壤质、砂壤质及覆沙的棕钙土区。暖温型的短花针茅荒漠草原集中分布在鄂尔多斯台地及内蒙古乌兰察布市、巴彦淖尔市荒漠草原带的东南段，形成具锦鸡儿灌丛化的荒漠草原。草地植被结构是灌木层高 5～35 cm，草本层高 3～22 cm，盖度 20%～50%，植物种的饱和度为 7～25 种/m^2（《中国草地资源》编委会，1996；中国科学院内蒙古宁夏综合考察队，1985；中国草地资源数据编委会，1994）。

二、沙地荒漠草原亚类

沙地荒漠草原亚类选取位于内蒙古自治区西部地区的杭锦旗、乌拉特前旗、乌拉特后旗、鄂托克旗、鄂托克前旗、达拉特旗、准格尔旗等旗县（图6.4）。

图6.4　内蒙古地区沙地荒漠草原亚类地理位置

分布区内水热条件优越，年平均气温 6～8 ℃，年降水量 250～300 mm，地下水位高，平均深度 1～2 m，地势由西北向东南倾斜，海拔高度由 1600 m 下降到 1200 m 左右。主要分布在鄂尔多斯市的毛乌素沙漠西北部，包括从鄂尔多斯高原中部向东延伸出来的一些梁地，梁间形成若干谷地，构成了梁滩相间平行排列的沙地地貌。此外，乌兰察布市、巴彦淖尔市境内亦有小面积的分布。土壤为固定风沙土和半固定风沙土。地表风蚀严重，有大小不等、分布均匀的流动沙丘。

　　由于地貌多样、热量丰富、水分充足，以黑沙蒿为建群种的草地类型是该亚类沙地植被的主体，其次是灌丛化的黑沙蒿类型，沙地荒漠草原亚类草地的特点是植物种类少，种的饱和度为 3～14 种/m^2，草群盖度一般为 30%～50%，草层层次结构明显，第一层主要以黑沙蒿、乌柳、柠条锦鸡儿、中间锦鸡儿和狭叶锦鸡儿组成。层高一般 30～50（100）cm，下层多以小半灌木和多年生、一年生草本组成，常见的有长芒草、隐子草、中亚白草、沙鞭、牛枝子及一年生杂草沙蓬、沙芥、沙引草等（《中国草地资源》编委会，1996；中国科学院内蒙古宁夏综合考察队，1985；中国草地资源数据编委会，1994）。

三、山地荒漠草原亚类

　　山地荒漠草原亚类选取新疆维吾尔自治区大部分山地（图 6.5），以天山分布的山地荒漠草原为主。山地荒漠草原的生态环境以气候干燥、少雨、风大为其基本特征。年降水量 150～300 mm，年平均气温在 2～4 ℃，≥10 ℃年积温 2000～3000 ℃，干燥度 2.5～4。土壤为砂砾质的山地棕钙土和淡栗钙土。山地荒漠草原

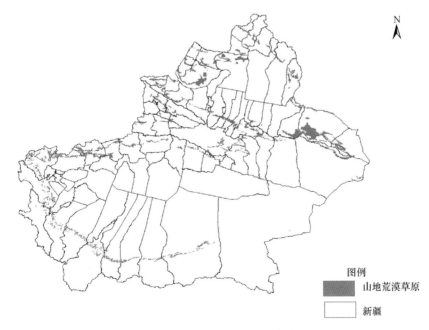

N

图例
　山地荒漠草原
　新疆

图 6.5　新疆地区山地荒漠草原亚类地理位置

亚类发育在荒漠区和荒漠草原区内的山地，构成山地草原垂直带谱的一部分。在草原区的荒漠草原带一般位于山地垂直带谱的基部；在荒漠区一般处于山地基部草原化荒漠带的上部。

总的分布规律是由北向南，由西向东逐渐升高。在北疆山地成带状分布在低山区，在南疆居中山、亚高山带，在阿尔泰山中西部分布在 800～1200 m 的低山带，东部上线可达 1500 m。在准噶尔西部山地 900～1300 m、东部北塔山 1400～1700 m，天山北坡 1100～1700 m 至东部伊吾县 1600～2300 m，在天山南坡 2400～2600 m，昆仑山 3000～3200 m 至东部阿尔金山达 3600～3800 m。

山地温性荒漠草原的建群种和优势种以旱生丛生禾草和蒿类、盐柴类半灌木为主，主要有沙生针茅、镰芒针茅、戈壁针茅、新疆针茅、东方针茅、昆仑针茅、高山绢蒿、白茎绢蒿、纤细绢蒿、新疆绢蒿、博洛塔绢蒿、伊犁绢蒿、驼绒藜、猪毛菜、红砂等，而旱生灌木中的锦鸡儿属植物、中麻黄等和葱类、薹草亦可形成优势地位。草层高度 20～30 cm，覆盖度 20%～40%。

随着地区的不同，山地温性荒漠草原在各山地的发育和草地型组合存在着较大的差异。在阿尔泰山山地，温性荒漠草原发育在山麓低山带，是构成山地垂直带谱的基带；宽幅在 200 m 左右，东部可达 300 m，建群种主要是沙生针茅，但在较湿润的西部和中部，羊茅、针茅与纤细绢蒿亦可形成优势地位，有价值的胎生鳞茎早熟禾（*P. bulbosa* L.var. *vivipara* Koel.）、涩荠[*Malcolmia africana*（L.）R. Br.]、独行菜等短命植物层片也发育较好。在东部戈壁针茅和冷蒿亦构成草地的主要优势种，碱韭和小蓬、驼绒藜数量也大量增加，但短命植物缺少，其种类、盖度、产量均较中西部少而低。

天山北坡的中部山地温性荒漠草原，宽幅 300～400 m，但在西部伊犁山地宽幅仅 100～200 m，且断续出现，在东部达中山带，宽幅 200～300 m。中部由沙生针茅、羊茅、冰草与新疆绢蒿、博洛塔绢蒿形成草地优势种，驼绒藜和小蓬、短叶假木贼等盐柴类半灌木亦具有优势意义。西部伊犁地区山地温性荒漠草原发育较差，草地建群种与中部相似。东部主要为沙生针茅、戈壁针茅、羊茅、冰草[*A. cristatum*（L.）Gaertn.]、阿拉善鹅观草[*E. alashanicus*（Keng）S. L. Chen]、冷蒿、短叶假木贼等占优势，并参有大量碱韭、红砂、驼绒藜、合头草等，特别是中麻黄可成为草地主要建群种之一。准噶尔西部山地优势种有天山北坡中部类似，北塔山与天山东部较接近。

在天山南坡山地温性荒漠草原处于中山带，西部分布更高，有些地区直接与高寒草原接壤，宽幅 200～300 m。优势种有沙生针茅、戈壁针茅、短花针茅、冰草、冷蒿、新疆绢蒿等，向下有合头草、红砂、短叶假木贼加入，并可形成草地优势种，常与超旱生丛生禾草共建草地型。

在昆仑山山地温性荒漠草原广泛分布在北坡海拔 3000～3400m 地带，由昆仑针茅、沙生针茅、短花针茅与甘青韭、高山绢蒿、昆仑绢蒿、驼绒藜等组成不同草地型。

另外，在天山、准噶尔西部山地、北塔山等石质化较强的坡面，旱生灌木锦鸡儿属植物常形成优势地位，组成山地疏灌丛荒漠草原，在东疆和天山南坡中麻黄也是草地主要建群种之一（《中国草地资源》编委会，1996；中国草地资源数据编委会，1994；新疆维吾尔自治区畜牧厅，1993；胡汝骥，2004）。

第四节　研究内容与方法

本研究采用地球观测系统（EOS）的极地轨道环境遥感卫星 Terra（EOS—AMl）上搭载的 MODIS 探测器所获得的图像，结合遥感图像处理技术和地面调查资料，建立温性荒漠草原区地上生物量估测模型，对我国温性荒漠草原区的牧草产量分布进行分析。

一、信　息　源

收集研究区域的气象、畜牧业、植被等资料、1∶1 000 000 中国草地资源图集、内蒙古及新疆地区的行政区划图、交通图、水系图等图件资料并且对这些图件资料矢量化，生成 shapefile 格式文件。

本研究使用的遥感影像为 2005 年 7 月、8 月北京站和新疆站的 MODIS HDF 格式数据。本研究主要选用的是 MODIS 分辨率为 250 m 的第一、二波段。

二、数据分析软件

对遥感数据的处理采用 ENVI3.6 以及利用 IDL 语言编写的可加载到 ENVI 软件中的 modistools 工具遥感图像处理专用软件，实现遥感图像的几何校正、镶嵌、挖取等图像预处理和遥感信息增强处理、点属性提取、分类以及分类精度验证等程序。

对图件资料矢量化的处理和投影变换使用的是 mapgis6.0、Arcgis9.0 等软件；地面调查数据与遥感数据之间的相关性分析和数学回归模型的建立是通过数学统计分析软件 SPSS 来完成的。

三、野 外 调 查

（一）野外调查前的准备

图件准备：调查区行政区划图、交通图、地形图、最近时期的植被类型与分布图、TM 影像图和草地类型图等。

调查工具准备：测绳、皮尺、盒尺、样方框、各种记录表格、铅笔、植物标本夹、剪刀、GPS、土壤紧实度仪、土壤水分测试仪、照相机、望远镜等。

交通工具：汽车。

（二）调查路线及样地选择

根据地形图、交通图和植被类型图以及 TM 影像图确定进入荒漠草原区草地类型分布地带的最佳路线。调查路线的选择主要考虑交通便捷，尽可能更多地穿越覆盖荒漠草原区不同的并具有代表性和典型性的草地类型。

（三）样地布设和样方调查

选择具有代表性和典型性的荒漠草原草地植被类型地段为样地，面积约 1 km×1 km。在选择样地内根据实际情况选择具有代表性并且能够体现植被和土壤的地段布设样方（面积：草本 1 m×1m，灌木 10 m×10 m，高大草本或半灌木 2 m×2 m），调查样方内植物种的高度、盖度、多度以及产量等数量指标，同时测定、记录样方的经纬度、海拔、地形地貌、坡度、坡向、土壤类型、土壤紧实度、土壤含水率、草场利用形式和程度等内容。本研究共选用 172 组数据，其中平原、丘陵荒漠草原亚类 68 组，沙地荒漠草原亚类 39 组，山地荒漠草原亚类 65 组。

四、MODIS 影像的处理

（一）"蝴蝶结"的去除

由于 MODIS 探测器每扫描一次地球会自转一定距离，所以扫描行之间有一个小的错动，于是就产生了"蝴蝶结"现象。利用 IDL 语言编写的 modis tools 工具作为 ENVI 软件的扩展模块对 HDF 文件进行处理以去除"蝴蝶结"现象（中国科学院地理所与中国科学院遥感卫星地面站联合 modis 共享平台，2005）。

（二）影像的几何校正

选择两种方法对 MODIS 影像进行校正：（1）去除 MODIS 图像的"蝴蝶结"

现象之后再进行其图像的校正，通过点击作为 ENVI 软件扩展模块的 modis tools 下的 Export GCPs 建立相应的地面控制点（GCP）文件，并利用该文件对经过去除"蝴蝶结"纠正的图像做几何精校正；直接对未去除"蝴蝶结"现象的 HDF 格式的 MODIS 影像进行校正，MODIS 数据本身带有详细的经纬度波段信息，是 1 km 分辨率 MODIS 数据中对应像素点的经纬度信息，以波段的形式存放，ENVI 软件提供了用既定地理信息校正影像功能，采用三角形线性法和三次卷积内插法对 MODIS 影像进行几何位置转换和亮度重采样对影像进行几何校正（中国科学院地理所与中国科学院遥感卫星地面站联合 modis 共享平台，2005）。

（三）信息的提取

对校正后的影像叠加研究区域的矢量边界图，挖取研究区域的影像图，进行图像假彩色合成，通过遥感图像进行波段运算、分类、矢量转换，提取能满足应用影像结果所需要的信息。

五、生物量监测的植被指数选择及生物量监测模型的建立

RS、GIS 技术的集成推动了生物量遥感估算的进程。本研究利用 GIS 技术把高时相分辨率的卫星遥感 MODIS 数据和各种观察数据集成在一起，它基于定位点和典型区所采集的大量数据，在 GIS 环境下实现了包括 RS 信息在内的多种信息的复合，建立起生物量遥感监测模型，基本上可实现区域尺度乃至全球尺度不同陆地生态系统生物量的动态监测。

通过查阅以往研究成果，对不同植被指数的特点进行综合比较后选择几种常用的植被指数，并采用植被指数最大值合成法（MVC）获得研究区域的多种植被指数（VI）多时相合成图。提取出与地面采样点相对应的 VI 值，进行 VI 值与草地植被生物量间的相关性分析，分别建立这些植被指数与实测的荒漠草原地面生物量之间的多个回归模型，然后对这些模型进行显著性检验，根据拟合度系数的高低，对各植被指数模型进行评价，选取估算荒漠草原植被变化特征的最佳植被指数及生物量监测模型。

六、荒漠草原区产量分析

选取最佳模型，通过 ENVI 软件的波段运算功能获得不同类型荒漠草原的生物量分布图，按照生物量的高低进行分级统计，并对各级草地的分布及其成因从气候与植被的方面进行分析。

七、技术路线流程图

技术路线流程图如图 6.6 所示。

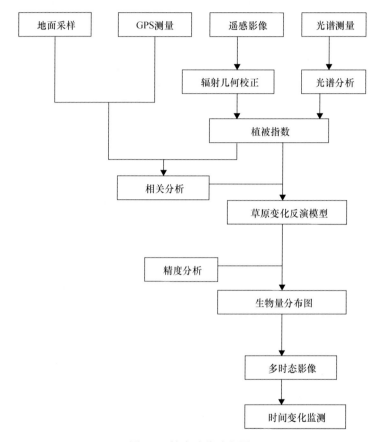

图 6.6 技术路线流程图

第五节 MODIS 影像的处理以及植被指数的计算

一、MODIS 卫星数据产品的特征

EOS 计划的主要目的之一是研究陆地表面覆盖及其在全球大尺度变化过程中的作用，以便了解地球的生态体系。这需要了解各种植被的全球分布情况及其生物物理特性、结构特性和时间、空间的变化特点。遥感观测提供了对受人类活动和气候影响的大尺度植被变化进行监测、量化和研究的机会。植被影响着能量平

衡、气候、水文和生化循环，可以作为气候和人文因素对环境影响的敏感指标。

MODIS 保留了 AVHRR 功能的同时，在数据波段数目和数据应用范围、数据分辨率、数据接收和数据格式等方面都作了相当大的改进。这些改进促使 MODIS 成为 AVHRR 的换代产品。MODIS 具有覆盖 0.4～14 μm 电磁波谱范围的 36 个波段，在可见光与近红外波段的 2 个波段的空间分辨率为 250 m，还具有 500 m 空间分辨率的遥感波段 5 个和 29 个 1000 m 空间分辨率的波段。MODIS 每天可获得同一地区的白天和夜间的重复观测资料（低纬地区为 2 天），双星可获得每天 4 次的遥感数据；每 8 天可以获得扫描角小于 20°的全球覆盖图。同时，MODIS 在光谱分辨率、几何定位、辐射校正与定标、高级产品生产算法（如大气校正、气溶胶订正、云检测、反照率、地表温度、植被指数等）方面更为成熟、精确，也更具有针对性、实用性，在环境监测、农作物估产及自然灾害评估方面具有明显优势。MODIS 数据在农业、林业、水文、地质、减灾等诸多领域的研究与应用中具有重要价值。MODIS 数据特性与质量备受资源环境遥感应用领域专家与用户的青睐（李登科，2003；刘玉洁和杨忠东，2001；葛成辉和刘闯，2000）。表 6.1 为部分 MODIS 数据产品指标。

表 6.1　有关植被指数的部分 MODIS 指标

波段	宽度/nm	分辨率/m	光谱辐射	信噪比	波瓣宽度的误差范围
1	620～670	250	21.8	128	+/-4.0 nm
2	841～876	250	24.7	201	+/-4.3 nm
3	459～479	500	35.3	243	+/-2.8 nm
4	545～565	500	29.0	228	+/-3.3 nm
5	1230～1250	500	5.4	120	+/-7.4 nm
6	1628～1652	500	7.3	275	+/-9.8 nm
7	2105～2155	500	1.0	110	+/-12.8 nm

二、MODIS 影像 bow-tie 纠正

MODIS 数据经辐射校正之后生成的 L1B 产品中存在着 bow-tie 现象，即"蝴蝶结"现象，表现为相邻两个扫描行之间有部分数据相同，越向边缘重复数据越多（图 6.7），云不仅左右错开而且上下部分有信息重叠。因几何校正无法去除"蝴蝶结"现象，因此必须在几何校正之前就加以去除。Bow-tie 纠正函数的调用通过点击 modis tools 下的 bow-tie 命令，在弹出的窗口中选择需要做 bow-tie 处理的图像，选择了待处理的数据后，可以定义需要处理的波谱和空间范围。然后进入下一个窗口，这里需要定义 MODIS 数据的扫描宽度（the width of the MODIS scan），对于 1000M 分辨率的波段，宽度选择 10，500M 选择 20，250M 选择 40，并选择相应的分辨率。如果分辨率已经有了，就不用改变缺省设置。最后定义输出文件及文件存放位置，处理完后的图像如图 6.8 所示。

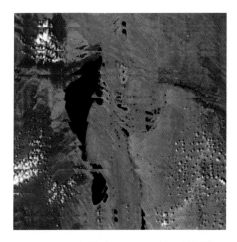

图 6.7 没有做过 bow-tie 处理的图像

图 6.8 bow-tie 处理后的图像

三、MODIS 影像的几何校正

（一）几何校正的原理和方法

遥感影像的几何性能受数字图像获取的类型（数字相机、沿轨道方向的扫描仪、横穿轨道方向的扫描仪）、传感器平台（机载传感器与星载传感器）、总视场的变化以及地球表面特征等因素的影响，这些因素构成了遥感影像的各种畸变，使得形成的遥感图像失真，影像了图像质量和后期应用的效果，使用前必须消除。而几何校正的目的就是弥补由这些因素导致的畸变，以使校正后的图像具有最大的几何精度。对于遥感影像的几何校正方法有两种：一种是利用已有过去的校正过的图像对新图像进行相对校正，又叫几何配准；另一种是由图像坐标转变为某种地图投影的绝对校正，或对图像进行地理编码（彭望禄，2003）。

重采样分为几何位置转换和亮度重采样两步（彭望禄，2003）。

几何位置转换。几何位置转换有三角形线性法和多项式拟合法两种。

（1）三角形线性法：虽然图像几何形变的模型很复杂，但还是可以假定在一个很小的区域内图像的几何失真是线性变化的。我们可以用 GCP 构成一系列的小三角形区域，并使它们全体覆盖整个校正区域。把每个小三角形区域几何畸变看做是线性的，利用原始空间和校正空间每一对三角形区域的三个 GCP（三角形的顶点），一一求出每对三角形内的转换关系，进行转换。三角形线性法的前提是假定小区域内几何畸变是线性的，为了提高校正精度，划分区域应越小越好，但是实际工作中选取 GCP 并非易事，也很难保证 GCP 分布均匀，因此三角形法在实际中用得不多。

（2）二元多项式法：二元多项式法的原理是假定图像的几何畸变过程满足二元多项式。

亮度重采样。亮度重采样有最邻近法、双线性内插法和三次卷积内插法。

（1）最邻近法：最简单的一种重采样像元亮度赋值方法。该法首先假定图像已被几何校正，然后以行列为序将像元逐个用逆变换方法（已知输出像元坐标反求输入像元坐标）求其在原图像上的坐标值。取整后，坐标值所对应的原图像像元亮度值，即最邻近的像元亮度值，赋值给相应的输出像元。此法的优点在于它的计算非常简便，而且可以避免采样时像元值的改变。但是，输出图像的矩阵在空间上有 1/2 个像元的偏移，这就导致了输出图像是不连续的。

（2）双线性内插法：一种常用的亮度重采样方法。影像数字校正时，输出像元被逐个用逆变换方法求出在原图像中的坐标值，该坐标往往落在与它最邻近的四个像元之中。因此，输出像元的亮度值应由它与四个像元的近似加权平均值而定。此技术可产生一种更加平滑的重采样图像。然而，由于双线性内插改变了原始图像的灰度级，使比较明显的分界线变得模糊，在随后的光谱模式识别分析中可能遇到一些问题。

（3）三次卷积内插法：双线性内插法仅考虑原图像中周围四个像元对输出像元亮度值的影响。实际上，周围其他像元对重建输出像元亮度值都有自己的贡献，只是随距离值增大而贡献减小。这种情况可用辛克函数表示。为了更准确地重建输出像元亮度值，使之接近辛克函数特点，便采用双三次卷积法。它用输出像元在原图像周围 16 个像元亮度值，通过加权来重建输出像元的亮度值。

（二）几何校正的具体实施

MODIS 数据本身带有详细的经纬度波段信息，是 1 km 分辨率 MODIS 数据中对应像素点的经纬度信息，以波段的形式存放。可采用以下方法提取 GCP 文件，缩短了校正时间，精度比选地面控制点的方法更高。

点击作为 ENVI 软件的扩展模块的 modis tools 下的 Export GCPs，在弹出的对话框中选择含有地理坐标的 MODIS 一级产品数据，然后为输出的 GCP 文件定义文件名，一般该文件的扩展名为 *.pts；下一步定义 GCP 格网的输出参数，一般都直接采用缺省值；最后一步就是定义 GCP 文件的地理投影。本研究的影像投影选用 Albers 等面积圆锥投影（中央经线 105°，标准纬线 25°、47°），得到的输出的 GCP 文件后，就可以像通常那样，利用 ENVI 中的"校正与镶嵌"命令对图像做几何精校正。

在校正过程中选用"三角形线性法（triangulation）"校正方法，像元重采样应用三次卷积内插法（cubic convolution），对去除"蝴蝶结"现象之后的 MODIS 影像进行图像的校正，在选择参数（pixels between lat / lon values）时，应按不同分辨率区别对待，250 m 分辨率的波段取 4 500 m 分辨率的波段取 2 1000 m 分辨率的波段取 1，以保证校正精度（中国科学院地理所与中国科学院遥感卫星地面站联合 modis 共享平台，2005；张京红等，2004）。

四、植被指数的提取

（一）植被指数概述

经验性的植被指数是根据叶子的典型光谱反射率特征得到的（图 6.9）。由于叶绿素和类胡萝卜素的吸收，在蓝色（470 nm）和红色（670 nm）波段最敏感，有两个明显的吸收谷；在绿色波段（550 nm）附近，由于叶绿素对绿光的反射形成一个反射率为 10%～20%的小的峰值。在 700～800 nm 是一个陡坡，反射率急剧增高；而几乎所有的近红外（NIR）辐射都被散射掉了（反射和传输），在 800～1300 nm 形成一个高的，反射率达 40%或更大的反射峰，很少吸收（图 6.9），而且散射程度因叶冠的光学和结构特性而异。因此红色和近红外波段的反差（对比）是对植物量很敏感的度量。无植被或少植被区反差最小，中等植被区反差是红色和近红外波段的变化结果，而高植被区则只有近红外波段对反差有贡献，红色波段趋于饱和，不再变化。任何强化红色和近红外差别的数学变换都可以作为植被指数描述植被状况，如可以用比值、差分、线性组合或上述三者的组合来增强（梅安新和彭望禄，2001）。

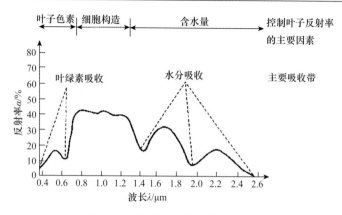

图 6.9　绿色植物有效光谱响应特征

（二）MODIS 植被指数计算

1. MODIS 植被指数的选取

目前已经研究发展了 40 多个植被指数，其中在草原遥感监测领域较常用的有如下几种植被指数：RVI、DVI、NDVI、PVI、SAVI、MSAVI、ARVI、IAVI、RDVI、IPVI、MSR、EVI。根据它们的发展阶段可分为如下两类植被指数：第一类植被指数基于波段的线性组合（差或和）或原始波段的比值；第二类植被指数大都基于物理知识，将电磁波辐射、大气、植被覆盖和土壤背景的相互作用结合在一起考虑，并通过数学和物理及逻辑经验以及通过模拟将原植被指数不断改进而发展的。

第一类植被指数包括 RVI 和 DVI。RVI 对于浓密植物，反射的红光辐射很小，RVI 值将无限增长，其对植被覆盖度反应灵敏，能很好地反应叶面积指数的变化，但大气效应显著；DVI 是针对特定的遥感器并为明确特定应用而设计的，此指数没有考虑大气影响、土壤亮度和土壤颜色，也没有考虑土壤、植被间的相互作用。

第二类植被指数包括 NDVI、PVI、SAVI、MSAVI、ARVI、EVI 等。一般来说，NDVI 可以消除大部分与仪器定标、太阳角、地形、云阴影和大气条件有关辐照度的变化，增强了对植被的响应能力，但是对植被覆盖度高的区域效果欠佳；PVI 具有较好的消除土壤背景干扰的能力和线性可加性，能适用于混合像元的分解处理，但是 PVI 对大气效应反应不灵敏；SAVI 能够减少土壤和植被冠层背景的干扰，但是必须预先知道下垫面植被的密度分布或覆盖比例，适合于提取某一小范围植被覆盖度变化较小的下垫面的植被信息（图 6.10、图 6.11）；MSAVI 适合于不同植被覆盖度、不同土壤背景的下垫面，它能够消除或减弱土壤的噪声；ARVI

图 6.10 新疆 SVAI 植被指数图

图 6.11 内蒙古中部 SVAI 植被指数图

对大气的敏感性比 NDVI 约小 4 倍，且 ARVI 要先通过辐射传输方程的预处理来消除分子和臭氧的作用，进行预处理时需要输入的大气实况参数往往是难以得到的，给具体应用带来困难；EVI 是基于土壤和大气的影响是相互作用的事实，引入一个反馈项来同时对二者进行订正，可避免基于比值的植被指数的饱和问题，EVI 的合成以 MODIS 数据为基础。

  本研究的目的是从降低土壤背景和探测低盖度植被能力两方面着手，通过查阅以往关于植被指数的文献资料，并综合本研究的目的选择 NDVI、SAVI、MSAVI 和 RVI 作为植被指数（梅安新和彭望禄，2001；田庆久和闵祥军，1998；王正兴等，2003；张仁华等，1996）。考虑到 PVI 的应用涉及土壤线斜率和截距的确定，未选用 PVI；EVI 的计算对原始数据质量有严格要求，如果有残留云雾或其他大气噪音可能产生异常大的 EVI 值，严格的去云处理和大气校正是 EVI 计算和合成的前提，由于本研究区域面积较大，所以残留云雾或其他大气噪音不能够彻底去除，本研究未选用 EVI；本研究选用的 MODIS 影像为 250 m 分辨率的 1、2 波段分别对应红光和近红外波段，因此在 VI 计算公式中涉及第 3 波段（蓝光波段）的VI 值未被作为选择对象（如 ARVI、IAVI、EVI 等）。

2. 植被指数多时相合成

本研究借鉴目前为人们所接受的 AVHRR-NDVI 合成产品处理方法——最大值合成法（MVC）。该方法通过云检测、质量检查等步骤后，逐像元比较几张 NDVI 图像并选取最大的 NDVI 值为合成后的 NDVI 值。对大气散射各向异性的考虑，MVC 倾向于选择最"晴空"的（最小光学路径）、最接近于星下点和最小太阳天顶角的像元。在有晴空像元存在的情况下，排除了最受云和大气影响的像元。

MVC 由于其简单性而引人注目，但主要的缺点是地表的双向反射影响没有被充分考虑。比值 NIR/red 并没有消除地表各向异性的影响。这是 BRDF 的频率依赖性结果，NIR 反射率的响应比红色波段更具各向异性特点。研究表明，在大视角和太阳天顶角情况下选择到的像元并不总是晴空像元。残余的云和视角变化改变了地面反射率的值，因此植被指数（全球植被类型的比较）并非全年都是一致的。MVC 在近朗伯体表面的情况下工作很好，这时像元的变化主要是大气污染和光学路径的变化所引起的。

合成算法依赖于云检测、大气修正、观测天顶角、太阳天顶角、相对方位角以及地表的 BRDF 归一化。利用反射率质量控制信息预先处理 MODIS 三个通道的大气订正反射率。有云或云暗影的陆地像元以及资料完整性不好的像元不参加植被指数合成。

MODIS 植被指数合成的目标是在一定时段内优先选择近星下点无云像元，尽可能减小残存云、暗影、大气气溶胶的影响，将本文选择的 MODIS 影像经过投影变换并计算出植被指数文件，采用 MVC 合成准则逐日比较植被指数并进行多时相合成，制作出植被指数多时相合成图（张里阳，2002）。

将地面样地的经纬度数据转换为 Arciew 的 shapefile 格式文件后叠加在植被指数图上，提取地面调查点的 VI 值，由于植被指数资料受大气透明度状况的影响，有时会出现植被指数值同牧草生长状况不符合的失真现象，为此对植被指数资料进行筛选，将由云和大气状况引起的植被指数值升降明显的资料剔除，最后得到调查点的植被指数值与生物量，见表 6.2、表 6.3、表 6.4。

表 6.2　平原、丘陵亚类荒漠草原亚类样方的植被指数与草地植被生物量

样地号	经度	纬度	生物量/（kg/hm²）	NDVI	SAVI	MSAVI	RVI
1	112.688 400°E	42.784 817°N	220.0	0.364	0.727	0.533	2.143
2	112.755 981°E	42.853 085°N	305.0	0.364	0.728	0.534	2.144
3	112.845 284°E	43.054 916°N	320.0	0.355	0.711	0.524	2.103
4	112.550 133°E	42.683 750°N	88.0	0.355	0.711	0.524	2.103
5	112.424 431°E	42.663 933°N	200.0	0.367	0.735	0.537	2.162
6	112.377 449°E	42.749 584°N	210.0	0.355	0.710	0.524	2.101
7	112.365 768°E	43.182 934°N	70.0	0.338	0.675	0.505	2.019
8	112.305 168°E	43.262 165°N	260.0	0.357	0.714	0.526	2.110
9	112.115 181°E	43.486 668°N	95.0	0.344	0.687	0.511	2.047
10	112.177 917°E	43.632 515°N	90.0	0.353	0.707	0.522	2.093
11	112.438 385°E	43.607 616°N	60.0	0.342	0.684	0.510	2.039
12	112.500 366°E	43.487 350°N	95.0	0.352	0.704	0.521	2.087
13	112.835 869°E	43.030 666°N	130.0	0.356	0.711	0.525	2.104
14	112.873 833°E	42.921 635°N	108.0	0.357	0.714	0.526	2.111
15	113.499 451°E	43.711 582°N	95.0	0.359	0.719	0.529	2.122
16	113.447 182°E	43.926 434°N	390.0	0.362	0.745	0.543	2.086
17	113.365 814°E	43.963 085°N	290.0	0.352	0.703	0.520	2.085
18	113.324 249°E	43.887 684°N	367.5	0.357	0.715	0.527	2.112
19	113.424 850°E	43.856 335°N	150.0	0.353	0.705	0.521	2.089
20	113.348 518°E	43.801 201°N	240.0	0.350	0.700	0.519	2.078
21	112.931 549°E	43.704 216°N	165.0	0.352	0.703	0.520	2.084
22	112.623 337°E	43.766 815°N	140.0	0.344	0.688	0.512	2.048
23	112.449 120°E	43.837 582°N	105.0	0.340	0.681	0.508	2.032
24	112.289 764°E	43.953 152°N	87.0	0.356	0.712	0.525	2.106
25	112.204 285°E	44.430 168°N	127.0	0.355	0.710	0.524	2.101
26	112.259 651°E	44.622 932°N	115.0	0.362	0.724	0.532	2.136
27	112.396 118°E	44.775 665°N	155.0	0.356	0.712	0.525	2.107
28	112.708 084°E	44.872 166°N	257.0	0.369	0.739	0.539	2.171
29	112.777 397°E	44.754 616°N	160.0	0.351	0.703	0.520	2.084
30	112.682 869°E	44.475 735°N	215.0	0.358	0.716	0.527	2.114
31	112.757 118°E	44.384 048°N	322.0	0.371	0.741	0.541	2.177
32	113.452 133°E	44.022 583°N	532.0	0.386	0.771	0.557	2.255
33	113.385 948°E	44.075 901°N	211.0	0.341	0.683	0.509	2.036
34	113.067 253°E	43.973 400°N	330.0	0.364	0.727	0.533	2.143
35	112.217 567°E	42.168 282°N	550.0	0.395	0.791	0.567	2.307

续表

样地号	经度	纬度	生物量/（kg/hm²）	NDVI	SAVI	MSAVI	RVI
36	112.118 866°E	42.351 833°N	230.0	0.368	0.736	0.538	2.164
37	111.838 837°E	42.381 985°N	260.0	0.360	0.719	0.529	2.123
38	112.493 767°E	42.550 835°N	235.0	0.359	0.717	0.528	2.119
39	112.040 298°E	42.436 367°N	25.0	0.327	0.654	0.493	1.972
40	111.051 613°E	42.064 865°N	155.0	0.367	0.733	0.536	2.157
41	110.335 770°E	41.763 134°N	170.0	0.338	0.677	0.506	2.023
42	110.497 620°E	42.013 317°N	220.0	0.347	0.694	0.515	2.064
43	110.475 731°E	42.320 232°N	70.0	0.348	0.696	0.516	2.067
44	110.388 382°E	42.269 615°N	370.0	0.359	0.717	0.518	2.118
45	109.966 599°E	42.344 582°N	295.0	0.353	0.707	0.522	2.093
46	109.350 754°E	42.337 883°N	567.5	0.388	0.777	0.560	2.271

表 6.3 沙地荒漠草原亚类样方的植被指数与草地植被生物量

样地号	经度	纬度	生物量/（kg/hm²）	NDVI	SAVI	MSAVI	RVI
1	110.460 869°E	39.759 716°N	3791.9	0.436	0.872	0.608	2.548
2	107.043 381°E	42.046 532°N	179.4	0.333	0.666	0.500	2.000
3	107.146 103°E	42.072 033°N	174.4	0.331	0.663	0.498	1.991
4	108.705 986°E	38.608 185°N	941.5	0.400	0.800	0.571	2.333
5	108.735 352°E	38.449 299°N	1050.5	0.407	0.814	0.579	2.373
6	108.538 284°E	38.029 766°N	555.6	0.400	0.801	0.572	2.336
7	108.890 900°E	38.378 784°N	2576.7	0.412	0.865	0.604	2.323
8	109.112 015°E	39.005 199°N	4409.6	0.456	0.912	0.626	2.676
9	108.784 401°E	39.799 850°N	1164.0	0.392	0.785	0.564	2.091
10	107.552 269°E	40.244 934°N	54.1	0.334	0.667	0.500	2.002
11	108.933 533°E	39.462 284°N	1062.3	0.407	0.814	0.579	2.373
12	108.195 114°E	39.904 434°N	404.7	0.364	0.728	0.534	2.146
13	107.789 764°E	40.070 118°N	990.0	0.403	0.805	0.574	2.349
14	107.243 446°E	40.371 716°N	566.1	0.344	0.687	0.511	2.047
15	108.257 713°E	38.836 418°N	852.6	0.403	0.805	0.574	2.348
16	107.844 032°E	38.915 134°N	680.0	0.358	0.715	0.527	2.114
17	107.889 297°E	39.254 581°N	405.0	0.365	0.731	0.535	2.151
18	107.327 782°E	39.759 567°N	72.2	0.331	0.661	0.497	1.988
19	107.430 252°E	39.088 249°N	710.0	0.355	0.710	0.524	2.102
20	107.722 069°E	39.058 750°N	550.0	0.357	0.774	0.558	2.264
21	107.602 303°E	39.277 317°N	1037.7	0.348	0.696	0.517	2.069

样地号	经度	纬度	生物量/（kg/hm^2）	NDVI	SAVI	MSAVI	RVI
22	107.411 964°E	38.063 534°N	1875.0	0.425	0.849	0.596	2.476
23	107.601 486°E	37.925 518°N	1734.6	0.432	0.864	0.603	2.521
24	107.657 768°E	38.260 132°N	1732.7	0.390	0.780	0.561	2.278
25	108.135 353°E	38.260 117°N	3110.9	0.418	0.836	0.589	2.435
26	106.870 018°E	38.374 065°N	1645.0	0.355	0.709	0.524	2.099
27	109.651 535°E	40.855 934°N	514.5	0.378	0.756	0.549	2.217
28	109.541 550°E	40.816 002°N	310.0	0.372	0.745	0.543	2.186

表 6.4 山地荒漠草原亚类样方的植被指数与草地植被生物量

样地号	经度	纬度	生物量/（kg/hm^2）	NDVI	SAVI	MSAVI	RVI
1	83.241 615°E	36.613 098°N	1243.0	0.524	0.755	0.670	3.328
2	80.846 001°E	36.109 665°N	1250.0	0.535	0.757	0.671	3.338
3	80.851 852°E	36.109 665°N	1143.0	0.500	0.750	0.667	2.999
4	80.853 600°E	36.126 499°N	1000.0	0.470	0.705	0.639	2.773
5	80.830 330°E	36.156 868°N	1317.0	0.446	0.669	0.617	2.609
6	80.830 986°E	36.161 018°N	4266.6	0.646	0.969	0.785	4.650
7	80.832 085°E	36.165 882°N	4382.6	0.625	0.938	0.769	4.338
8	82.800 484°E	46.105 083°N	3499.7	0.646	0.968	0.785	4.642
9	82.818 703°E	46.122 082°N	1672.8	0.523	0.785	0.687	3.197
10	82.850 052°E	46.139 534°N	1629.8	0.503	0.754	0.669	3.022
11	86.026 115°E	43.919 716°N	1266.9	0.481	0.721	0.649	2.853
12	87.074 448°E	43.615 833°N	930.0	0.481	0.721	0.649	2.953
13	87.073 334°E	43.615 833°N	900.0	0.448	0.673	0.619	2.926
14	87.070 549°E	43.616 116°N	1200.0	0.514	0.771	0.679	3.317
15	88.029 701°E	44.000 149°N	1157.0	0.369	0.553	0.539	2.169
16	88.025 017°E	44.003 166°N	1327.0	0.441	0.661	0.612	2.576
17	88.030 052°E	44.000 702°N	1080.0	0.410	0.614	0.581	2.388
18	84.810 280°E	44.115 833°N	810.0	0.423	0.634	0.594	2.463
19	83.763 046°E	44.272 968°N	2037.0	0.457	0.686	0.628	2.685
20	77.056 747°E	37.157 501°N	1553.3	0.427	0.641	0.599	2.492
21	77.056 816°E	37.159 466°N	1160.0	0.413	0.620	0.585	2.409
22	77.055 481°E	37.162 315°N	1446.7	0.395	0.592	0.566	2.305

续表

样地号	经度	纬度	生物量/（kg/hm²）	NDVI	SAVI	MSAVI	RVI
23	77.311 966°E	37.537 716°N	502.0	0.337	0.505	0.504	2.016
24	77.312 431°E	37.539 200°N	445.0	0.342	0.513	0.510	2.040
25	77.312 218°E	37.540 031°N	420.0	0.349	0.523	0.517	2.071
26	93.054 733°E	43.587 284°N	1270.0	0.486	0.729	0.654	2.893
27	93.051 781°E	43.587 284°N	1650.0	0.447	0.671	0.618	2.619
28	93.054 733°E	43.584 949°N	1440.0	0.497	0.746	0.664	2.978
29	93.705 933°E	43.211 182°N	920.0	0.380	0.570	0.550	2.224
30	93.709 915°E	43.209 915°N	910.0	0.394	0.591	0.565	2.299
31	93.709 915°E	43.214 001°N	903.0	0.378	0.567	0.549	2.215
32	88.178 802°E	47.779 549°N	880.0	0.389	0.583	0.560	2.271
33	88.181 000°E	47.777 966°N	890.0	0.448	0.672	0.619	2.924
34	88.182 251°E	47.776 585°N	880.0	0.464	0.696	0.634	2.931
35	88.185 867°E	47.776 615°N	5530.0	0.609	0.914	0.757	4.117
36	88.186 714°E	47.774 784°N	3220.0	0.621	0.931	0.766	4.270
37	88.188 614°E	47.773 285°N	2200.0	0.558	0.837	0.716	3.527
38	88.191 467°E	47.768 032°N	2683.3	0.590	0.886	0.743	3.884
39	88.193 283°E	47.766 216°N	2900.0	0.574	0.862	0.730	3.700
40	88.196 053°E	47.765 083°N	2776.7	0.529	0.793	0.692	3.243
41	83.364 166°E	42.458 618°N	1013.0	0.407	0.611	0.579	2.374
42	83.365 837°E	42.452 034°N	250.0	0.355	0.533	0.524	2.102
43	80.573 051°E	41.760 551°N	143.0	0.325	0.487	0.490	1.962
44	83.591 385°E	41.772 701°N	100.0	0.328	0.492	0.494	1.976
45	82.101 952°E	43.650 833°N	960.0	0.562	0.843	0.719	3.564
46	83.241 280°E	36.615 082°N	910.0	0.394	0.591	0.565	2.299

第六节　荒漠草原区生物量监测模型的建立

一、MODIS 植被指数与草地生物量的相关性分析

进行植被指数与草原植被生物量间的相关性分析，主要目的是检验两者之间

关系的密切程度，以及是否可根据所测样本资料来推断总体情况，而相关系数则是反映这种紧密程度的指标。

根据表 6.2、表 6.3、表 6.4，通过 SPSS 软件对数据进行相关性分析，计算出研究区不同植被指数与草地生物量间的相关系数，结果见图 6.12、图 6.13、图 6.14 和表 6.5、表 6.6、表 6.7。

表 6.5 平原、丘陵荒漠草原亚类样方的植被指数与草地植被生物量的相关系数

植被指数	NDVI	SAVI	MSAVI	RVI
生物量	0.753	0.766	0.741	0.735

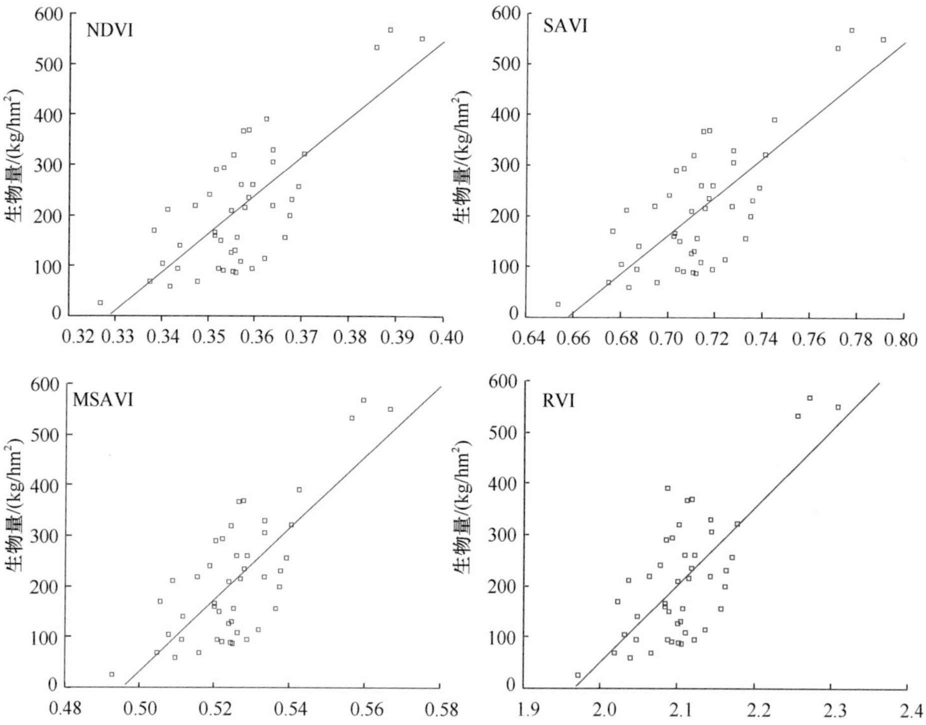

图 6.12 平原、丘陵荒漠草原亚类样方的植被指数与草地植被生物量关系散点图

表 6.6 沙地荒漠草原亚类样方的植被指数与草地植被生物量的相关系数

植被指数	NDVI	SAVI	MSAVI	RVI
生物量	0.782	0.78	0.77	0.771

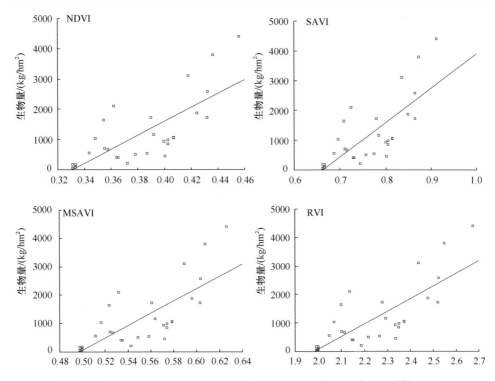

图 6.13 沙地荒漠草原亚类样方的植被指数与草地植被生物量关系散点图

表 6.7 山地荒漠草原亚类样方的植被指数与草地植被生物量的相关系数

植被指数	NDVI	SAVI	MSAVI	RVI
生物量	0.823	0.832	0.814	0.842

综合表 6.5、表 6.6、表 6.7 的结果可以得到如下结论：由 MODIS 图像资料提取到的 4 种植被指数与研究区草地植被生物量之间存在较好的相关性（相关系数 R 均大于 0.7），因此可以认为，基于植被指数建立草地生物量遥感监测模型是基本可行的。但是，不同植被指数与草地生物量的相关性也存在一定差别。在确定了植被指数与草地生物量的相关性以后，我们对数据做了进一步分析，旨在分析数据之间的内在联系（线性关系或非线性关系）。为此我们建立了相应的植被指数与草地生物量相关关系的散点图（图 6.11、图 6.12、图 6.13）。从图中看出，总体上植被指数随草地生物量增加而增大，可见，MODIS 图像遥感植被指数与草地生物量之间存在较明显的正相关关系。但是，我们并不能从散点图确切地得知植被指数与生物量之间究竟是线性关系还是非线性关系，为此就这两种关系分别做了进一步分析。

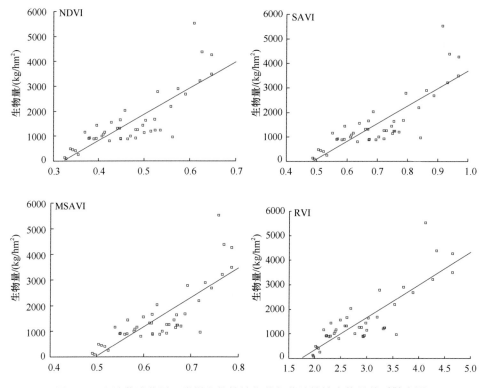

图 6.14　山地荒漠草原亚类样方的植被指数与草地植被生物量关系散点图

二、草地植被生物量监测模型的建立

　　由于平原、丘陵荒漠草原亚类，沙地荒漠草原亚类和山地荒漠草原亚类无论在土壤、水分等植物生长的环境条件上，还是草原植被本身的群落组成及生长发育节律和特性上，都存在一定差异，因此针对每个荒漠草原亚类，利用植被指数与草产量的关系建立各自的估产模型是比较切实可行的。有关研究指出，由于植被指数对植被盖度及生物量的灵敏度差异，牧草产量与植被指数关系不同，所以应采用不同曲线（直线、抛物线、幂函数曲线、指数曲线、对数曲线、逻辑斯蒂克曲线等）类型进行拟合。同时计算出每种类型曲线的相关程度及拟合效果指标如相关系数、回归平方和、残差平方和及 F 值，然后根据相关系数大小、统计检验水平、拟合效果确定最佳模型。

　　一元线性模型和指数模型是植被指数对草地产量估算模型中比较成熟、应用广泛的模型，已被大多数学者广泛采用。首选这两种模型形式，建立草地生物量的回归监测模型。为了验证此两种模型形式是否是最适合的形式，我们又采用抛物线、幂函数曲线、指数曲线、对数曲线、逻辑斯蒂克曲线对已有数据进行回归分析。最后发现抛物线形式的模型在多种模型形式中具有最高的拟合度，通过 SPSS 软件得到三种亚类的荒漠草原草地生物量的回归监测模型和相关系数、拟合效果、F 值及统计检验水平（表 6.8、表 6.9、表 6.10）。在回归模型建立后，为了更加直观地比较它们的拟合经度，我们又建立了不同形式的模型与实测值的拟合图（图 6.15、图 6.16、图 6.17）。

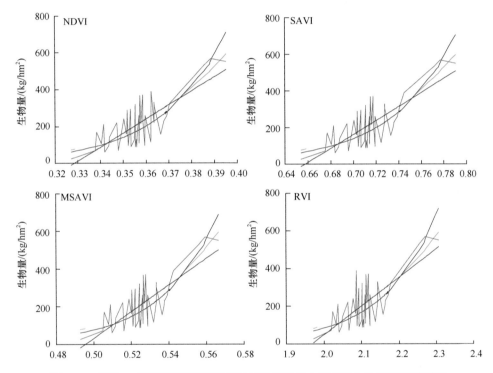

图 6.15 平原、丘陵荒漠草原亚类基于植被指数建立的草地生物量监测模型图

表 6.8 平原、丘陵荒漠草原亚类草地生物量的回归监测模型

以 NDVI 为自变量的回归分析模型		R	R^2	F	α
一元线性模型	$Y=7623.70X-2505.0$	0.753	0.567	57.57	0.01
指数模型	$Y=35.7836e^{0.0005X}$	0.705	0.497	43.47	0.01
二次方程模型	$Y=85\,992.4X^2-54\,509X+8703.01$	0.776	0.602	32.56	0.01
以 SAVI 为自变量的回归分析模型		R	R^2	F	α
一元线性模型	$Y=3822.37X-2514.0$	0.766	0.586	62.38	0.01
指数模型	$Y=17.9133e^{0.0005X}$	0.716	0.513	46.26	0.01
二次方程模型	$Y=23\,130.1X^2-29\,601\,X+9543.22$	0.792	0.627	36.15	0.01

续表

以 MSAVI 为自变量的回归分析模型		R	R^2	F	α
一元线性模型	$Y=6825.02X-3373.6$	0.741	0.549	53.48	0.01
指数模型	$Y=7.9\times10^{-6}e^{32.2018X}$	0.697	0.486	41.61	0.01
二次方程模型	$Y=87\,508.1X^2-85\,955\,X+21\,200.4$	0.773	0.598	31.95	0.01

以 RVI 为自变量的回归分析模型		R	R^2	F	α
一元线性模型	$Y=1515.73X-2982.4$	0.735	0.540	51.71	0.01
指数模型	$Y=7.0220e^{6.6\times10^{-5}X}$	0.680	0.462	37.71	0.01
二次方程模型	$Y=3246.04X^2-12\,370X+11\,851.2$	0.755	0.570	28.45	0.01

表 6.9　沙地荒漠草原亚类草地生物量的回归监测模型

以 NDVI 为自变量的回归分析模型		R	R^2	F	α
一元线性模型	$Y=24\,460.9X-8168.9$	0.782	0.612	40.95	0.01
指数模型	$Y=24.7412e^{0.0587X}$	0.812	0.659	50.22	0.01
二次方程模型	$Y=318\,933X^2-221\,313X+38\,793$	0.857	0.734	34.54	0.01

以 SAVI 为自变量的回归分析模型		R	R^2	F	α
一元线性模型	$Y=12\,016.6X-8047.4$	0.78	0.608	40.27	0.01
指数模型	$Y=12.2501e^{0.0616X}$	0.815	0.665	51.6	0.01
二次方程模型	$Y=84\,980.1X^2-119\,148X+42\,141.9$	0.869	0.755	38.46	0.01

以 MSAVI 为自变量的回归分析模型		R	R^2	F	α
一元线性模型	$Y=22\,803.8X-11\,453$	0.77	0.593	29.97	0.01
指数模型	$Y=23.6047e^{0.0016X}$	0.818	0.669	34.44	0.01
二次方程模型	$Y=326\,625X^2-339\,505\,X+88\,579.5$	0.864	0.747	37.43	0.01

以 RVI 为自变量的回归分析模型		R	R^2	F	α
一元线性模型	$Y=4553.03X-9033.7$	0.771	0.594	38	0.01
指数模型	$Y=4.4261e^{0.0366X}$	0.769	0.591	37.55	0.01
二次方程模型	$Y=9\,437.86X^2-38\,498X+39\,729$	0.833	0.694	28.3	0.01

表 6.10　山地荒漠草原亚类草地生物量的回归监测模型

以 NDVI 为自变量的回归分析模型		R	R^2	F	α
一元线性模型	$Y=10\,549.3X-3393.3$	0.823	0.678	92.45	0.01
指数模型	$Y=39.377e^{7.2813X}$	0.825	0.681	93.82	0.01
二次方程模型	$Y=37\,141.4X^2-25\,238X+4928.05$	0.867	0.751	64.77	0.01

以 SAVI 为自变量的回归分析模型		R	R^2	F	α
一元线性模型	$Y=7161.99X-3471.7$	0.832	0.692	99.06	0.01
指数模型	$Y=37.9276e^{4.9196X}$	0.83	0.689	97.50	0.01
二次方程模型	$Y=16\ 185.8X^2-16\ 240X+4696.51$	0.874	0.764	69.56	0.01
以 MSAVI 为自变量的回归分析模型		R	R^2	F	α
一元线性模型	$Y=11\ 426.2X-5674.6$	0.814	0.662	86.37	0.01
指数模型	$Y=7.0907e^{8.1085X}$	0.840	0.704	104.46	0.01
二次方程模型	$Y=48\ 512.5X^2-50\ 402\ X+13\ 706.3$	0.867	0.752	65.36	0.01
以 RVI 为自变量的回归分析模型		R	R^2	F	α
一元线性模型	$Y=1328.2X-2315$	0.842	0.709	107.45	0.01
指数模型	$Y=100.908e^{0.8487X}$	0.782	0.611	61.65	0.01
二次方程模型	$Y=354.249X^2-935.03X+1084.15$	0.861	0.741	69.08	0.01

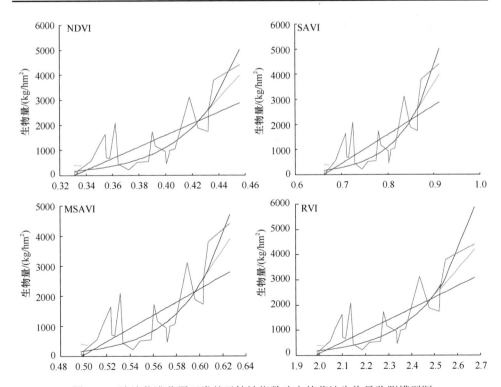

图 6.16　沙地荒漠草原亚类基于植被指数建立的草地生物量监测模型图

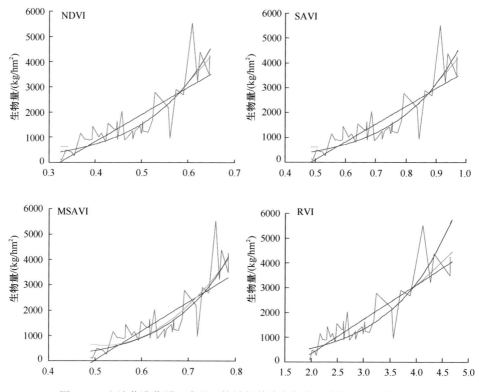

图 6.17 山地荒漠草原亚类基于植被指数建立的草地生物量监测模型图

由表 6.8、表 6.9、表 6.10 中的数据可得出：表中生物量与不同的植被指数（NDVI、SAVI、MSAVI、RVI）建立的不同形式的回归模型均通过 0.01 极显著检验，表明草地生物量与遥感植被指数关系密切；然而不同的植被指数与草地生物量之间的相关系数有区别，三种不同荒漠草原亚类的 SAVI 与草地生物量的相关系数均是最高，可见 SAVI 是用来监测荒漠草原生物量较好的植被指数；不同形式的回归模型的拟合度不同，其中抛物线形式的模型在多种模型形式中具有最高的拟合度。

对荒漠草原的三种类型分别建立模型（为减弱不同的地形坡度、草地类型和覆盖度对模型拟合度的影响），基于地面调查资料与 MODIS 图像资料，通过 SPSS 统计软件的计算得出平原、丘陵亚类，沙地亚类和山地亚类荒漠草原的回归监测模型分别是：

$$Y=23\ 130.1X^2-29\ 601X+9543.22 \qquad R^2=0.627 \qquad (6.11)$$

$$Y=97\ 442.0X^2-139\ 293X+50\ 246.4 \qquad R^2=0.757 \qquad (6.12)$$

$$Y=16\ 185.8X^2-16\ 240X+4696.51 \qquad R^2=0.764 \qquad (6.13)$$

式中，Y 表示地面生物量；X 表示 SAVI；R 为回归方程的相关系数，R^2 为回归方程相关系数的平方，它的大小反映样本数据配合回归方程的紧密程度，即 R^2 越接近于 1，表明拟合程度越好。以上是最优的回归模型，然而用其他植被指数建立的不同形式的模型的相关系数均能达到 0.68 以上，基本都能满足监测需要，只是拟合度相对 SAVI 建立的抛物线形式的回归模型为低。

三、模型精度检验

通过地面调查点进行精度验证，在建模时，平原、丘陵，沙地，山地荒漠草原亚类分别使用了 46 个、28 个、46 个调查点，而此三种亚类剩余的 22 个、11 个、18 个用来进行经度精度验证（表 6.11、表 6.12、表 6.13）。

表 6.11　平原、丘陵荒漠草原亚类生物量模型精度验证结果

序号	经度	纬度	实际产量/（kg/hm²）	SAVI	估计产量/（kg/hm²）	单精度	总体精度
1	113.382 6°E	43.630 7°N	1586	0.9026	1669.1436	0.9476	0.7593
2	112.062 1°E	44.511 4°N	900	0.8265	878.2169	0.9758	—
3	112.524 0°E	44.100 4°N	839	0.7870	573.2999	0.6833	—
4	113.000 8°E	43.252 8°N	1740	0.8510	1103.6106	0.6343	—
5	112.758 6°E	42.995 2°N	345	0.7308	263.8703	0.7648	—
6	112.621 9°E	42.649 2°N	217	0.7459	332.6541	0.4670	—
7	112.576 2°E	42.480 5°N	655	0.817	798.2903	0.7812	—
8	112.717 0°E	42.359 0°N	1355	0.8796	1401.8500	0.9654	—
9	112.867 6°E	42.494 8°N	995	0.8551	1144.0417	0.8502	—
10	112.444 1°E	42.498 5°N	855	0.8284	894.7032	0.9536	—
11	111.840 7°E	43.072 2°N	425	0.7942	623.5006	0.5329	—
12	112.437 4°E	43.276 6°N	571	0.7553	380.8000	0.6669	—
13	113.165 4°E	43.483 5°N	1117	0.8213	833.9504	0.7468	—
14	113.438 0°E	42.459 3°N	540	0.8123	760.2914	0.5921	—
15	111.538 2°E	42.856 1°N	990	0.8206	828.0870	0.8365	—
16	110.738 5°E	42.776 2°N	780	0.8456	1051.5463	0.6519	—
17	110.613 6°E	42.839 6°N	515	0.8102	743.6435	0.5560	—
18	110.619 0°E	42.612 3°N	755	0.8013	675.3524	0.8945	—
19	110.805 3°E	41.608 6°N	3010	1.0072	3193.4653	0.9390	—
20	110.727 0°E	41.980 0°N	2273	1.0139	3308.3518	0.5445	—
21	110.611 1°E	42.212 2°N	467	0.7747	493.0882	0.9437	—
22	109.928 6°E	42.306 1°N	1688	0.8711	1309.2606	0.7756	—

表 6.12 沙地荒漠草原亚类建立的生物量模型精度验证结果

序号	经度	纬度	实际产量/ （kg/hm²）	SAVI	估计产量/ （kg/hm²）	单精度	总体精度
1	106.798 065°E	41.558 048°N	1105	0.8243	1669	0.4893	0.6857
2	107.015 633°E	41.753 967°N	421	0.6870	395	0.939 78	—
3	107.050 331°E	41.799 000°N	417	0.6612	513	0.768 03	—
4	107.043 785°E	41.792 583°N	420	0.7152	396	0.942 44	—
5	109.363 564°E	40.783 234°N	642	0.7103	386	0.601 25	—
6	109.257 385°E	40.804 367°N	1047	0.7839	962	0.919 03	—
7	109.125 114°E	40.800 949°N	920	0.7796	903	0.981 72	—
8	107.146 683°E	39.709 702°N	651	0.7242	424	0.651 88	—
9	107.075 150°E	39.380 932°N	1083	0.7090	384	0.354 54	—
10	107.447 968°E	38.253 235°N	704	0.7823	940	0.665 62	—
11	107.272 820°E	38.528 801°N	1027	0.8312	1818	0.229 61	—

表 6.13 山地荒漠草原亚类建立的生物量模型精度验证结果

序号	经度	纬度	实际产量/ （kg/hm²）	SAVI	估测产量/ （kg/hm²）	精度	总体精度
1	84.751 12°E	44.139 21°N	860	0.6931	1 216.023 78	0.586 02	0.7238
2	84.847 16°E	44.274 06°N	1320	0.6004	780.673 77	0.591 42	—
3	80.978 50°E	44.125 00°N	1120	0.6475	967.107 81	0.863 49	—
4	80.915 20°E	44.082 10°N	710	0.5931	758.206 18	0.932 10	—
5	82.599 96°E	43.370 62°N	920	0.8209	2 272.329 27	0.816 50	—
6	82.643 48°E	43.345 38°N	2160	0.8242	2 306.607 23	0.932 13	—
7	82.057 30°E	43.673 90°N	2495	0.7278	1 450.540 37	0.581 38	—
8	82.118 50°E	43.747 40°N	845	0.6524	990.627 43	0.827 66	—
9	82.119 90°E	43.737 40°N	1170	0.6742	1 104.686 82	0.944 18	—
10	82.077 10°E	43.686 10°N	1930	0.6947	1 225.980 02	0.635 22	—
11	81.274 70°E	44.073 80°N	790	0.7872	1 942.460 70	0.217 93	—
12	81.249 89°E	44.036 44°N	1800	0.6539	997.982 69	0.554 43	—
13	74.826 44°E	39.250 22°N	1070	0.5205	628.650 98	0.587 52	—
14	74.802 42°E	39.217 56°N	775	0.5624	682.601 54	0.880 78	—
15	73.954 42°E	39.668 36°N	920	0.6739	1 103.012 80	0.801 07	—
16	75.851 53°E	38.196 42°N	2530	0.8313	2 381.551 93	0.941 32	—
17	75.955 33°E	38.226 97°N	1620	0.8015	2 077.944 34	0.717 32	—
18	74.745 64°E	38.651 14°N	475	0.4560	656.680 51	0.617 51	—

　　总体上说，荒漠草原的盖度较低，地面光谱反射值受地面土壤影响较大，然而，通过对几种植被指数建立不同形式的生物量监测模型的比较，选择较好的模型对三种荒漠草原亚类进行监测是基本可行的。平原、丘陵与山地荒漠草原亚类的模型精度达到 75.93%、72.38%，而沙地荒漠草原亚类的模型精度为 68.57%。

　　用较多的地面调查数据建立的平原、丘陵与山地荒漠草原亚类的模型精度高于沙地荒漠草原亚类。山地亚类在植被组成上灌木成分较平原、丘陵亚类多，且易受山体干扰，致使精度低于平原、丘陵亚类；对于沙地亚类来说，模型精度较低一方面是由于地面调查数据较少，另一方面是由于沙地植被组成成分中以含叶绿素相对较少的木本（灌木）较多，且地面光谱反射率较高，导致此亚类与其他亚类相比精度稍差。然而，针对大面积荒漠草原的调查，三种模型都达到了宏观监测的基本要求。

四、荒漠草原研究区产量分布图及其分析

　　根据本章第六节第一部分的结论、MODIS-SAVI 图像以及矢量化的荒漠草原亚类图，通过 ENVI 软件的波段运算功能，分别建立基于平原、丘陵荒漠草原亚类，沙地荒漠草原亚类和山地荒漠草原亚类研究区域的 MODIS-SAVI 图像的产量图（图 6.17），再对图像进行密度分割划分等级并对不同等级的草地面积进行统计。

（一）平原、丘陵荒漠草原亚类产量分布图及分析

　　平原、丘陵荒漠草原亚类主要分布在内蒙古的中西部地区，苏尼特左旗、二连浩特市、苏尼特右旗、四子王旗、达茂旗、乌拉特前旗、乌拉特后旗、乌拉特中旗、杭锦旗、鄂托克旗、鄂托克前旗等旗市。该区域荒漠草原的草群中有矮生禾草石生针茅、短花针茅、沙生针茅和无芒隐子草等；旱生杂类草有多根葱、大苞鸢尾；小灌木、小半灌木有狭叶锦鸡儿、刺叶柄棘豆、女蒿、冷蒿、蓍状亚菊、牛枝子、灌木亚菊、小花亚菊等。

　　以产量 300、500、700、900、1200 kg/hm^2 为界，将不同产量的草地分为 6 级，再对不同级别与不同地区的产草量进行统计，结果见图 6.18、图 6.19 和表 6.14。

　　由图 6.20 和表 6.15 的统计结果可知：此时期的平原、丘陵荒漠草原亚类草地大部分地区是产草量低于 700 kg/hm^2，占总面积的 75.59%，而高于 700 kg/hm^2 的区域占不到总面积的 25%；在地域分布上看高值区域分布在典型草原与荒漠草原交界地区，即苏尼特左旗的东北部地区，以及其他旗县的东部地区，此分布与研

究区域的水热条件由东北向西南呈带状变化的规律基本一致。

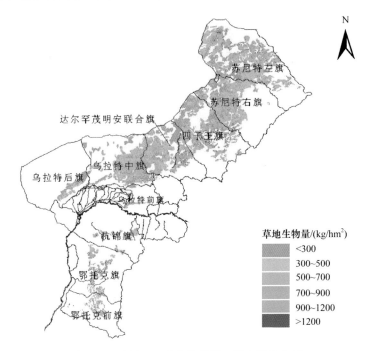

图 6.18　平原、丘陵荒漠草原亚类产量分布图

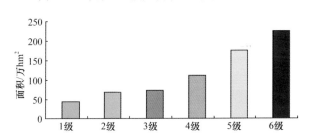

图 6.19　平原、丘陵荒漠草原亚类产量分级统计图

表 6.14　平原、丘陵荒漠草原亚类产量分级统计表

级别	面积/万 hm²	占总面积的比例/%
1级	34.33	5.395
2级	57.90	9.098
3级	63.11	9.916
4级	100.68	15.821
5级	165.48	26.004
6级	214.88	33.766

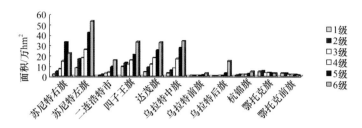

图 6.20　平原、丘陵荒漠草原亚类各旗县面积分布图

表 6.15　平原、丘陵荒漠草原亚类各旗县面积分布表

旗县	面积/万 hm²							占总面积比例/%
	1 级	2 级	3 级	4 级	5 级	6 级	合计	
苏尼特左旗	7.81	16.34	17.74	25.83	41.83	53.15	162.69	25.59
二连浩特市	0.55	1.49	2.31	3.82	8.77	15.19	32.13	5.05
苏尼特右旗	1.63	4.28	6.48	14.30	32.68	21.86	81.22	12.78
四子王旗	9.13	12.76	11.50	15.20	20.72	33.00	102.30	16.09
达茂旗	3.98	8.34	11.18	17.69	24.45	32.47	98.10	15.43
乌拉特前旗	0.16	0.30	0.32	0.58	1.00	2.28	4.64	0.73
乌拉特后旗	0.01	0.03	0.15	0.58	2.90	14.31	17.98	2.83
乌拉特中旗	2.64	5.28	7.55	16.83	27.24	34.03	93.57	14.72
杭锦旗	0.83	1.37	1.23	1.61	2.04	4.27	11.35	1.79
鄂托克旗	4.40	4.86	3.10	3.16	2.89	2.92	21.33	3.36
鄂托克前旗	2.74	2.47	1.44	1.36	1.33	1.09	10.44	1.64

由图 6.20 和表 6.15 的统计结果可知：平原、丘陵荒漠草原亚类在地域上分析，主要分布在苏尼特左旗、苏尼特右旗、达茂旗、四子王旗和乌拉特中旗；按照 700 kg/hm² 以上和以下为指标将该区域分为高低两级，鄂托克旗、鄂托克前旗的平原、丘陵荒漠草原亚类总面积不大，但高产区域所占比例最高达到 60%（图 6.21）；从绝对面积上分析，苏尼特左旗、苏尼特右旗、四子王旗、达茂旗有较大面积的高产的荒漠草原。

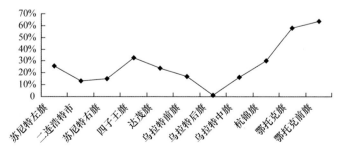

图 6.21　平原、丘陵荒漠草原亚类各旗县高产区域比例

（二）沙地荒漠草原亚类产量分布图及分析

沙地荒漠草原亚类主要分布在内蒙古的中西部地区，二连浩特市、苏尼特右旗、准格尔旗、乌拉特前旗、乌拉特后旗、达拉特旗、杭锦旗、鄂托克旗、鄂托克前旗等旗。

以产量 500、1000、2000、3500、5000 kg/hm² 为界，将不同产量的草地分为 6 级，分级后对不同级别与不同地区的产草量进行统计，结果见图 6.22、图 6.23 和表 6.16。

该区内水热条件优越，年降水 250～300 mm，地下水位高，平均深度 1～2 m。植物种类单纯，本类草原以黑沙蒿建群的草地类型为主体，其次是灌丛化的黑沙蒿类型，狭叶锦鸡儿、中间锦鸡儿等灌丛的作用也明显高于平原、丘陵荒漠草原亚类，这些植被生长茂盛，草群的高度、盖度和产量明显高于平原、丘陵荒漠草原亚类。

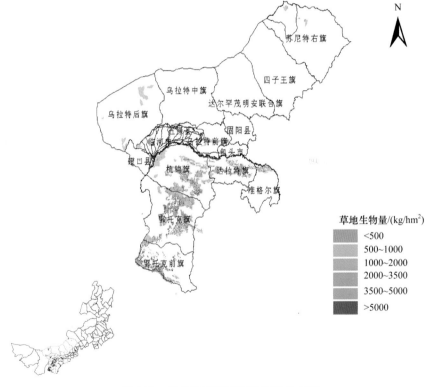

图 6.22　沙地荒漠草原亚类产量分布图

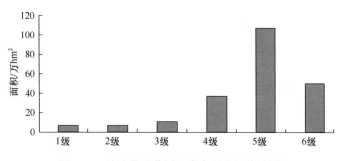

图 6.23　沙地荒漠草原亚类产量分级统计图

表 6.16　沙地荒漠草原亚类产量分级统计表

级别	面积/万 hm²	占总面积的比例/%
1 级	3.987 263	2.007 213
2 级	3.399 719	1.711 44
3 级	8.264 223	4.160 262
4 级	33.601 84	16.915 38
5 级	103.354 9	52.029 51
6 级	46.038 74	23.176 19

　　由图 6.23 和表 6.16 的统计结果可知：此时期的沙地荒漠草原亚类草原大部分地区产草量低于 2000 kg/hm²，占总面积的 92.12%，而高于 2000 kg/hm² 的区域不到总面积的 10%；在地域分布上，高值区域分布在研究区域的偏东的地区，其分布与研究区域的水热条件由东北向西南呈带状变化的规律基本一致。

　　由图 6.24 和表 6.17 的统计结果可知：沙地荒漠草原亚类主要分布在杭锦旗、鄂托克旗、鄂托克前旗三个旗县；按照产草量 2000 kg/hm²，将此区域分为高低两级，准格尔旗和达拉特旗高产区域所占比例最高达到 30% 左右，而其他旗县则都低于 10%（图 6.25）。

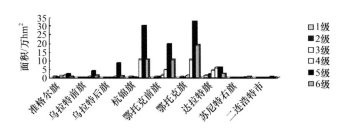

图 6.24　沙地荒漠草原亚类各旗面积分布图

表 6.17　沙地荒漠草原亚类各旗面积分布表

旗县	面积/万 hm²							占总面积比例/%
	1 级	2 级	3 级	4 级	5 级	6 级	总计	
准格尔旗	0.740	0.402	0.820	1.188	1.991	0.778	5.919	2.980
乌拉特前旗	0.185	0.040	0.110	0.590	3.762	1.299	5.986	3.013
乌拉特后旗	0.019	0.015	0.026	0.543	8.347	0.896	9.845	4.956
杭锦旗	0.526	0.250	0.008	10.387	30.135	10.479	51.785	26.069
鄂托克前旗	0.543	0.515	1.520	4.487	19.388	10.303	36.755	18.503
鄂托克旗	0.626	0.403	1.334	10.388	32.662	18.660	64.072	32.254
达拉特旗	1.349	1.775	4.447	5.878	6.114	2.376	21.940	11.045
苏尼特右旗	0.000	0.000	0.000	0.139	0.224	0.796	1.159	0.583
二连浩特市	0.000	0.000	0.000	0.004	0.731	0.451	1.186	0.597

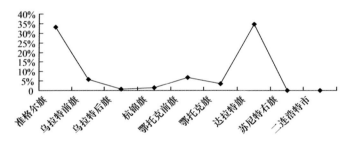

图 6.25　沙地荒漠草原亚类各旗高产区域比例

（三）山地荒漠草原亚类产量分布图及其分析

　　山地荒漠草原亚类总体分布在新疆全境的山地内，主要是阿尔泰山、准噶尔西部山地、北塔山、天山、昆仑山、阿尔金山等山地。总体分布规律为由北向南，由西向东逐渐升高。在北疆山地成带状分布在低山区，在南疆居中山、亚高山带。不同山区的山地荒漠草原亚类出现的海拔高度不同，在阿尔泰山中西部分布在 800～1200 m 的低山地区，东部地区上线可达 1500 m；在准噶尔西部的山地分布在 900～1300 m、东部的北塔山 1400～1700 m；天山北坡分布在 1100～1700 m，天山南坡 2400～2600 m；昆仑山分布在 3000～3200 m 至东部阿尔金山 3600～3800 m。

　　建群种和优势种以旱生丛生禾草和蒿类、盐柴类半灌木为主，主要有沙生针茅、镰芒针茅、戈壁针茅、新疆针茅、东方针茅、昆仑针茅、高山绢蒿、白茎绢蒿、纤细绢蒿、新疆绢蒿、博洛塔绢蒿、伊犁绢蒿、驼绒藜、猪毛菜、红砂等，而旱生灌木中的锦鸡儿属植物、中麻黄等和葱类、薹草亦可形成优势地位。

按照产草量以 700、1500 kg/hm² 为界，将不同产量的草地分为 3 级，分级后对不同级别与不同地区的产草量进行统计，结果见图 6.26、图 6.27 和表 6.18。

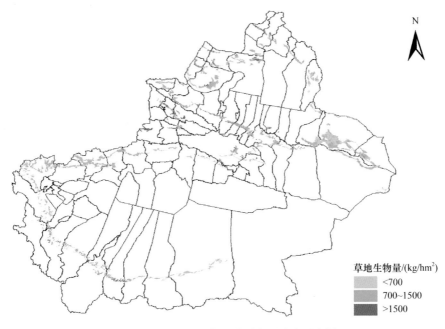

图 6.26　新疆山地荒漠草原产量分布示意图

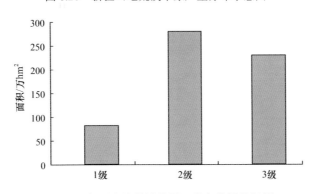

图 6.27　新疆山地荒漠草原亚类产草量分级图

图 6.27 和表 6.18 显示，此时期的新疆山地荒漠草原亚类约有 88%的面积产量产草量低于 1500 kg/hm²，而 1 级草地分布于新疆的西北部的山区（天山中段与准格尔以西的山地），而且同一区域分布的 1 级草地区域海拔也较其他两级的海拔

高（图 6.28）。此种分布的与新疆地区的水汽来源有关，其来源主要有两方面，一是西风气流携带大西洋水汽由西而东输入，天山西部降水多于天山东部，二是来自北冰洋的水汽由准格尔西部山地缺口进入新疆。

表 6.18 新疆山地荒漠草原产草量分级统计表

级别	面积/万 hm²	占总面积的比例/%
1 级	64.633 13	11.908
2 级	263.201 3	48.492
3 级	214.938 7	39.600

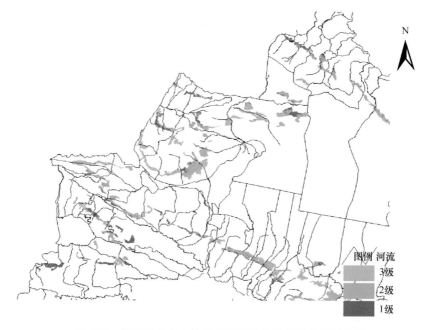

图 6.28 新疆西北部山地荒漠草原亚类产草量分布示意图

由图 6.28 可看出昆仑山东段地区以 3 级草地面积为主，而天山东段位于哈密地区境内的荒漠草原主要是产草量低于 700 kg/hm² 的 3 级草原面积约有 70 万 hm²，约占本级山地荒漠草原的 30%，占研究区域总山地荒漠草原的 13%。其原因是太平洋和印度洋的季风都难进入新疆，而西风气流携带大西洋水汽由西向东输入以及来自北冰洋的水汽已经减弱，所以新疆东部地区的山地荒漠草原的产量明显低于西部和北部地区。

第七节　结论与讨论

一、结　　论

（一）植被指数与草地生物量相关性分析

由 MODIS 遥感资料提取到的 4 种植被指数与研究区的不同亚类的荒漠草原植被生物量之间存在明显的正相关关系。

（二）基于 MODIS 遥感数据的草地植被生物量监测模型的建立及精度验证结论

由于研究的 3 个荒漠草原亚类无论在土壤、水分等生长的环境条件上，还是在草原植被本身的群落组成及生长发育节律和特性上，都存在一定差异，因此针对每个亚类草原，利用植被指数与产草量的关系建立各自的估产模型是切实可行的。

草地生物量与不同的植被指数（NDVI、SAVI、MSAVI、RVI）建立的不同形式的回归模型均通过 0.01 极显著检验，表明草地生物量与遥感植被指数关系密切；然而不同的植被指数与草地生物量之间的相关系数有区别，荒漠草原三种亚类的 SAVI 与草地生物量的相关系数均是最高，可见 SAVI 是用来监测荒漠草原生物量较好的植被指数；不同形式的回归模型的拟合度不同，其中抛物线形式的模型在多种模型形式中具有最高的拟合度。

对荒漠草原的三种亚类分别建立模型结果如下：

平原、丘陵荒漠草原亚类：$Y=23\,130.1X^2-29601X+9543.22$　　$R^2=0.792$

沙地荒漠草原亚类：$Y=97442.0X^2-139293X+50246.4$　　$R^2=0.869$

山地荒漠草原亚类：$Y=16185.8X^2-16240X+4696.51$　　$R^2=0.874$

经 F 检验其相关性达到极显著水平，拟合度分别为 0.627、0.757、0.764。

用较多的地面调查数据建立的平原、丘陵与山地荒漠草原亚类的模型精度达到 75.93%、72.38%，高于用较少地面调查数据建立的沙地荒漠草原亚类模型，沙地荒漠草原亚类模型精度为 68.57%。

山地亚类在植被组成上灌木成分较平原、丘陵亚类多，且易受山体干扰，致使精度低于平原、丘陵亚类；对于沙地亚类来说，模型精度较低的原因一方面是地面调查数据较少，另一方面是由于沙地植被组成成分中以含叶绿素相对较少的木本（灌木）较多，且地面光谱反射率较高，导致该类型与其他类型相比精度稍低。然而，针对大面积的荒漠草原的宏观调查或监测，三种模型基本都可达到要求。

（三）荒漠草原研究区产量分布分析

平原、丘陵荒漠草原亚类大部分地区产草量低于 700 kg/hm² ，占总面积的 75.59%，而高于 700 kg/hm² 的高值区域占该亚类面积不足 25%；在地域分布上，高值区域分布在典型草原与荒漠草原交界地区，其分布与研究区域的水热条件由东北向西南呈带状变化的规律基本一致。

沙地荒漠草原亚类植物种类单纯，主要以黑沙蒿建群的草地类型为主体，狭叶锦鸡儿、中间锦鸡儿等灌丛的作用明显高于平原、丘陵荒漠草原亚类，这些植物生长茂盛，草群的高度、盖度和产量明显高于平原、丘陵荒漠草原亚类，大部分地区是产草量低于 2000 kg/hm² ，占总面积的 92.12%，而高于 2000 kg/hm² 的区域不到总面积的 10%；在地域分布上，高值区域分布在研究区域的偏东的地区，其分布与研究区域的水热条件由东北向西南呈带状变化的规律基本一致。

由于太平洋和印度洋的季风都难进入新疆，西风气流携带大西洋水汽由西而东输入，天山西部降水多于天山东部，来自北冰洋的水汽由准格尔西部山地缺口进入新疆，所以导致新疆西部和北部地区的山地荒漠草原的产草量明显高于东部地区。

（四）MODIS 遥感监测模型应用于大面积荒漠草原生物量监测

在针对大面积荒漠草原的宏观调查或监测，本研究建立的三种模型基本都能达到要求。MODIS 资料具有时间分辨率高、价格低廉等优势，比以前用来大面积监测生态变化的 AVHRR 资料的空间分辨率高，因而应用 MODIS 遥感数据结合生物量回归方程，对荒漠草原区的生物量变化进行实时监测，在宏观上确定当前时期草原生物量的高低，对合理放牧、禁牧保护和调整牧区牲畜总量有重要的参考意义，对减轻草场压力，实现草原休养生息，促进生态建设能起重要作用。

二、讨　论

本研究短期内在草地遥感调查研究方面做了大量有益的探讨，但限于时间，还有一些问题有待进一步研究：

本研究荒漠草原生物量监测模型是基于 2005 年的地面调查数据建立的，由于 2005 年调查时期的气候较干旱，所以在其他年份使用该监测模型需结合地面调查数据对模型进行修正，以达到较高的精度。

在选取草地资源估产最适的植被指数方面，往往需要 2 至 3 年或更长时间的地面资料和影像资料，考虑到图像处理时间和运算量的原因，未选用涉及蓝光波段运算的植被指数，这是后续应进一步深入研究的方面，以便选取更适于荒漠草原区的 MODIS 遥感估产植被指数。

　　由于 MODIS 遥感影像的分辨率有限，未能对研究区域草地植被类型做更加细致的划分，后续工作可结合高分辨率的遥感影像，将所监测的草地植被类型变化和影响草地植被变化因子结合 GIS 技术，分析它们的空间相关性，探讨草地植被变化机理，阐明影响草地植被变化的驱动力因子及其作用。

参 考 文 献

安卯柱. 2002 . 阿拉善盟草地资源遥感调查方法. 内蒙古草业, 14(3): 17–18.

钞振华. 2004. 阿勒泰地区天然草地的遥感监测. 兰州: 甘肃农业大学硕士学位论文.

陈力军. 2002. 中国植被净第一性生产力遥感动态监测. 遥感学报, 6(2): 129–136.

陈全功, 卫亚星, 梁天刚. 1994. 使用 NOAA/AVHRR 资料进行牧草产量及载畜量监测的方法研究. 草业学报, 3(4): 50–60.

丁志, 童庆禧. 1986. 应用 NOAA 气象卫星资料估算草地生物量方法的初步研究. 自然资源学报, 4.

樊锦沼. 1990. 应用气象卫星资料估算草场产草量方法的研究. 干旱区资源与环境杂志, (3): 20–22.

冯蜀青, 刘青春, 金义安, 等. 2004. 利用 EOS/MODIS 进行牧草产量监测的研究. 青海草业, 13(3): 6–10.

葛成辉, 刘闯. 2000. 美国对地观测系统(EOS)中分辨率成像光谱仪(MODIS)遥感数据的特点与应用. 遥感信息, (3): 45–48.

郭广猛, 赵冰茹. 2004. 使用 MODIS 数据监测土壤湿度. 土壤, 36(2): 219–221.

郭广猛. 2002. 关于 MODIS 卫星数据的几何校正方法. 遥感信息, (3): 26–28.

胡汝骥. 2004. 中国天山自然地理. 北京: 中国环境科学出版社.

胡新博. 1996. 草地光谱与牧草产量的相关分析. 草食家畜, (4):1–15.

黄敬峰, 王秀珍, 蔡承侠, 等. 1999. 利用 NOAA/AVHRR 资料监测北疆天然草地生产力. 草业科学, 16(5): 62–70.

黄敬峰, 王秀珍, 蔡承侠, 等. 2000. 利用气象卫星 AVHRR 资料监测新疆北部天然草地牧草产量. 农业工程学报, 16(2): 123–127.

黄敬峰, 王秀珍, 王人潮, 等. 2000. 天然草地牧草产量与气象卫星植被指数的相关分析. 农业现代化研究, 21(1): 33–36.

黄敬峰, 王秀珍, 王人潮, 等. 2001. 天然草地牧草产量遥感综合监测预测模型研究. 遥感学报, 5(1): 69–74.

黄敬峰. 1995. 利用气象卫星资料监测天山北坡中段天然草场牧草产量. 新疆环境保护, (3): 58–64.

季荣, 张霞. 2003. 用 MODIS 遥感数据监测东亚飞蝗灾害——以河北省南大港为例. 昆虫学报, 46(6): 713–719.

贾慎修. 1983. 遥感技术在草原应用上的初步探讨. 中国草原杂志, (2): 1–6.

贾慎修. 2002. 关于中国草场的分类原则及其主要类型特征. 中国农业大学出版社, 31–37.

李博, 史培军. 1995. 我国温带草地草畜平衡动态监测系统的研究. 草地学报, 3(2): 95–102.

李博. 1993. 中国北方草地畜牧业动态监测研究(一). 北京: 中国农业科技出版社.

李聪. 2005. 草地植被指数季节变化的遥感动态监测研究. 乌鲁木齐: 新疆农业大学硕士学
　　位论文.

李登科. 2003. EOS/MODIS 遥感数据与应用前景. 陕西气象, (2)3: 7–40.

李建龙, 蒋平. 1995. RSECTS 开发和在草地及其它土地资源动态监测中的应用(II). 八一农学院
　　报, 18(4): 1–9.

李建龙, 蒋平. 2003. 3S 技术在草地产量生态成因分析与农业资源估测中的应用研究. 中国草地,
　　25(3): 15–23.

李建龙, 蒋平. 2003. 利用 3S 技术动态监测天山草地农业产量及其成因分析. 安全与环境学报,
　　3(2): 8–12.

李建龙, 任继周, 胡自治, 等. 1996. 草地遥感应用动态与研究进展. 草业科学, (2): 55–60.

李建龙. 1995. 遥感环境综合技术系统在草地资源动态监测与管理中的应用研究——以新疆阜
　　康县为例. 八一农学院学报, 18(3): 59–64.

李建龙. 1996. 新疆享康县草畜平衡动态监测与调控研究. 草食家畜(增刊), (9): 32–43.

李建龙. 1998. 利用遥感技术和地理信息系统动态监测天山草地与农业资源研究. 兰州大学学
　　报(自然科学版), 34(3): 110–116.

梁天刚, 陈全功. 1996. 新疆阜康县草地资源产量动态监测模型的研究. 遥感技术与应用, 11(1):
　　27–32.

林培. 1990. 农业遥感. 北京: 北京农业大学出版社, 177–195.

刘爱军, 王晶杰. 2004. 基于 MODIS-NDVI 的草地生产力估产研究. 内蒙古草业研究－内蒙古
　　草原学会第九届代表大会学术论文集, 51–56.

刘爱军, 邢旗, 高娃. 2003. 内蒙古 2003 年天然草原生产力监测及载畜能力测算. 内蒙古草业,
　　15(4): 1–4.

刘起. 1998. 草地与国民经济的持续发展. 四川草原, (3): 1–5.

刘玉洁, 杨忠东. 2001. MODIS 遥感信息处理原理与算法抽. 北京: 科技出版社.

吕建海, 陈曦. 2004. 大面积棉花长势的 MODIS 监测分析方法与实践. 干旱区地理, 27(1):
　　118–123.

梅安新, 彭望琭. 2001. 遥感导论. 北京: 高等教育出版社, 240–249.

牛志春, 倪绍祥. 2003. 青海湖环湖地区草地植被生物量遥感监测模型. 地理学报, (9): 698–702.

彭望禄. 2003. 遥感与图像解译. 北京: 电子工业出版社.

任继周. 1993. 草业科学研究的现状与展望. 国外畜牧学——草原与牧草, (2): 1–8.

史培军, 李博. 1994. 大面积草地遥感估产技术研究——以内蒙古锡林郭勒草原估产为例. 草地
　　学报, 2(1): 9–13.

覃先林, 易浩若. 2003. MODIS 数据在树种长势监测中的应用. 遥感技术与应用, 18(3): 123–128.

田庆久, 闵祥军. 1998. 植被指数研究进展. 地球科学进展, 8(4): 327–333.

王兮之, 杜固桢, 梁天刚, 等. 2001. 基于 Rs 和 GIS 的甘南草地生产力估测模型构建及其降水量

空间分布模式的确立. 草业学报, 10(2): 95–102.

王正兴, 刘闯, HUETE A. 2003. 植被指数研究进展: 从 AVHRR-NDVI 到 MODIS-EVI. 生态学报, (5): 979–987.

武鹏飞. 2003. EOS/MODIS 植被指数在草地生物量遥感估测中的应用. 乌鲁木齐: 新疆农业大学硕士学位论文.

新疆维吾尔自治区畜牧厅. 1993. 新疆草地资源及其利用. 乌鲁木齐: 新疆科技卫生出版社.

邢旗, 刘爱军, 刘永志, 等. 2005. 应用 MODIS-NDVI 对草原植被变化监测研究——以锡林郭勒盟为例. 草地学报, 13(增刊): 15–19.

徐希孺. 1985. 利用 NOAA-CCT 估算内蒙古草地产草量的原列和方法. 地理学报, (4): 4–8.

许志信. 2000. 草地建设与畜牧业可持续发展. 中国农村经济, (3): 32–34.

杨云贵. 1997. 草地地上生物量, 叶面积指数, 叶绿素的季节动态. 家畜生态, 18(3): 6–11.

查勇. 2003. 草地植被变化遥感监测方法研究. 南京: 南京师范大学博士学位论文.

张京红, 景毅刚. 2004. 遥感图像处理系统 ENVI 及其在 MODIS 数据处理中的应用. 陕西气象, (1): 27–29.

张里阳. 2002. EOS/MODIS 资料处理方法及其遥感中国区域地表覆盖的初步研究. 南京: 南京气象学院硕士学位论文.

张连义. 2006. 锡林郭勒草地牧草产量遥感监测模型的研究. 呼和浩特: 内蒙古农业大学硕士学位论文.

张仁华, 饶农新, 廖国男. 1996. 植被指数的抗大气影响探讨. 植物学报, 38(1): 53–62.

赵冰如. 2004. 锡林郭勒草地 MODIS 植被指数时空变化研究. 中国草地, 26(1): 1–8.

赵冰茹, 刘闯, 刘爱军, 等. 2004. 利用 MODIS-NDVI 进行草地估产研究——以内蒙古锡林郭勒草地为例. 草业科学, 21(8): 12–15.

中国草地资源数据编委会. 1994. 中国草地资源数据. 北京: 中国农业科技出版社.

中国科学院地理所与中科院遥感卫星地面站联合 modis 共享平台. 2005. MODIS 数据处理软件插件－Modistools[EB]. http://www.nfiieos.cn/html/data/modistool-1.htm[2006-06-01].

中国科学院内蒙古宁夏综合考察队. 1985. 内蒙古植被. 北京: 科学出版社.

朱进忠, 安沙舟, 龙晶. 1998. 用局部结构法分析卫星图像进行草地牧草产量估测的研究. 中国草地, (2): 21–24.

《中国草地资源》编委会. 1996. 中国草地资源. 北京: 中国科学技术出版社, 205–207.

Anderson G L, Hanson J D, Hass R H. 1993. Evaluating Landsat Thematic Mapper derived vegetation indices for estimating above-ground biomass on semiarid rangelands. Remote Sensing of Environment, 45: 165–175.

Dyer M I, Turner C L, Seastedt T R. 1991. Remote sensing measurements of production processes in grazinglands: the need for new methodologies. Agriculture, Ecosystems and Environment, 34: 495–505.

Friedl M A, Michaelsen J, Davis F W, et al. 1994. Estimating grassland biomass and leaf area index using ground and satellite data. International Journal of Remote Sensing, 15(7): 1401–1420.

Huete A R. l988. A soil adjusted vegetation index(SAVI). Remote Sensing of Environment, 25: 295–309.

Hurcom S J, Harrison A R. 1986. The NDVI and spectral decomposition for semi-arid vegetation abundance estimation. Remote Sensing, 16: 3109–3125.

Justice C O, Hiernaux P H. 1986. Monitoring the grasslands of the Sahel using NOAA/AVHRR data: Niger 1983. International Journal of Remote Sensing, 7(11): 1475–1497.

Kaufman YJ, Tanre D. 1992. Atmospherically resistant Vegetation index(ARVI)for EOS-MODIS. IEEE Transactions on Geoscience and Remote Sensing, 30: 261–270.

Merrill E H, Bramble-Brodahl M K, Mans R W, et al. 1993. Estimation of green herbaceous Phytomass from Landsat MSS data in Yellowstone National Park. Journal of Range Management, 46(2): 151–157.

Moloney L A, Chico K. 1998. Analysis of fine-scale spatial pattern of a grassland from remotely-sensed imagery and field collected data. Landscape Ecology, 13: 111–131.

Muldavm E H, Neville P, Happer G. 2001. Indices of grassland biodiversity in the Chihuan region derived from remote sensing. Conservation Biology, 15(4): 844–855.

Paruelo J M, Epstein H E, Lauenroth W K. 1997. ANPP estimates from NDVI for the central grassland region of the United States. Ecology, 78(3): 953–958.

Pickup G. 1995. A simple model for predicting herbage production from rainfall in rangelands and is calibration using remotely-sensed data. Journal of Arid Environment, 30: 227–245.

Prince S D, Tucker C J. 1986. Satellite remote sensing of rangelands in Botswama Ⅱ: NOAA/AVHRR and herbaceous vegetation. International Journal of Remote Sensing, 7(11): 1555–1570.

PurevdorJ T, Tateishi R, Ishiyama T. 1998. Relationship between percent vegetation cover and vegetation indices. International Journal of Remote sensing, 19(18): 3519–3535.

Qi J. 1994. A modified soil adjusted vegetation index. Remote Sensing of Environment, 48: 119–126.

Samimi C, Kraus T. 2004. Biomass estimation using Landsat-TM and -ETM+. Towards a regional model for Southern Africa. GeoJournal, 59: 177–187.

Taylor B F. 1985. Determination of seasonal and interannual variation in New Zealand Pasture growth from NOAA-7 Data. Romte Sensing of Enviroment, 18: 177–192.

Todd S W, Hoffer R M, Milchunas D G. 1998. Biomass estimation on grazed and ungrazed rangeland using spectral indices. International Journal of Remote Sensing, 19(3): 427–438.

Tueller T. 1989. Remote sensing technology for rangeland management applications. Joural of Range manage, 42(6): 1–15.

Wan Z, Zhang Y, Li Z, et al. 2001. Preliminary estimate of calibration of the moderate resolution imaging spectroradiometer(MODIS)thermal infrared data using Lake Titicaca. Remote Sensing of Environment, 80(3): 497–515.

Weiss E, Marsh E, Pfirman E S. 2001. Application of NOAA-AVHRR NDVI time-series data to assess changes in Saudi Arabia's rangelands. International Journal of Remote Sensing, 22(6): 1005–1027.

Williamson H D, Eldridge D J. 1993. Pasture status in a semi-arid grassland. International Journal of Remote Sensing, 14(13): 2535–2546.

Wylie B K, Harrington J S D, Prince S D, et al. 1991. Satellite and ground-based pasture production assessment in Niger: 1986–1988. International Jorrnal of Remote Sensing, 12(6): 1281–1300.